建筑工程细部做法与质量标准
装饰装修分册

北京住总集团有限责任公司　组织编写
周泽光　谢夫海　主编

中国建筑工业出版社

图书在版编目（CIP）数据

建筑工程细部做法与质量标准. 装饰装修分册 / 周泽光，谢夫海主编；北京住总集团有限责任公司组织编写. —北京：中国建筑工业出版社，2023.12
ISBN 978-7-112-29234-9

Ⅰ.①建… Ⅱ.①周… ②谢… ③北… Ⅲ.①建筑装饰-工程装修-细部设计②建筑装饰-工程装修-工程质量-质量标准 Ⅳ.①TU

中国国家版本馆 CIP 数据核字（2023）第 184375 号

责任编辑：张幼平 费海玲
责任校对：张 颖

建筑工程细部做法与质量标准 装饰装修分册
北京住总集团有限责任公司 组织编写 周泽光 谢夫海 主编

*

中国建筑工业出版社出版、发行（北京海淀三里河路 9 号）
各地新华书店、建筑书店经销
北京科地亚盟排版公司制版
天津图文方嘉印刷有限公司印刷

*

开本：880 毫米×1230 毫米 横 1/32 印张：10 字数：293 千字
2024 年 1 月第一版 2024 年 1 月第一次印刷
定价：**95.00** 元
ISBN 978-7-112-29234-9
（41954）

建筑工程细部做法与质量标准　装饰装修分册

总 顾 问　杨健康

执行主编　朱晓伟　胡延红

副 主 编　刘作为　钱　新　刘　兮　刘春民　鞠　东　袁勇军
卫　民　赖文桢　张海波　张　勐　武廷超　王兴光

编写人员　苑立彬　朱　盼　彭　杉　刘冬正　樊　强　张　云
李　锐　叶　旭　张博伟　刘　建　高　巍　王　然
王大可　倪思伟　路　畅　刘海泉　李武光　陶永昊
王巳晔

前言

1. 编制目的

为进一步提升建筑工程质量水平，规范细部节点做法，推进质量标准化管理，特编制本图册。

2. 编制依据

（1）《民用建筑通用规范》GB 55031—2022

（2）《建筑与市政工程防水通用规范》GB 55030—2022

（3）《建筑与市政工程无障碍通用规范》GB 55019—2021

（4）《建筑防火通用规范》GB 55037—2022

（5）《建筑工程施工质量验收统一标准》GB 50300—2013

（6）《建筑装饰装修工程质量验收规范》GB 50210—2018

（7）《建筑内部装修设计防火规范》GB 50222—2017

（8）《建筑节能工程施工质量验收规范》GB 50411—2019

（9）《建筑用轻钢龙骨》GB 11981—2008

（10）《住宅装饰装修工程施工规范》GB 50327—2001

（11）《建筑地面工程施工质量验收规范》GB 50209—2010

（12）《屋面工程质量验收规范》GB 50207—2012

（13）《木门窗》GB/T 29498—2013

（14）《住宅室内装饰装修工程质量验收规范》JGJ/T 304—2013

（15）《玻璃幕墙工程技术规范》JGJ 102—2003

（16）《玻璃幕墙工程质量检验标准》JGJ/T 139—2020

（17）《吊挂式玻璃幕墙支承装置》JG 139—2001

（18）《建筑玻璃应用技术规程》JGJ 113—2015

（19）《金属与石材幕墙工程技术规范》JGJ 133—2001

（20）《内装修——墙面装修》13J502-1

（21）《内装修——室内吊顶》12J502-2

（22）《建筑构造通用图集》12BJ1-1

3. 适用范围

（1）本图册适用所有建筑工程项目。

（2）本标准化图册是建筑工程质量验收的推荐标准。

4. 主要内容

（1）本图册主要内容：屋面工程、外檐工程、室内初装修工程、室内精装修工程和装饰装修工程重点部位细部做法。

（2）装饰装修工程质量重点部位包括：楼梯间、卫生间、车库及地下室、设备机房、门窗工程、管道井和无障碍设施等。

5．管理要求

（1）加强工程质量策划管理。屋面工程、装饰装修工程施工前，施工单位必须对工程的设计图纸、深化图纸以及 BIM 效果图进行预控审核，依据相关质量标准确定节点做法。

（2）坚持样板引路制度。装饰装修施工前应做样板间（层），经建设单位、总承包单位、监理单位共同确认后方可大面积施工。

（3）加强物资进场质量管理。工程所用装饰装修材料必须有产品合格证、质量检验报告等质量证明资料，需要复试的材料应复试合格。

（4）本图册有关节点详图标准尺寸单位除特别注明外，均为 mm。

目 录

第一部分　屋面工程

1. 总体要求	屋面工程
	1. 屋面施工以建筑施工图纸为依据，结合机电专业、土建专业相关施工内容提前做好规划和预控，对整体屋面使用功能及质量要求进行全局性规划，做到屋面整体美观、合理，各项使用功能齐全，避免因土建、机电专业施工等工序交叉造成质量隐患。 2. 屋面面层整洁无污染，坡向准确，排水畅通不积水。 3. 防水卷材高度不小于 250mm（屋面完成面上返 250mm，包括出屋面的设备基础、管道等），泛水及转角处圆弧顺直，卷材无皱褶、起鼓，不得逆向铺贴。 4. 北方地区不建议采用倒置式屋面。正置式上人屋面宜设置暗排排汽孔。

2. 屋面面层	2.1 屋面排水
排水组织	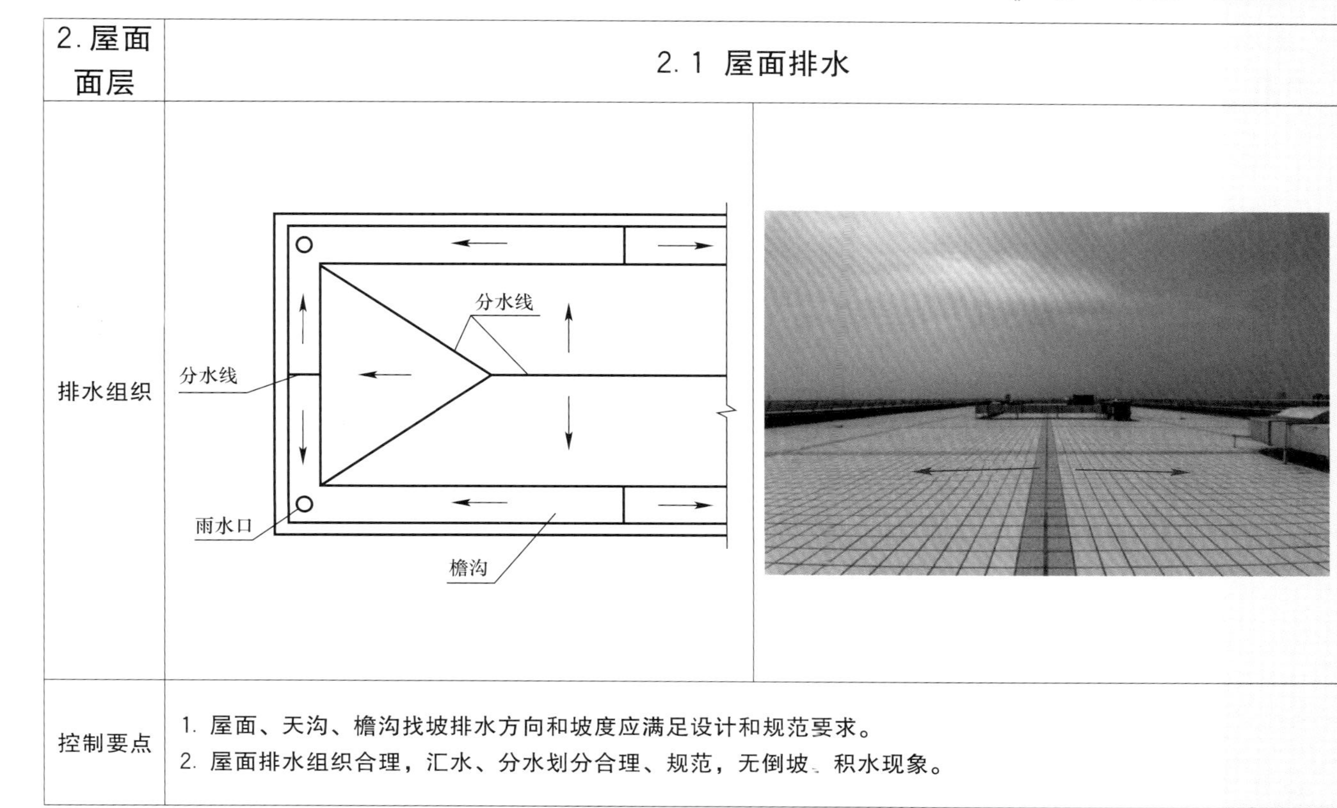
控制要点	1. 屋面、天沟、檐沟找坡排水方向和坡度应满足设计和规范要求。 2. 屋面排水组织合理，汇水、分水划分合理、规范，无倒坡、积水现象。

2. 屋面面层	2.2 块材面层屋面
2.2.1 整体铺装	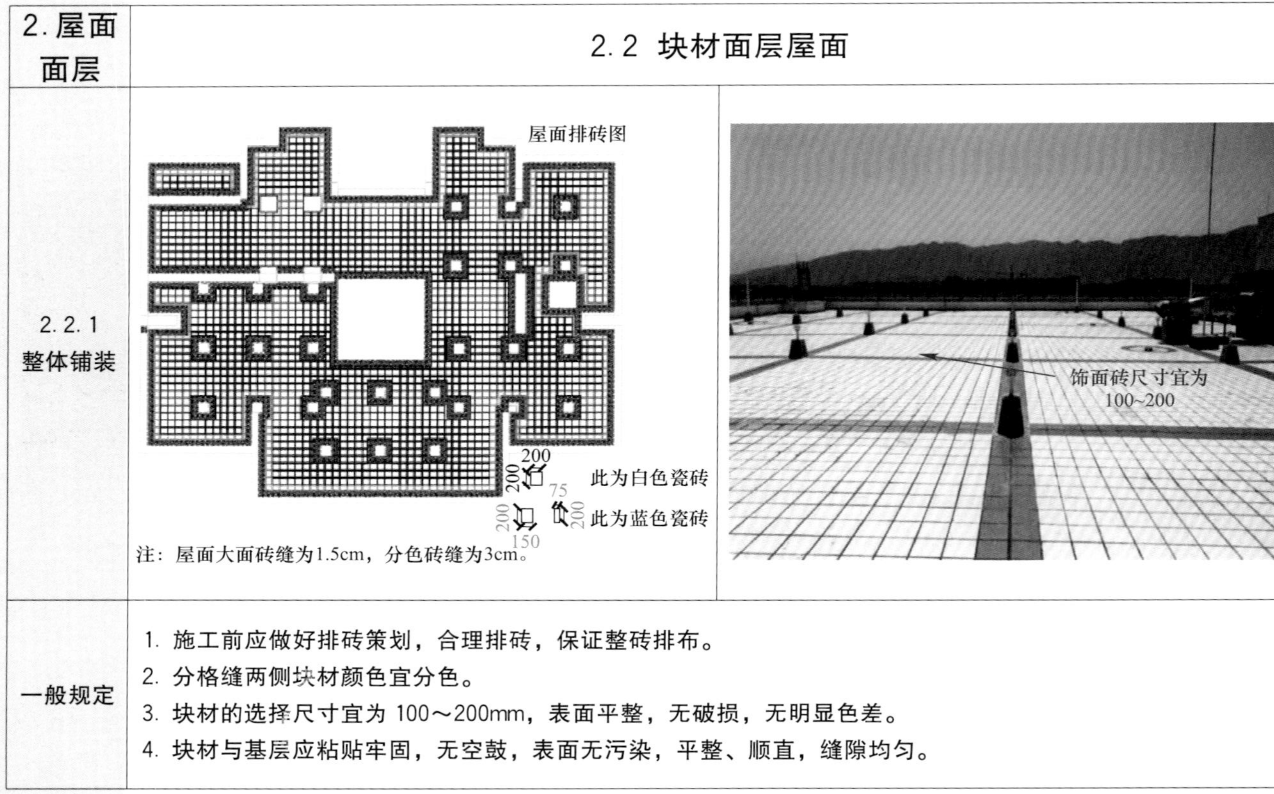 注：屋面大面砖缝为1.5cm，分色砖缝为3cm。
一般规定	1. 施工前应做好排砖策划，合理排砖，保证整砖排布。 2. 分格缝两侧块材颜色宜分色。 3. 块材的选择尺寸宜为 100～200mm，表面平整，无破损，无明显色差。 4. 块材与基层应粘贴牢固，无空鼓，表面无污染，平整、顺直，缝隙均匀。

<table>
<tr><td>2. 屋面面层</td><td colspan="2">2.2 块材面层屋面</td></tr>
<tr><td>2.2.2
分格要求</td><td colspan="2">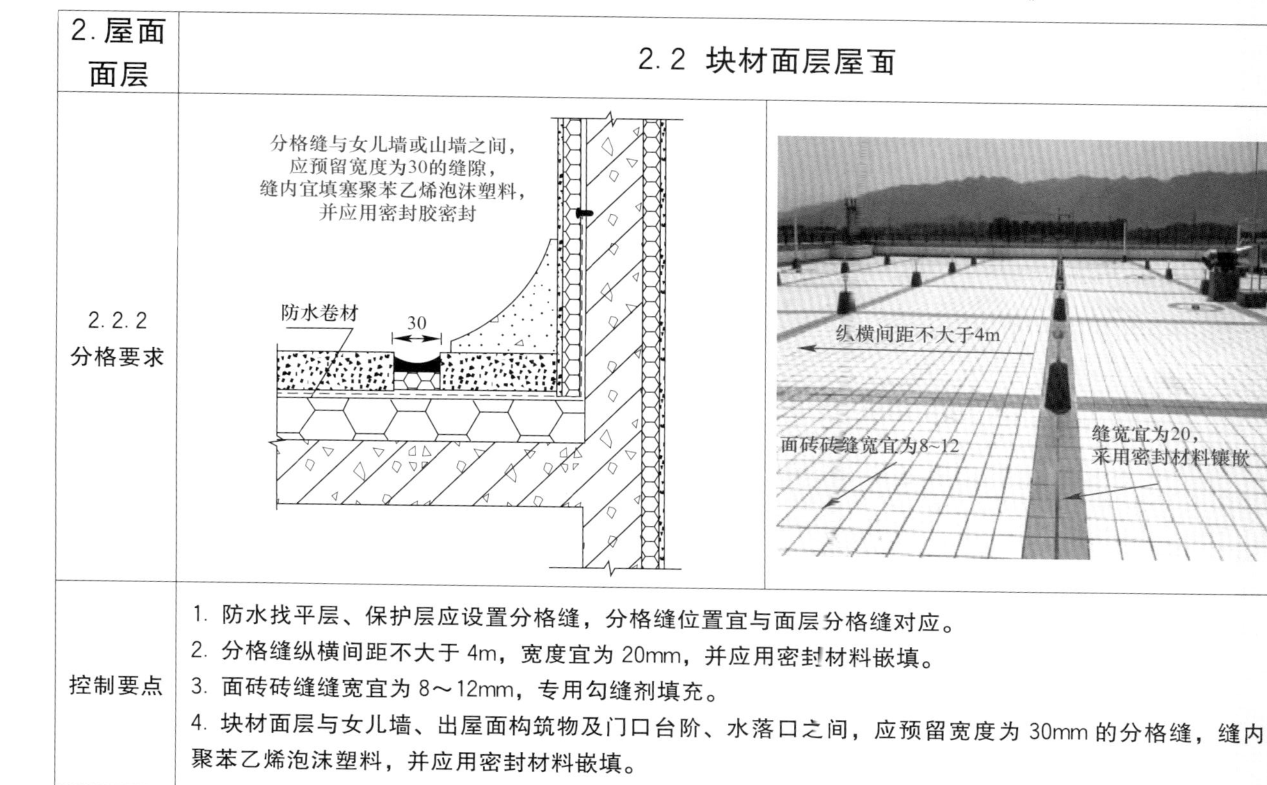
</td></tr>
<tr><td>控制要点</td><td colspan="2">1. 防水找平层、保护层应设置分格缝，分格缝位置宜与面层分格缝对应。
2. 分格缝纵横间距不大于 4m，宽度宜为 20mm，并应用密封材料嵌填。
3. 面砖砖缝缝宽宜为 8～12mm，专用勾缝剂填充。
4. 块材面层与女儿墙、出屋面构筑物及门口台阶、水落口之间，应预留宽度为 30mm 的分格缝，缝内宜填塞聚苯乙烯泡沫塑料，并应用密封材料嵌填。</td></tr>
</table>

<table>
<tr><td>2. 屋面面层</td><td colspan="2">2.3 水泥砂浆、细石混凝土面层屋面</td></tr>
<tr><td>分格要求</td><td colspan="2">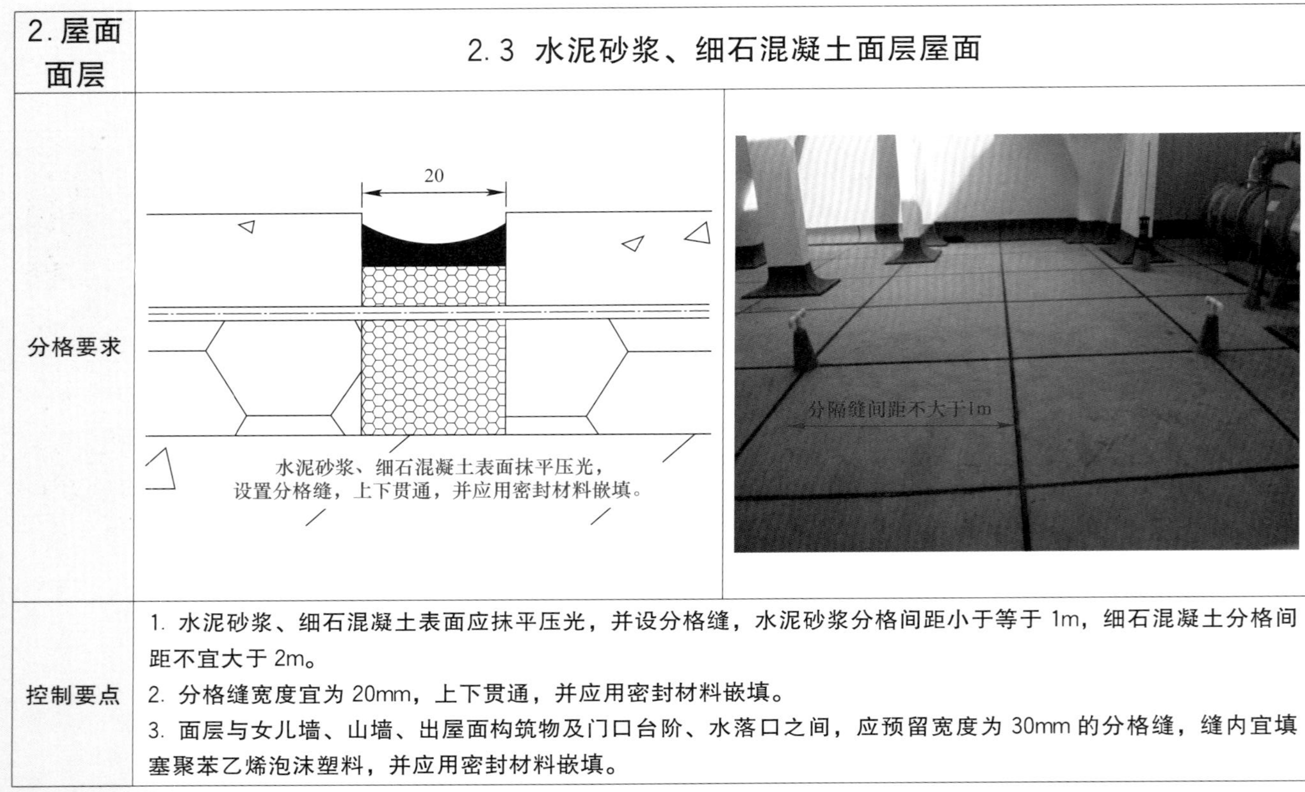
</td></tr>
<tr><td>控制要点</td><td colspan="2">1. 水泥砂浆、细石混凝土表面应抹平压光，并设分格缝，水泥砂浆分格间距小于等于 1m，细石混凝土分格间距不宜大于 2m。
2. 分格缝宽度宜为 20mm，上下贯通，并应用密封材料嵌填。
3. 面层与女儿墙、山墙、出屋面构筑物及门口台阶、水落口之间，应预留宽度为 30mm 的分格缝，缝内宜填塞聚苯乙烯泡沫塑料，并应用密封材料嵌填。</td></tr>
</table>

2. 屋面面层	2.4 架空板屋面	
分格要求	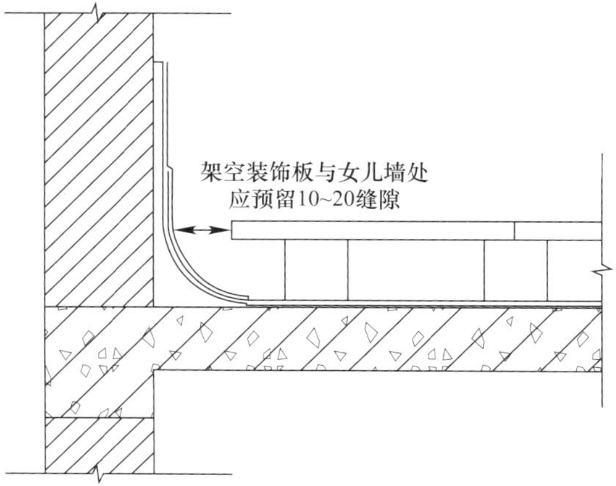 架空装饰板与女儿墙处应预留10~20缝隙	
控制要点	1. 架空装饰板材规格颜色一致，铺设平整、牢固稳定、边缘顺直、缝格对齐且均匀一致。 2. 架空木地板与墙面交接处，应预留 10～20mm 缝隙。 3. 泛水高度从架空板面起算 250mm。	

<table>
<tr><td>2. 屋面面层</td><td colspan="2">2.5 坡屋面</td></tr>
<tr><td>2.5.1
一般要求</td><td></td><td></td></tr>
<tr><td>控制要点</td><td colspan="2">1. 块瓦屋面整体应平整，搭接紧密，脊瓦搭盖正确，间距均匀，屋面无渗漏、积水，排水顺畅。
2. 沥青瓦屋面、波形瓦屋面、装配式轻型坡屋面适用坡度大于等于 20%；块瓦（烧结瓦、混凝土瓦）屋面适用坡度大于等于 30%；金属板（包括压型金属板和金属面绝热夹芯板）屋面适用坡度大于等于 5%。</td></tr>
</table>

2. 屋面面层	2.5 坡屋面
2.5.2 坡屋面防滑措施	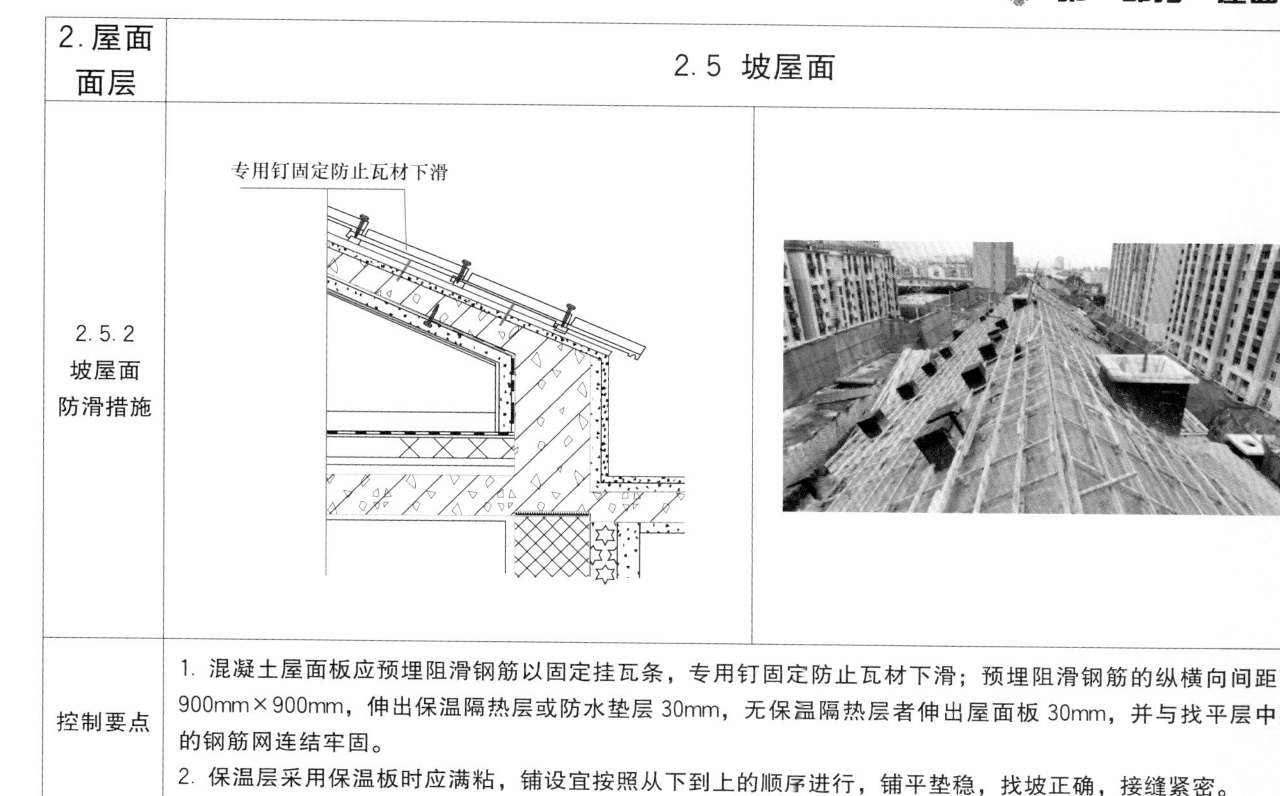
控制要点	1. 混凝土屋面板应预埋阻滑钢筋以固定挂瓦条，专用钉固定防止瓦材下滑；预埋阻滑钢筋的纵横向间距宜为900mm×900mm，伸出保温隔热层或防水垫层30mm，无保温隔热层者伸出屋面板30mm，并与找平层中敷设的钢筋网连结牢固。 2. 保温层采用保温板时应满粘，铺设宜按照从下到上的顺序进行，铺平垫稳，找坡正确，接缝紧密。

<table>
<tr><td>2. 屋面面层</td><td colspan="2">2.5 坡屋面</td></tr>
<tr><td>2.5.3
天沟、
檐沟</td><td colspan="2">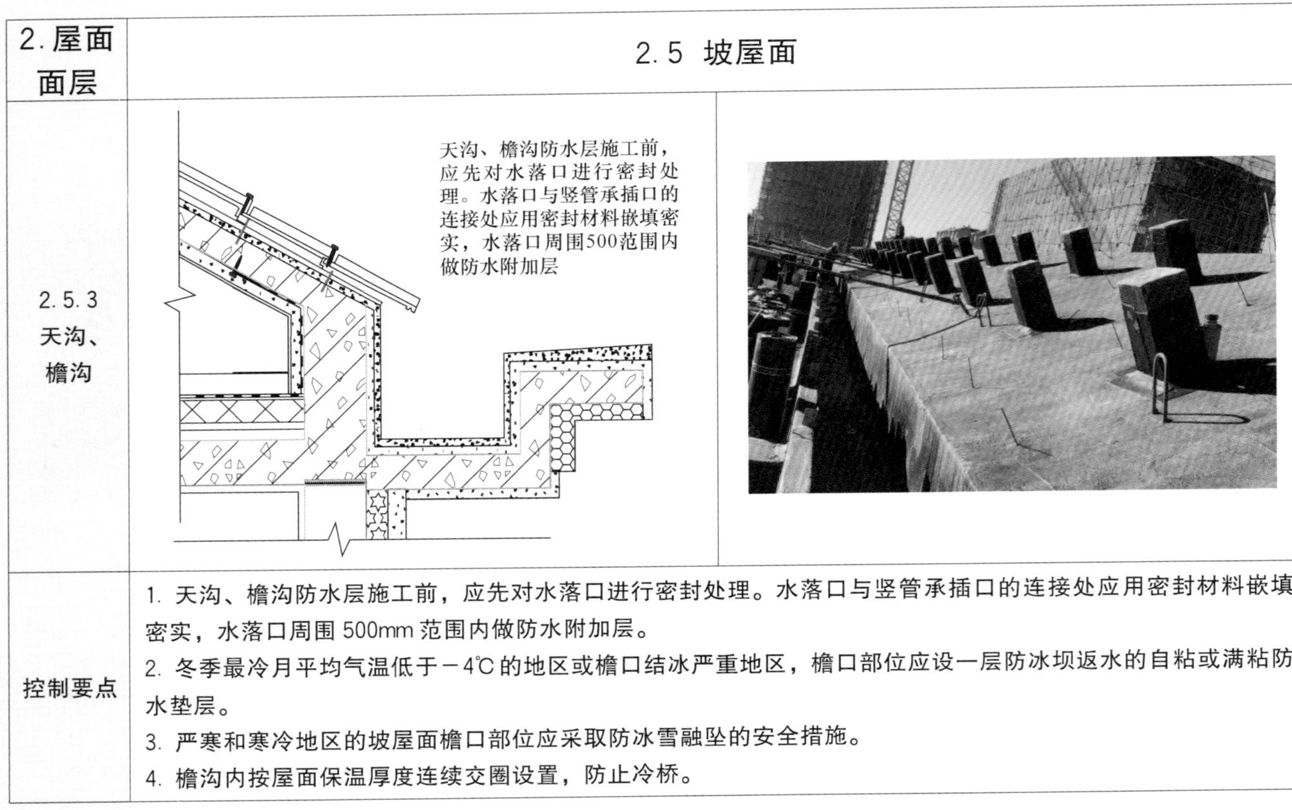
</td></tr>
<tr><td>控制要点</td><td colspan="2">1. 天沟、檐沟防水层施工前，应先对水落口进行密封处理。水落口与竖管承插口的连接处应用密封材料嵌填密实，水落口周围 500mm 范围内做防水附加层。
2. 冬季最冷月平均气温低于－4℃的地区或檐口结冰严重地区，檐口部位应设一层防冰坝返水的自粘或满粘防水垫层。
3. 严寒和寒冷地区的坡屋面檐口部位应采取防冰雪融坠的安全措施。
4. 檐沟内按屋面保温厚度连续交圈设置，防止冷桥。</td></tr>
</table>

3. 细部做法	3.1 屋面女儿墙	
3.1.1 女儿墙泛水	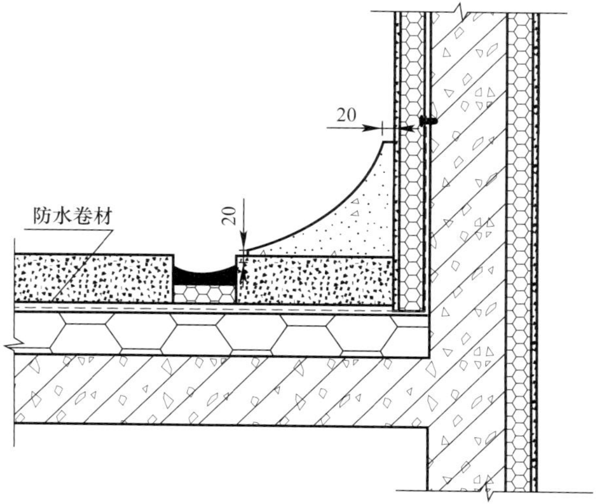 防水卷材 20 20	
控制要点	1. 女儿墙泛水宜为圆弧形，圆弧半径大于等于 100mm，小于等于 150mm。 2. 泛水施工前应分格策划，与屋面分格缝应对齐。	

3. 细部做法	3.1 屋面女儿墙
3.1.1 女儿墙泛水	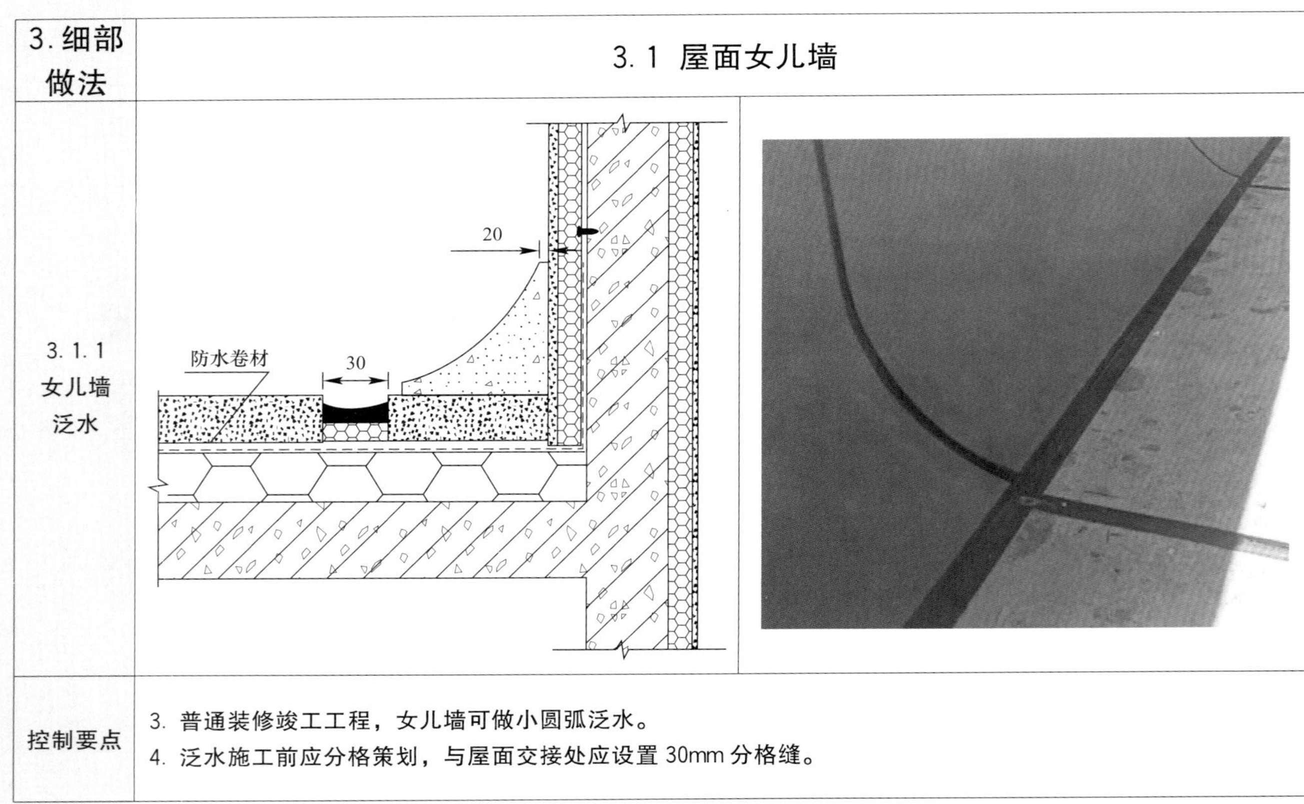
控制要点	3. 普通装修竣工工程，女儿墙可做小圆弧泛水。 4. 泛水施工前应分格策划，与屋面交接处应设置 30mm 分格缝。

<table>
<tr><td>3. 细部做法</td><td colspan="2">3.1 屋面女儿墙</td></tr>
<tr><td>3.1.2
女儿墙
压顶</td><td> 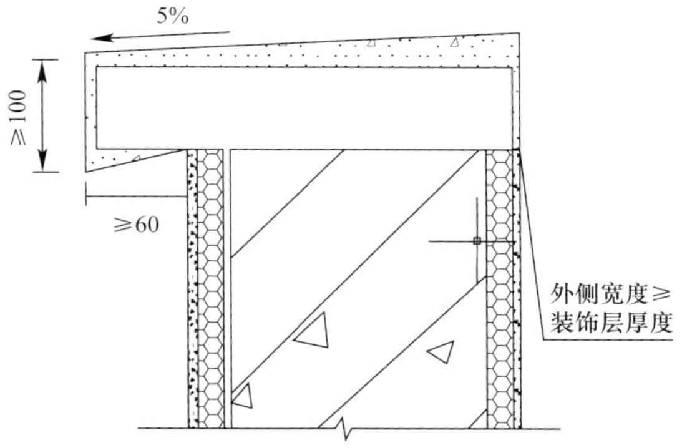5%
≥100
≥60
外侧宽度≥
装饰层厚度</td><td> </td></tr>
<tr><td>控制要点</td><td colspan="2">1. 女儿墙设置压顶，外侧宽度大于等于装饰层厚度；内侧宽度大于等于装饰层厚度＋60mm，压顶成活厚度宜大于等于 100mm。
2. 女儿墙压顶找坡应外高内低，坡度大于等于 5%，下口应设置滴水线或鹰嘴。
3. 压顶面层与屋面面层材质相同时，分格缝应一一对应，不同时应间隔对应。
4. 距外边缘 20mm 处设 10mm×10mm 宽滴水线。滴水线在拐角处应贯通，且距端部或墙面 20mm 处留设断水。
5. 鹰嘴坡度要求为 1∶6。</td></tr>
</table>

3. 细部做法	3.1 屋面女儿墙
3.1.3 女儿墙 防水收头	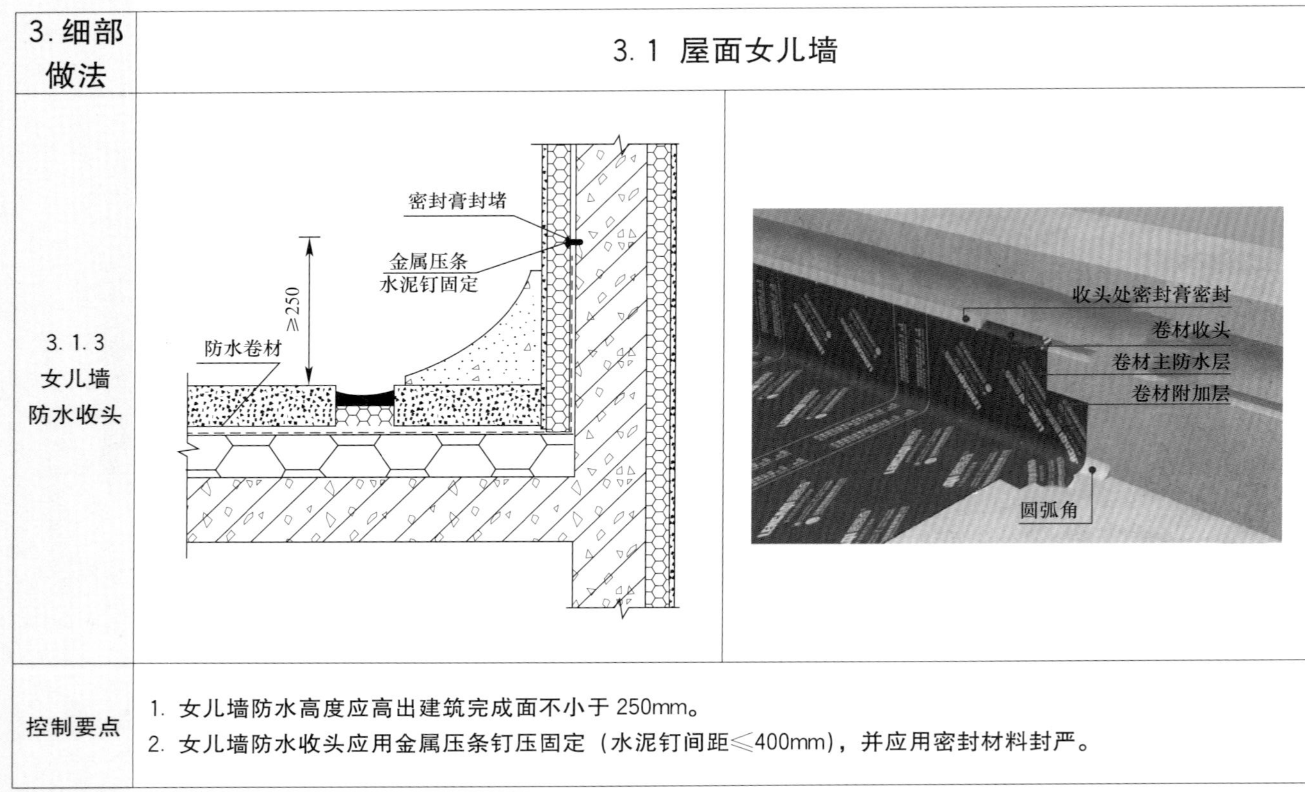
控制要点	1. 女儿墙防水高度应高出建筑完成面不小于 250mm。 2. 女儿墙防水收头应用金属压条钉压固定（水泥钉间距≤400mm），并应用密封材料封严。

<table>
<tr><td>3. 细部做法</td><td>3.2 出屋面构件</td></tr>
<tr><td>3.2.1
烟风道</td><td>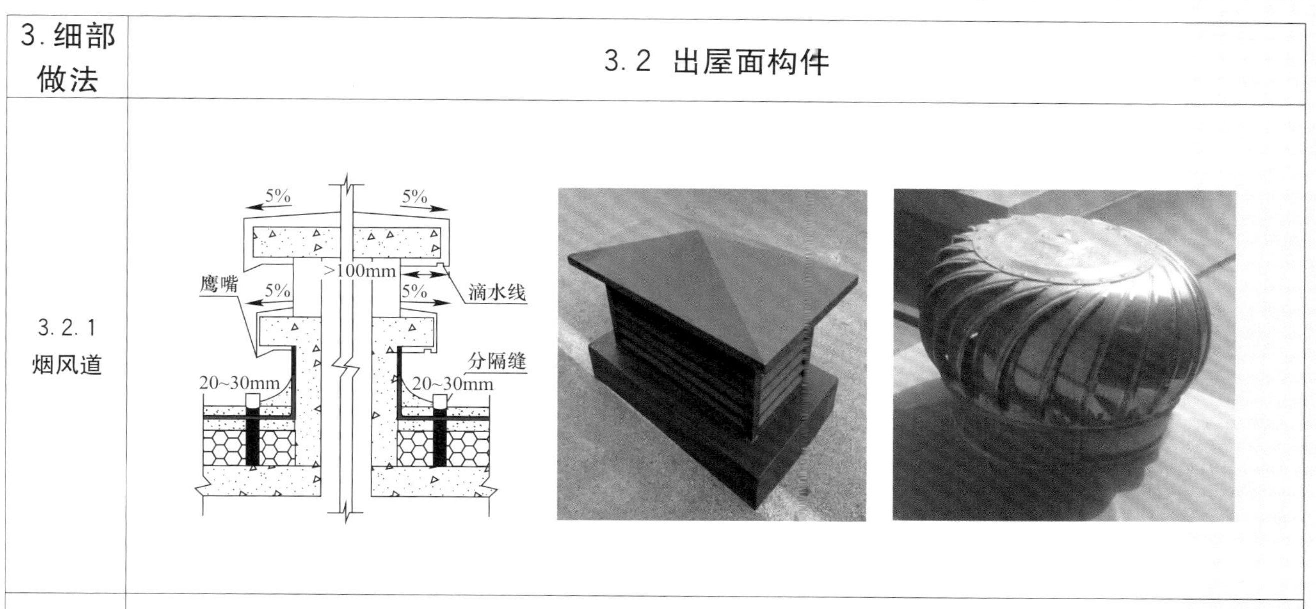
</td></tr>
<tr><td>控制要点</td><td>1. 烟风道外观应棱角方正，线条清晰顺直，并设置泛水。泛水做法同女儿墙。盖板、下口边缘阳角抹滴水或鹰嘴。
2. 烟风道内壁应保证排烟（气）通畅，以防止产生端阻、涡流、漏气和倒灌等现象。
3. 顶部盖板出墙宽度宜大于等于装饰层厚度＋100mm，四面找坡大于等于5%，成活厚度同女儿墙。
4. 无动力风帽根部要求打胶处理。</td></tr>
</table>

3. 细部做法	3.2 出屋面构件
3.2.2 管根	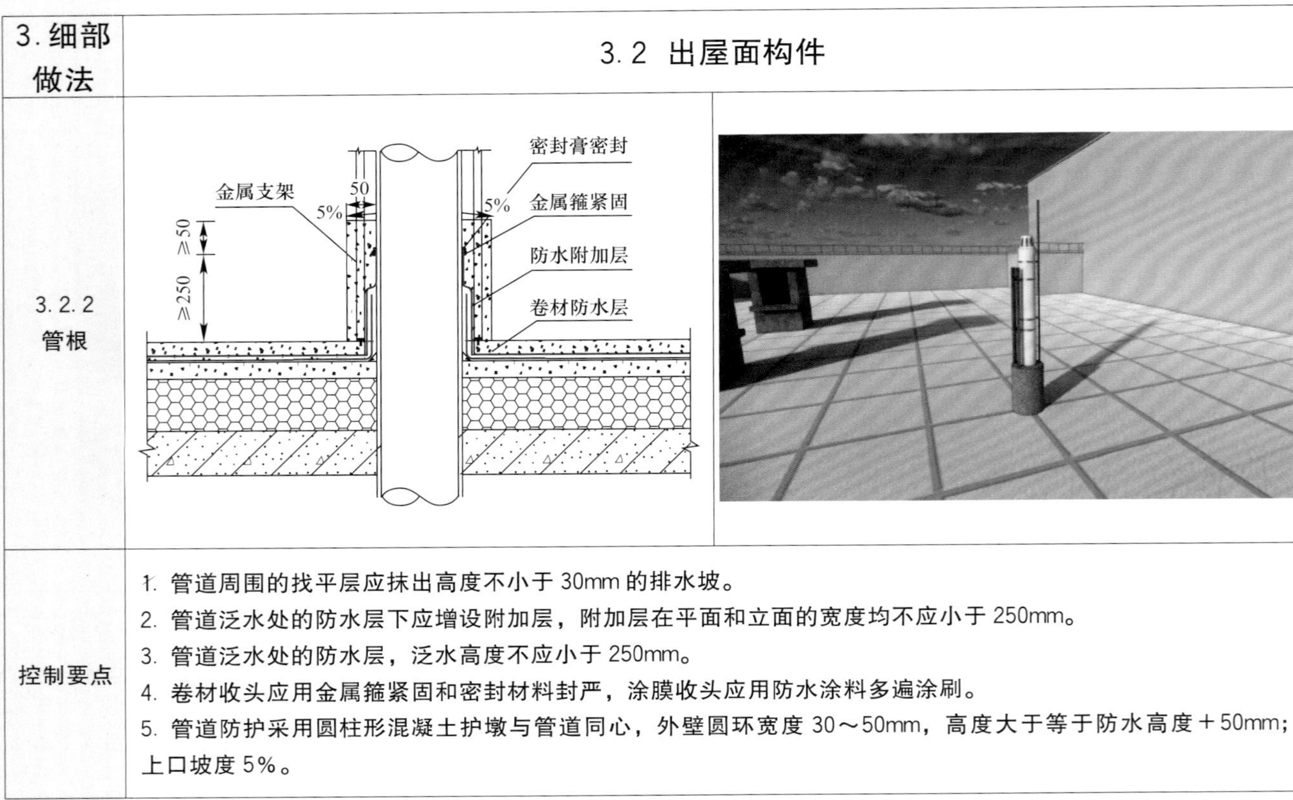
控制要点	1. 管道周围的找平层应抹出高度不小于 30mm 的排水坡。 2. 管道泛水处的防水层下应增设附加层，附加层在平面和立面的宽度均不应小于 250mm。 3. 管道泛水处的防水层，泛水高度不应小于 250mm。 4. 卷材收头应用金属箍紧固和密封材料封严，涂膜收头应用防水涂料多遍涂刷。 5. 管道防护采用圆柱形混凝土护墩与管道同心，外壁圆环宽度 30～50mm，高度大于等于防水高度＋50mm；上口坡度 5%。

3. 细部做法	3.2 出屋面构件
3.2.3 避雷	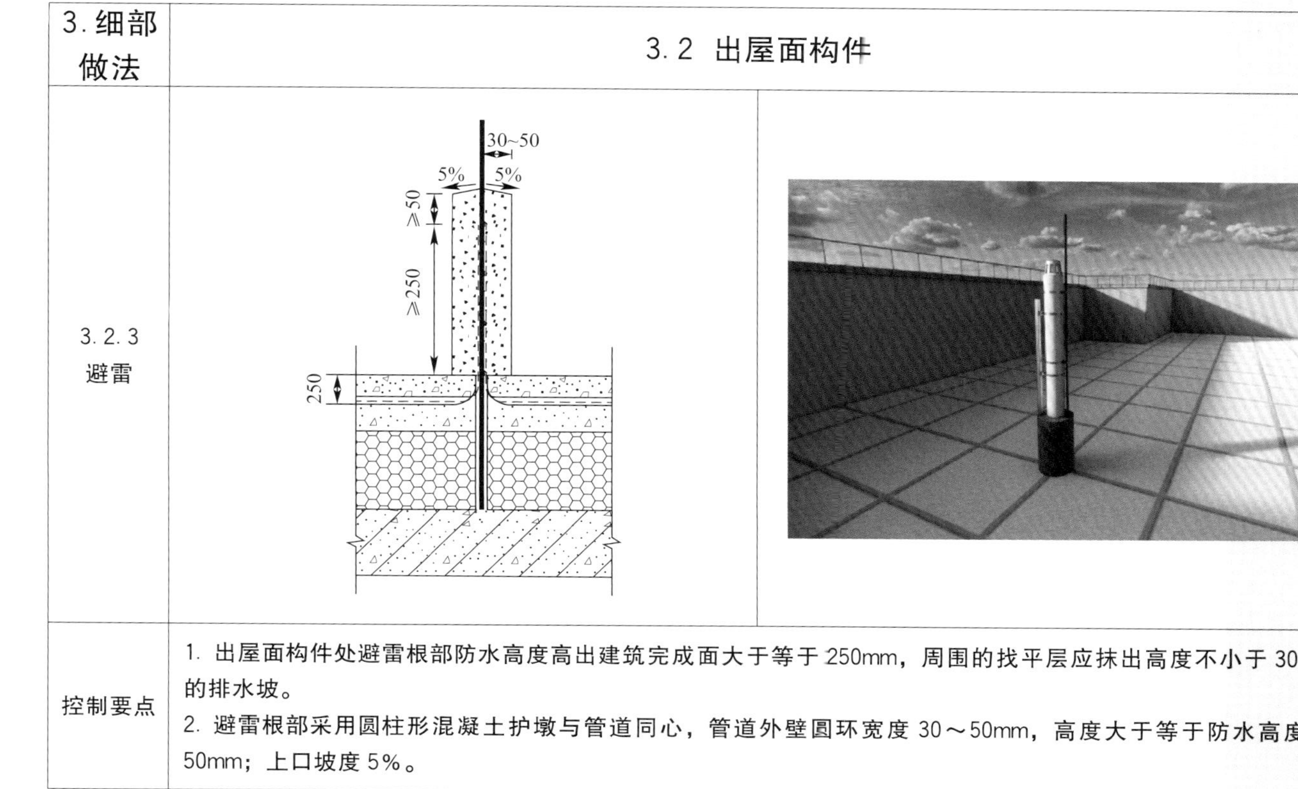
控制要点	1. 出屋面构件处避雷根部防水高度高出建筑完成面大于等于250mm，周围的找平层应抹出高度不小于30mm的排水坡。 2. 避雷根部采用圆柱形混凝土护墩与管道同心，管道外壁圆环宽度30～50mm，高度大于等于防水高度+50mm；上口坡度5%。

3. 细部做法	3.2 出屋面构件
3.2.4 设备支架	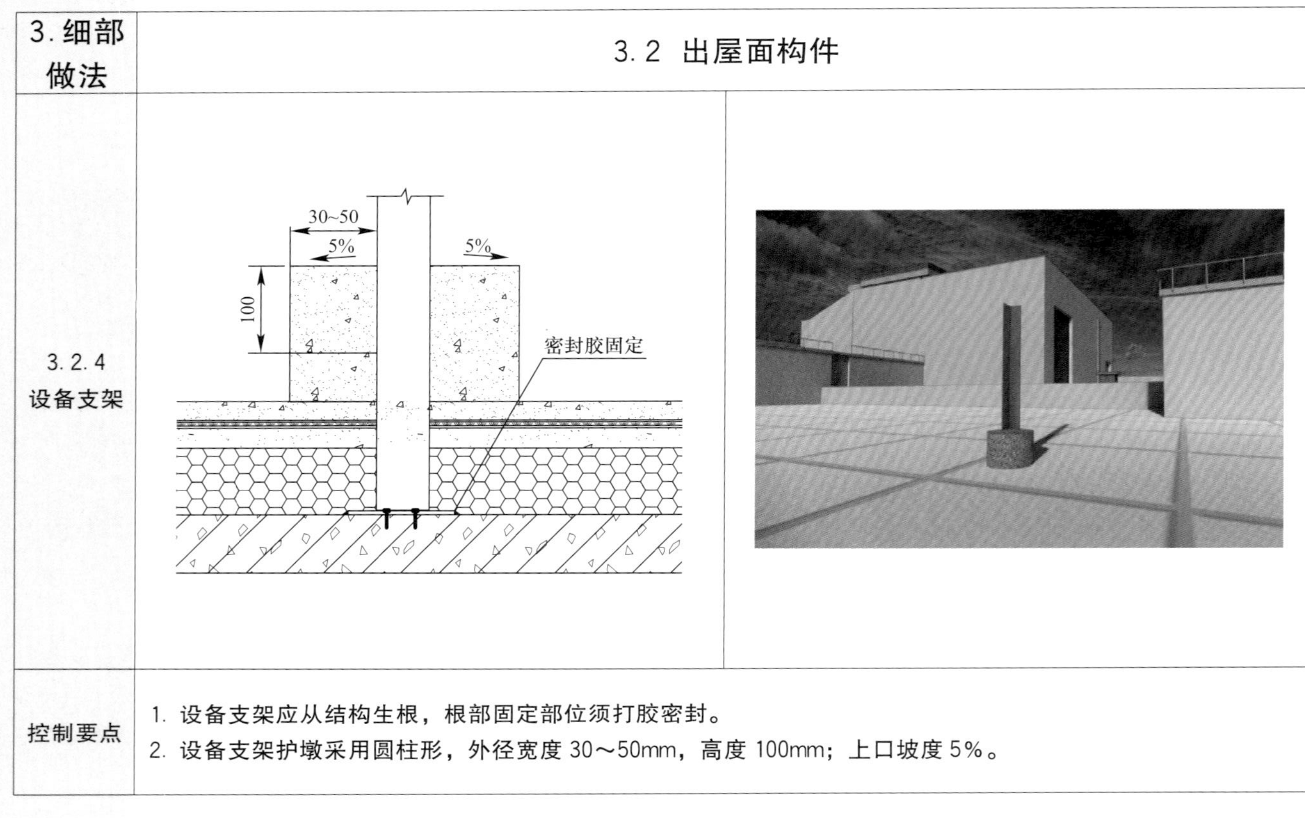
控制要点	1. 设备支架应从结构生根，根部固定部位须打胶密封。 2. 设备支架护墩采用圆柱形，外径宽度 30～50mm，高度 100mm；上口坡度 5%。

<table>
<tr><td>3. 细部做法</td><td colspan="2">3.2 出屋面构件</td></tr>
<tr><td>3.2.5
设备基墩</td><td colspan="2">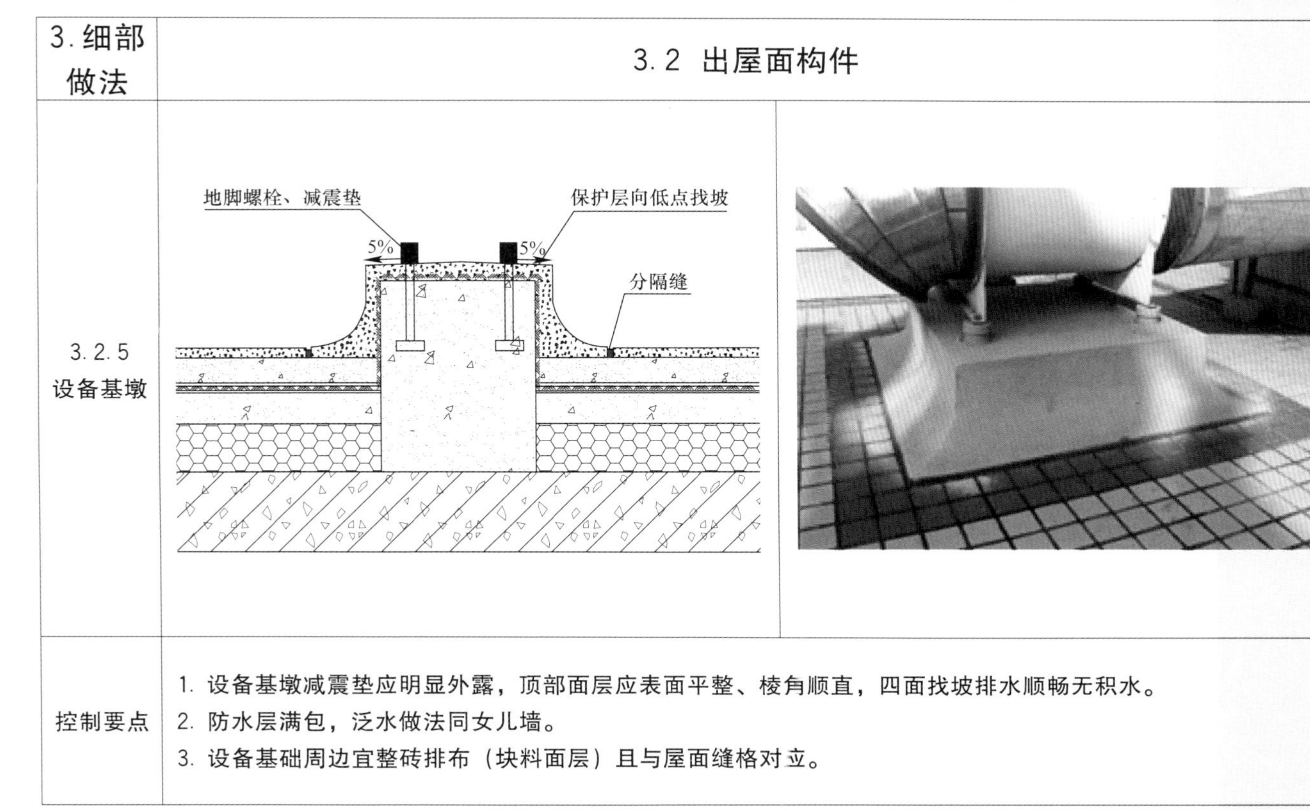
</td></tr>
<tr><td>控制要点</td><td colspan="2">1. 设备基墩减震垫应明显外露，顶部面层应表面平整、棱角顺直，四面找坡排水顺畅无积水。
2. 防水层满包，泛水做法同女儿墙。
3. 设备基础周边宜整砖排布（块料面层）且与屋面缝格对立。</td></tr>
</table>

<table>
<tr><td>3. 细部做法</td><td colspan="2">3.3 水落口</td></tr>
<tr><td>3.3.1
直排
水落口</td><td colspan="2">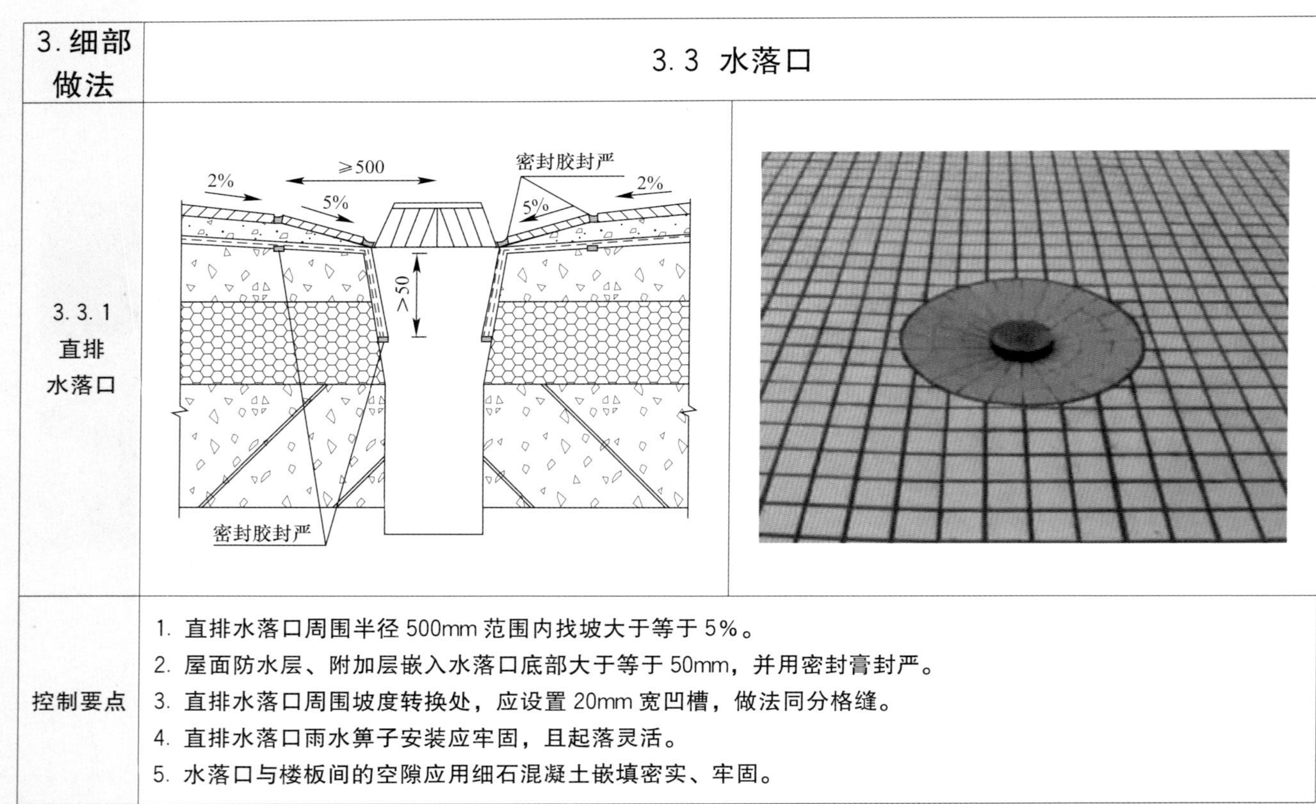
</td></tr>
<tr><td>控制要点</td><td colspan="2">1. 直排水落口周围半径 500mm 范围内找坡大于等于 5%。
2. 屋面防水层、附加层嵌入水落口底部大于等于 50mm，并用密封膏封严。
3. 直排水落口周围坡度转换处，应设置 20mm 宽凹槽，做法同分格缝。
4. 直排水落口雨水箅子安装应牢固，且起落灵活。
5. 水落口与楼板间的空隙应用细石混凝土嵌填密实、牢固。</td></tr>
</table>

3. 细部做法	3.3 水落口
3.3.2 侧排水落口	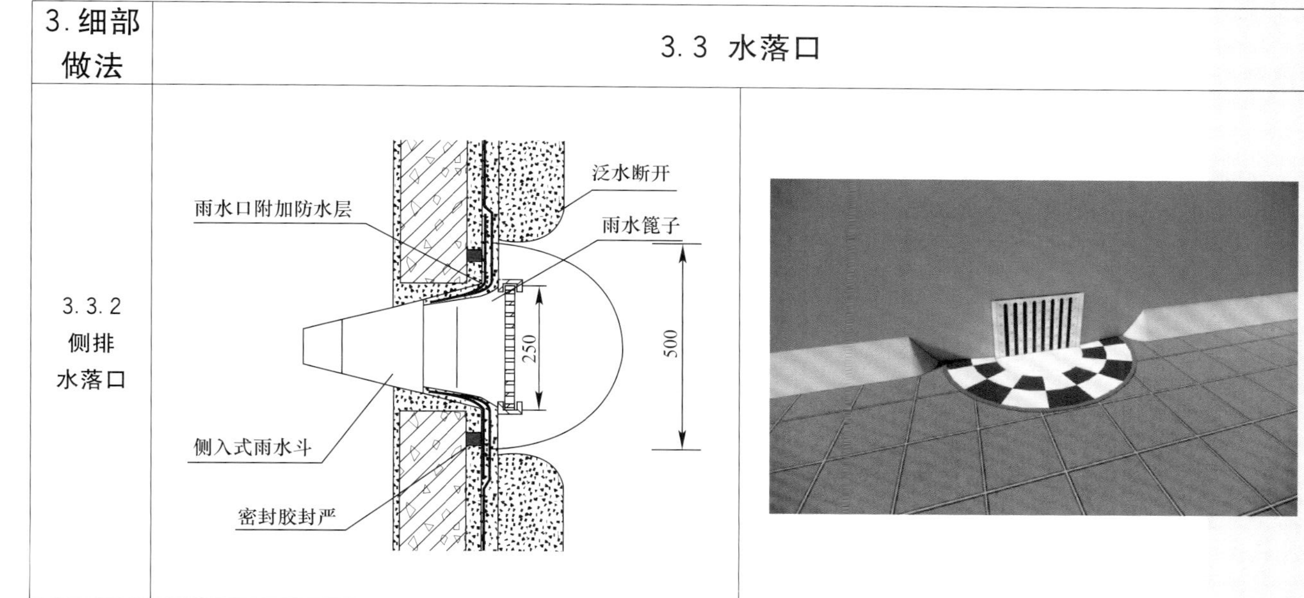
控制要点	1. 侧排水落口成活尺寸不应小于 250mm。 2. 侧排水落口出外墙距离应考虑外墙装修层做法。 3. 侧排口周边直径 500mm 范围内坡度大于等于 5%。坡度转换处，周围设置 30mm 宽凹槽，做法同分格缝。 4. 侧排水落口与女儿墙体间的间隙应用细石混凝土或砂浆嵌填密实、固定牢固。

<table>
<tr><td>3. 细部做法</td><td colspan="2">3.3 水落口</td></tr>
<tr><td>3.3.2
侧排
水落口</td><td colspan="2">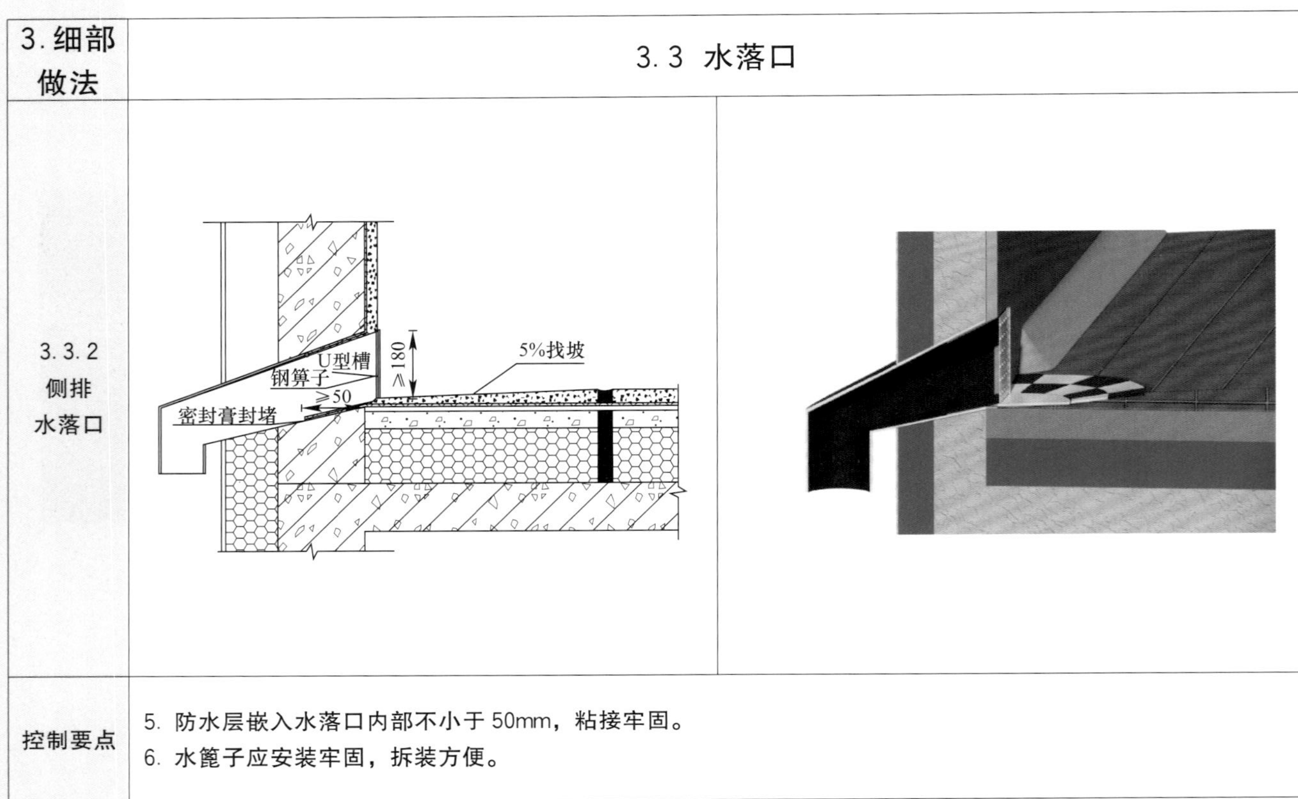
</td></tr>
<tr><td>控制要点</td><td colspan="2">5. 防水层嵌入水落口内部不小于50mm，粘接牢固。
6. 水篦子应安装牢固，拆装方便。</td></tr>
</table>

<table>
<tr><td>3. 细部做法</td><td colspan="2">3.3 水落口</td></tr>
<tr><td>3.3.3 虹吸水落口</td><td colspan="2">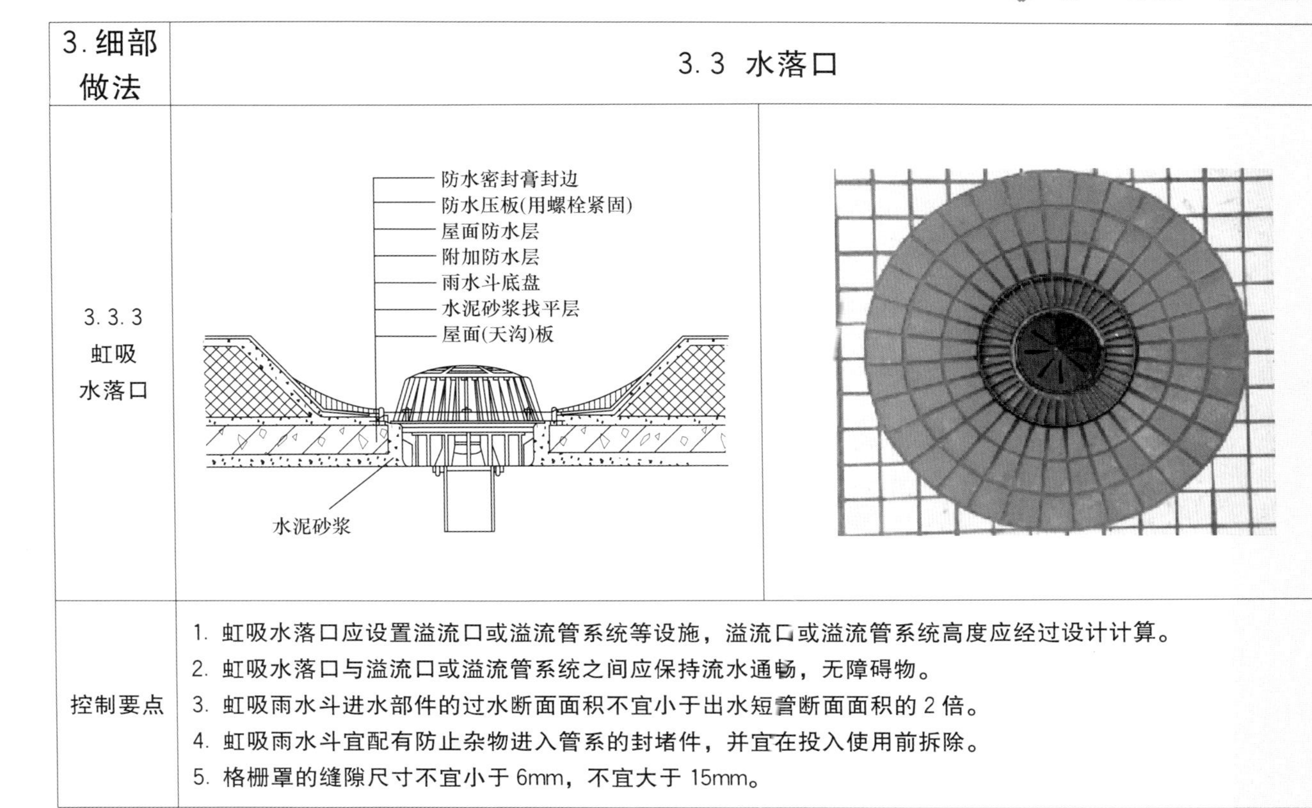
</td></tr>
<tr><td>控制要点</td><td colspan="2">1. 虹吸水落口应设置溢流口或溢流管系统等设施，溢流口或溢流管系统高度应经过设计计算。
2. 虹吸水落口与溢流口或溢流管系统之间应保持流水通畅，无障碍物。
3. 虹吸雨水斗进水部件的过水断面面积不宜小于出水短管断面面积的 2 倍。
4. 虹吸雨水斗宜配有防止杂物进入管系的封堵件，并宜在投入使用前拆除。
5. 格栅罩的缝隙尺寸不宜小于 6mm，不宜大于 15mm。</td></tr>
</table>

<table>
<tr><td>3. 细部做法</td><td colspan="2">3. 4 水落管、水簸箕</td></tr>
<tr><td>3. 4. 1
水落管</td><td colspan="2">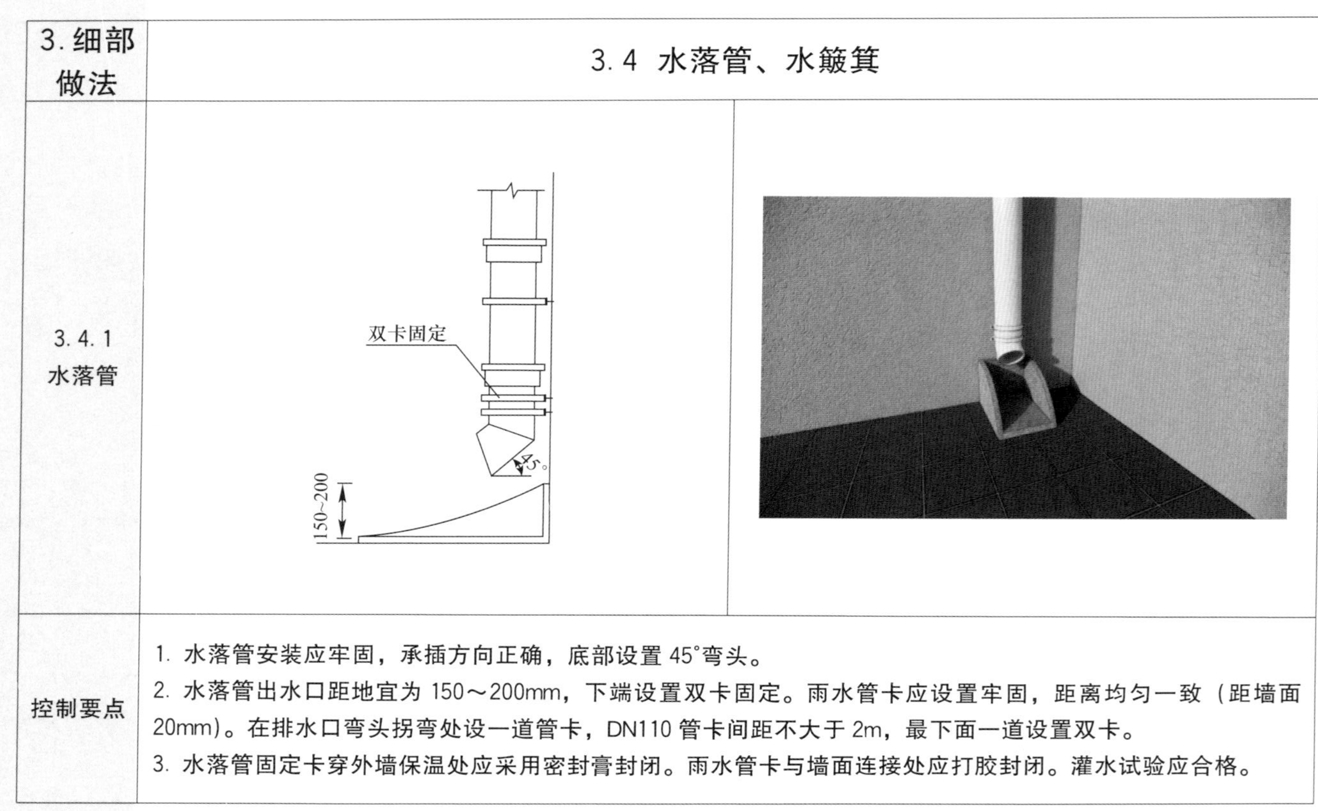
</td></tr>
<tr><td>控制要点</td><td colspan="2">1. 水落管安装应牢固，承插方向正确，底部设置 45°弯头。
2. 水落管出水口距地宜为 150～200mm，下端设置双卡固定。雨水管卡应设置牢固，距离均匀一致（距墙面20mm）。在排水口弯头拐弯处设一道管卡，DN110 管卡间距不大于 2m，最下面一道设置双卡。
3. 水落管固定卡穿外墙保温处应采用密封膏封闭。雨水管卡与墙面连接处应打胶封闭。灌水试验应合格。</td></tr>
</table>

3. 细部做法	3.4 水落管、水簸箕	
3.4.2 水簸箕	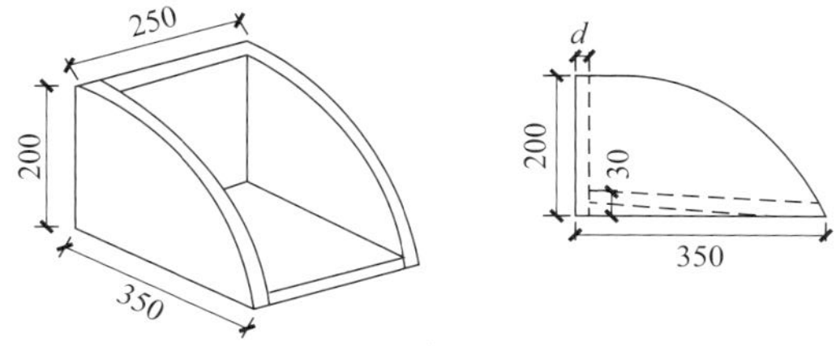 250 200 350 d 200 30 350 水簸箕示意图	
控制要点	1. 水簸箕宜选用成品。 2. 水簸箕底部应内高外低。 3. 水簸箕应安装牢固。	

<table>
<tr><td>3. 细部做法</td><td colspan="2">3.5 屋面出入口</td></tr>
<tr><td></td><td colspan="2">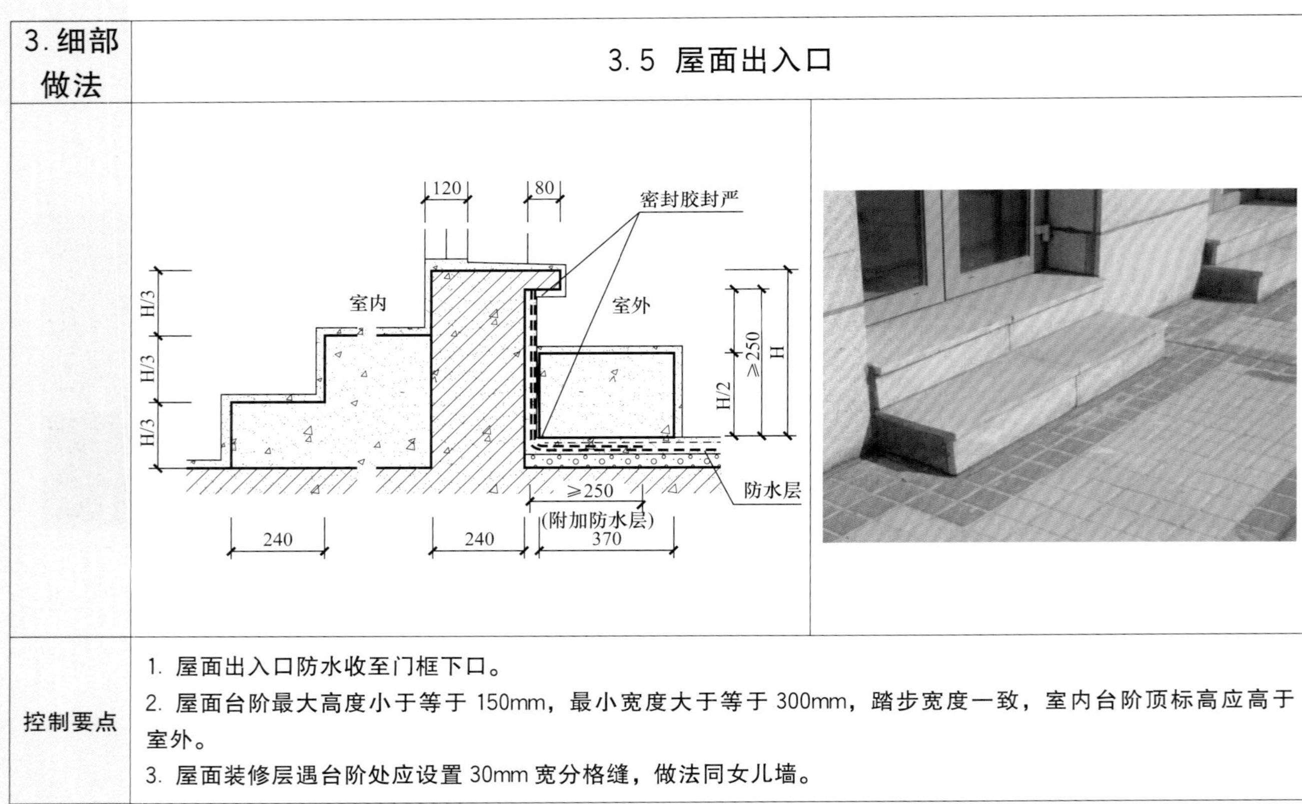
</td></tr>
<tr><td>控制要点</td><td colspan="2">1. 屋面出入口防水收至门框下口。
2. 屋面台阶最大高度小于等于 150mm，最小宽度大于等于 300mm，踏步宽度一致，室内台阶顶标高应高于室外。
3. 屋面装修层遇台阶处应设置 30mm 宽分格缝，做法同女儿墙。</td></tr>
</table>

3. 细部做法	3.6 变形缝
	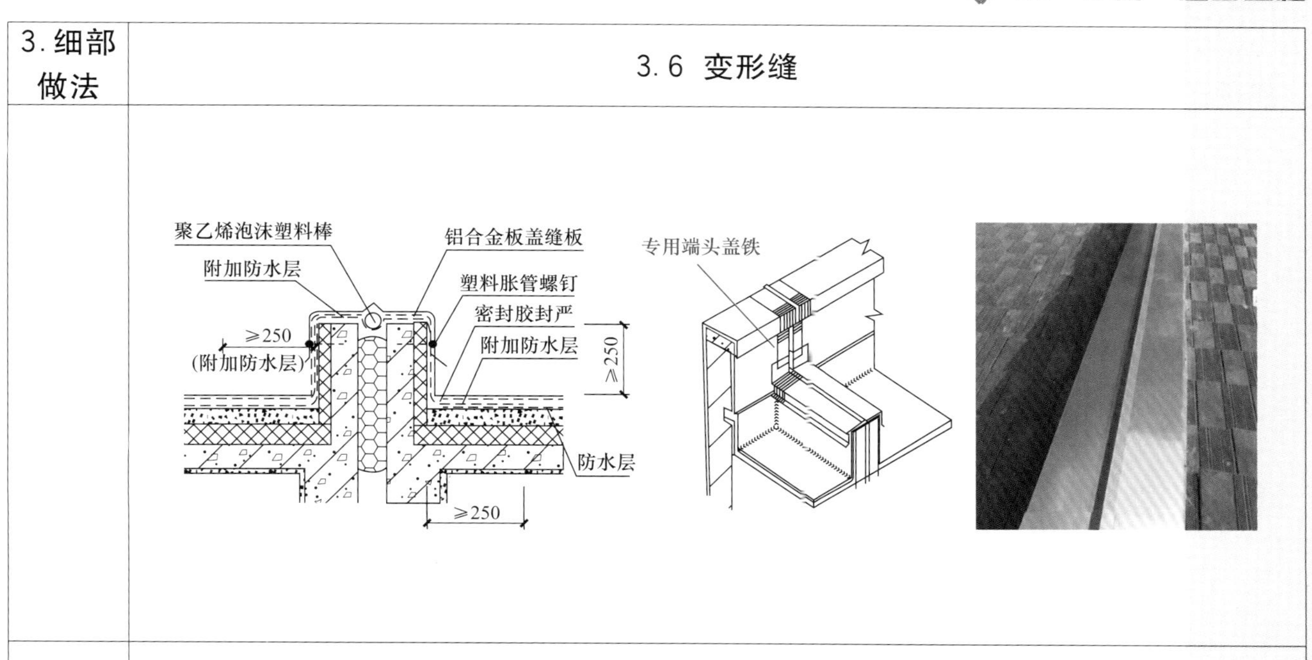
控制要点	1. 变形缝两侧平整顺直，压向正确，固定牢固，宽度符合设计要求。 2. 变形缝盖铁搭接接缝距离女儿墙根部不宜小于 500mm，应采用耐候密封胶封闭，胶缝均匀顺直。 3. 在平面与竖向交汇处，变形缝盖铁应采用专用端头部位盖铁。

<table>
<tr><td>3. 细部做法</td><td colspan="2">3.7 屋面栈桥</td></tr>
<tr><td></td><td>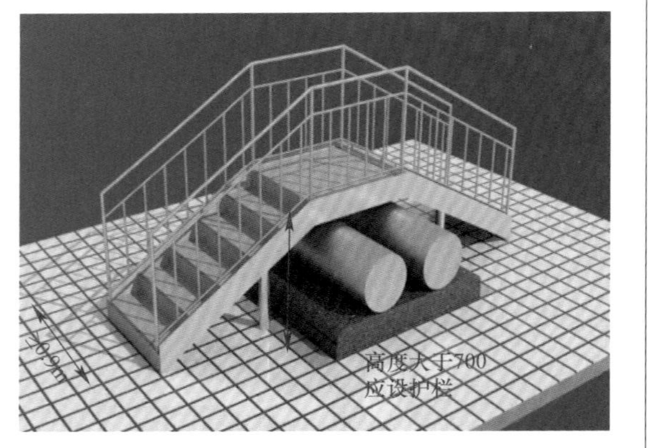
</td><td></td></tr>
<tr><td>控制要点</td><td colspan="2">1. 跨越设备管道、变形缝等处宜设置栈桥（宜远离女儿墙设置）。
2. 栈桥宽度大于等于 0.9m，高度大于 700mm 应设护栏。
3. 栈桥应安装牢固，外露金属构件应做好防锈、防雷处理。</td></tr>
</table>

3. 细部做法	3.8 屋面栏杆	
	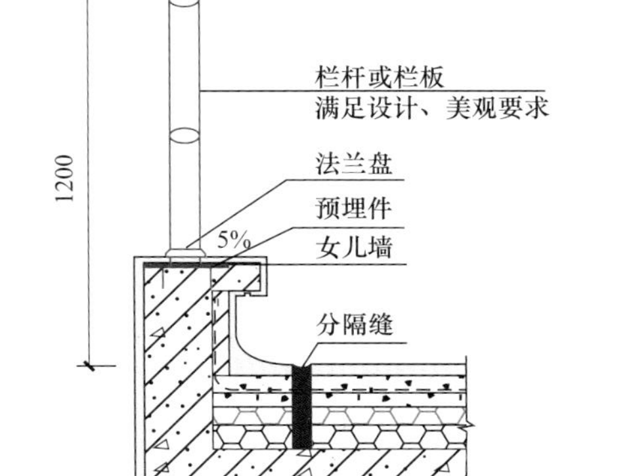 	
控制要点	1. 屋面栏杆安装应牢固可靠，普通建筑顶部水平荷载大于等于 1.0kN/m，学校场所顶部水平荷载大于等于 1.5kN/m。 2. 上人屋面栏杆高度不应低于 1.2m；当栏杆底部具有宽度大于等于 220mm 且高度小于等于 450mm 的可踏面时，栏杆高度应从可踏面顶部算起。 3. 金属栏杆表面应做防锈处理，且无损伤、划痕、污染。扶手与墙面、立杆与装饰面相交部位打胶封闭，底盘安装固定美观。 4. 当使用栏杆作为接闪器时，防雷引下线与栏杆必须采用焊接或卡接，搭接倍数须满足电气验收规范要求，不同金属极性间须有防电化学腐蚀措施。 5. 栏杆长度超过 30m 或变形缝处应有伸缩措施，接闪带应做成 R100“Ω”形补偿措施。	

3. 细部做法	3.9 屋面花架梁	

控制要点	1. 屋面花架梁面层应平整，颜色均匀，阴阳角顺直，口角方正。 2. 阴阳角部位设置 20mm 宽平涂裹边。 3. 屋面花架梁距边缘 20mm 设置滴水线，要求顺直，交圈连续，距端头设断水。	

<table>
<tr><td>3. 细部做法</td><td colspan="2">3. 10 屋面爬梯</td></tr>
<tr><td></td><td>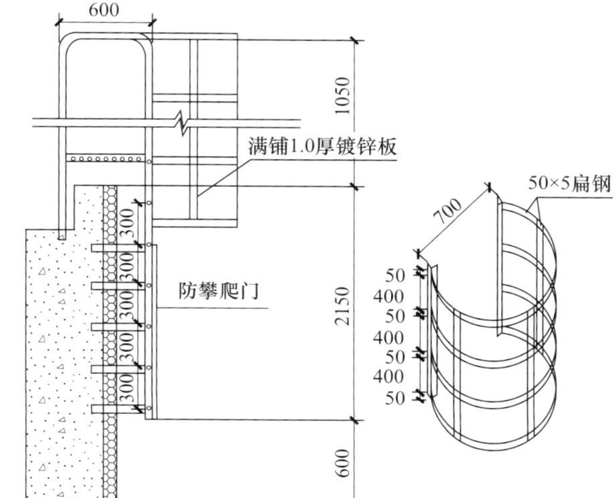
</td><td>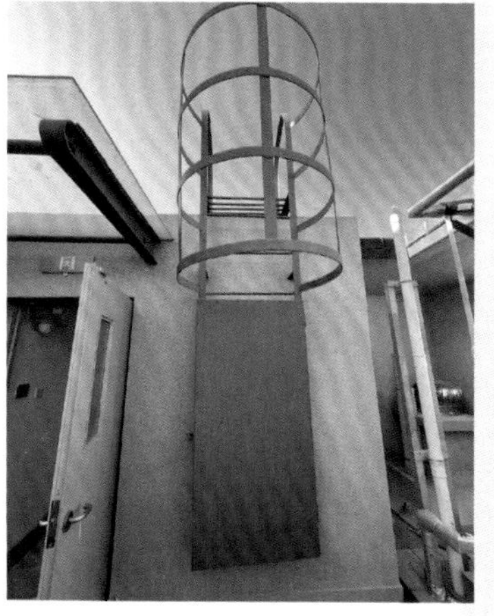</td></tr>
<tr><td>控制要点</td><td colspan="2">1. 屋面检修爬梯底部高度距离地面小于 2m 时，应在四周设防攀爬设施，且应设置防雷设施。
2. 当爬梯高度大于等于 3m 时，应设置护笼，护笼底部距地面宜控制在 2. 1～3. 0m，且护笼宜设置不少于 4 道防护围栏，出结构高度一致。
3. 爬梯与饰面间距应保留至少 250mm，防止污染。</td></tr>
</table>

第二部分　外檐工程

1. 总体要求	外檐工程
	1. 施工前应进行策划排布，对所有细部节点进行深化。 2. 材料的品种、型号、性能符合设计要求。 3. 基层应平整、牢固、无疏松物。 4. 保温板材与基层及各构造层之间的粘接或连接必须牢固，粘接强度和连接方式符合设计要求。 5. 防火和防水做法应符合设计及相关规范要求。 6. 外檐整体颜色均匀，分格、分色合理，大面平整。 7. 建筑物大角、阳台、窗边线等应在一条垂直线上。

2. 墙面	2. 1 饰面砖墙面
2. 1. 1 排砖原则	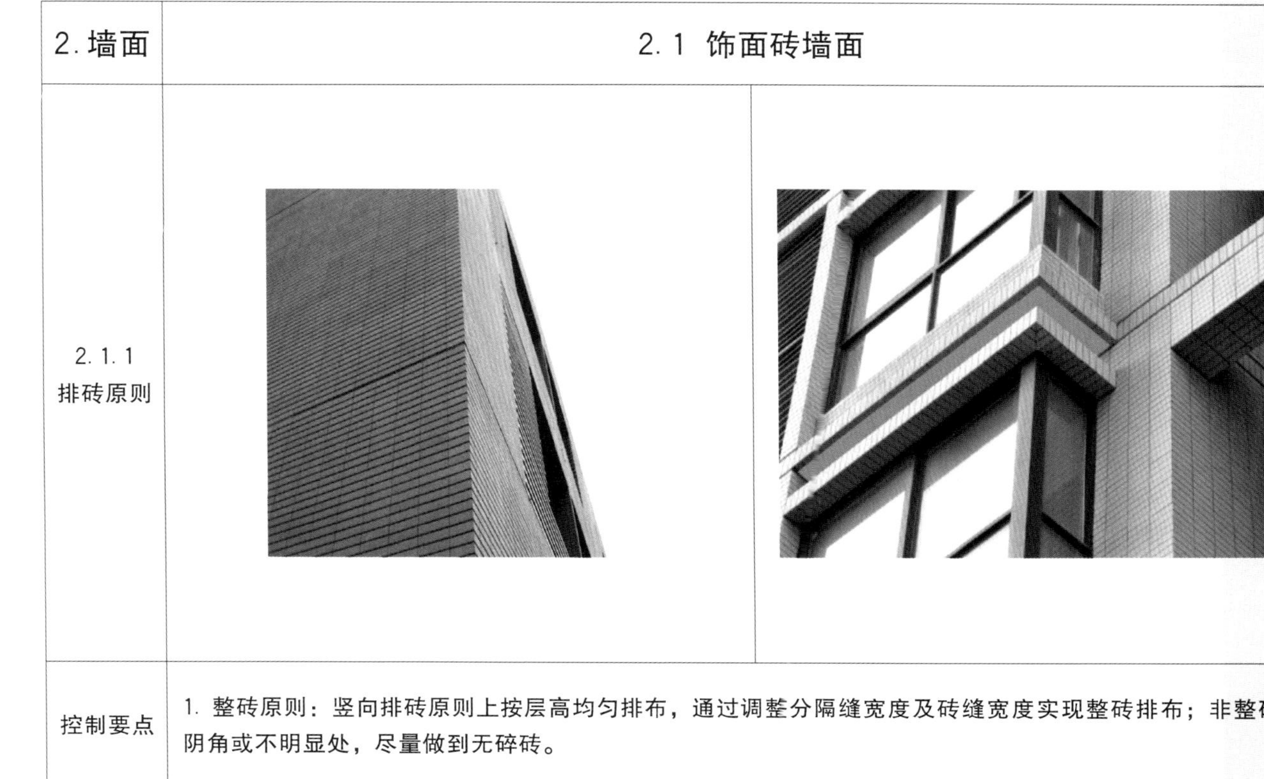
控制要点	1. 整砖原则：竖向排砖原则上按层高均匀排布，通过调整分隔缝宽度及砖缝宽度实现整砖排布；非整砖排至阴角或不明显处，尽量做到无碎砖。

2. 墙面	2.1 饰面砖墙面	
2.1.1 排砖原则		
控制要点	2. 居中原则：当采用骑马缝排砖时，砖缝居中排列。正面墙整砖对侧面墙半砖，相互对应排列，形成整块砖的效果。	

2. 墙面	2. 1　饰面砖墙面
2. 1. 1 排砖原则	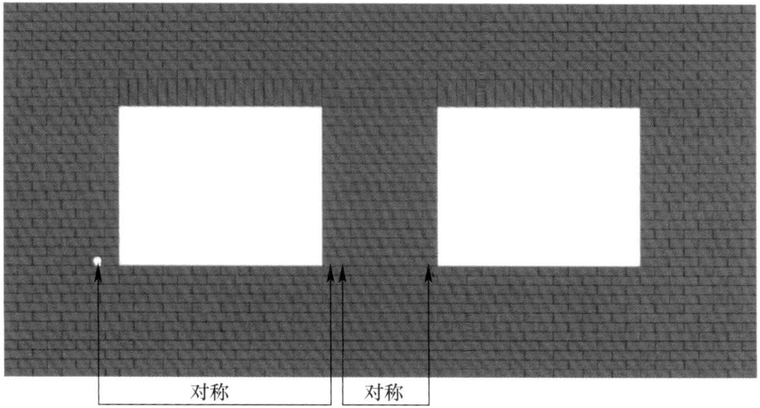 对称　对称
控制要点	3. 对称原则：门窗洞口、窗间墙排砖对称，挑檐等突出构件边缘部位排砖对称；窗角砖缝通顺，不得出现“刀把”砖。

2. 墙面	2.1 饰面砖墙面
2.1.1 排砖原则	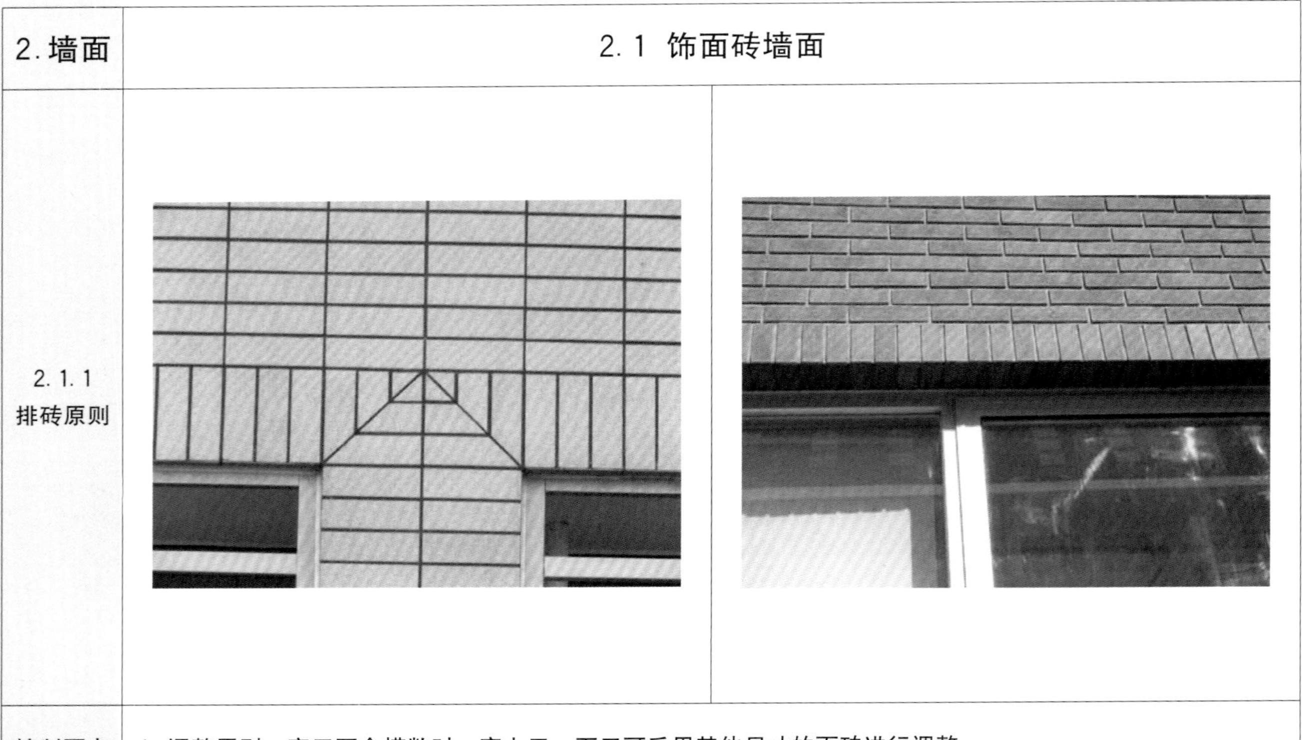
控制要点	4. 调整原则：窗口不合模数时，窗上口、下口可采用其他尺寸的面砖进行调整。

2. 墙面	2.1 饰面砖墙面	
2.1.2 阳角拼接	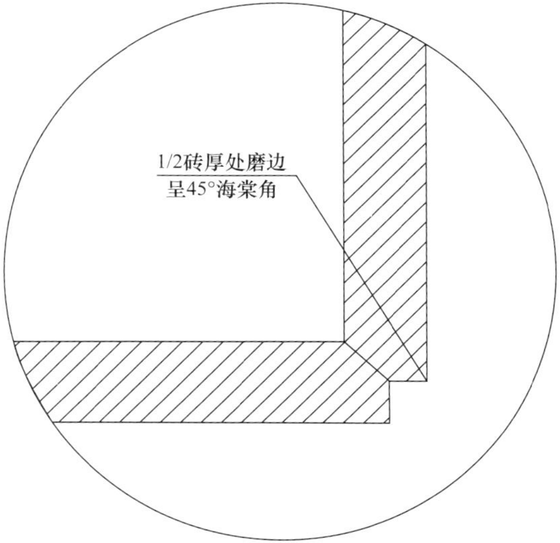 1/2砖厚处磨边 呈45°海棠角	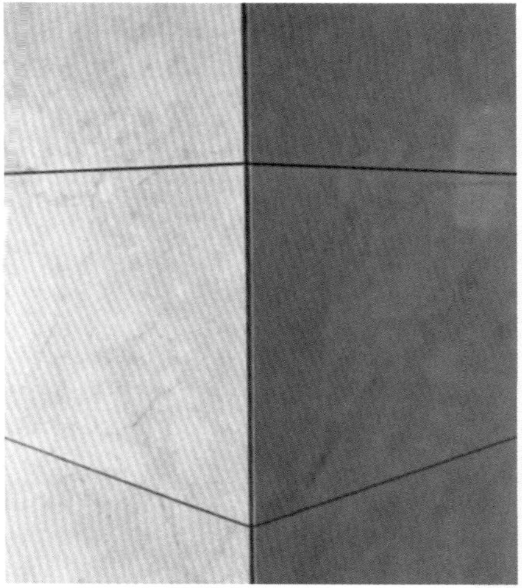
控制要点	1. 阳角拼接宜采用海棠角拼接和对角拼接方式；采用海棠角拼接方式时，应在 1/2 砖厚处呈 45°倒角拼接。	

2. 墙面	2.1 饰面砖墙面
2.1.2 阳角拼接	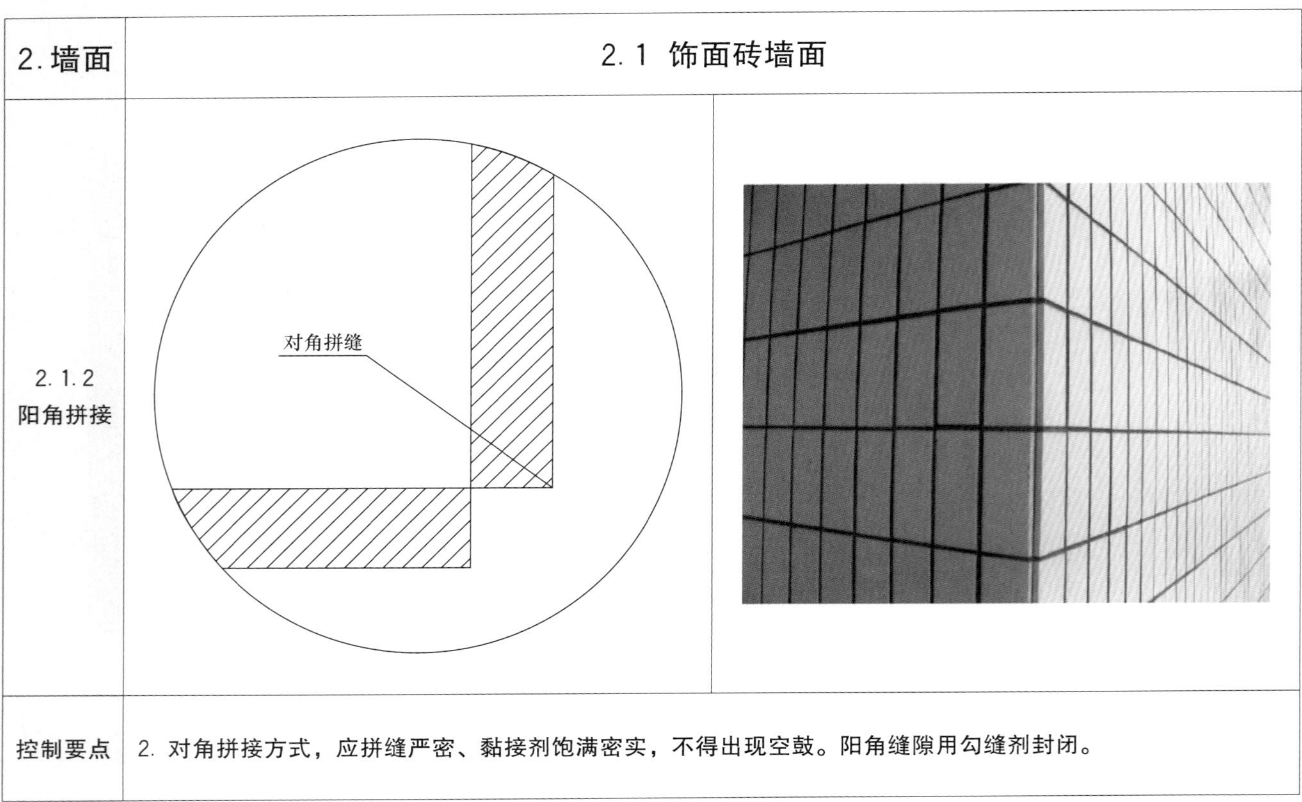
控制要点	2. 对角拼接方式，应拼缝严密、黏接剂饱满密实，不得出现空鼓。阳角缝隙用勾缝剂封闭。

2. 墙面	2.1 饰面砖墙面
2.1.3 阴角拼接	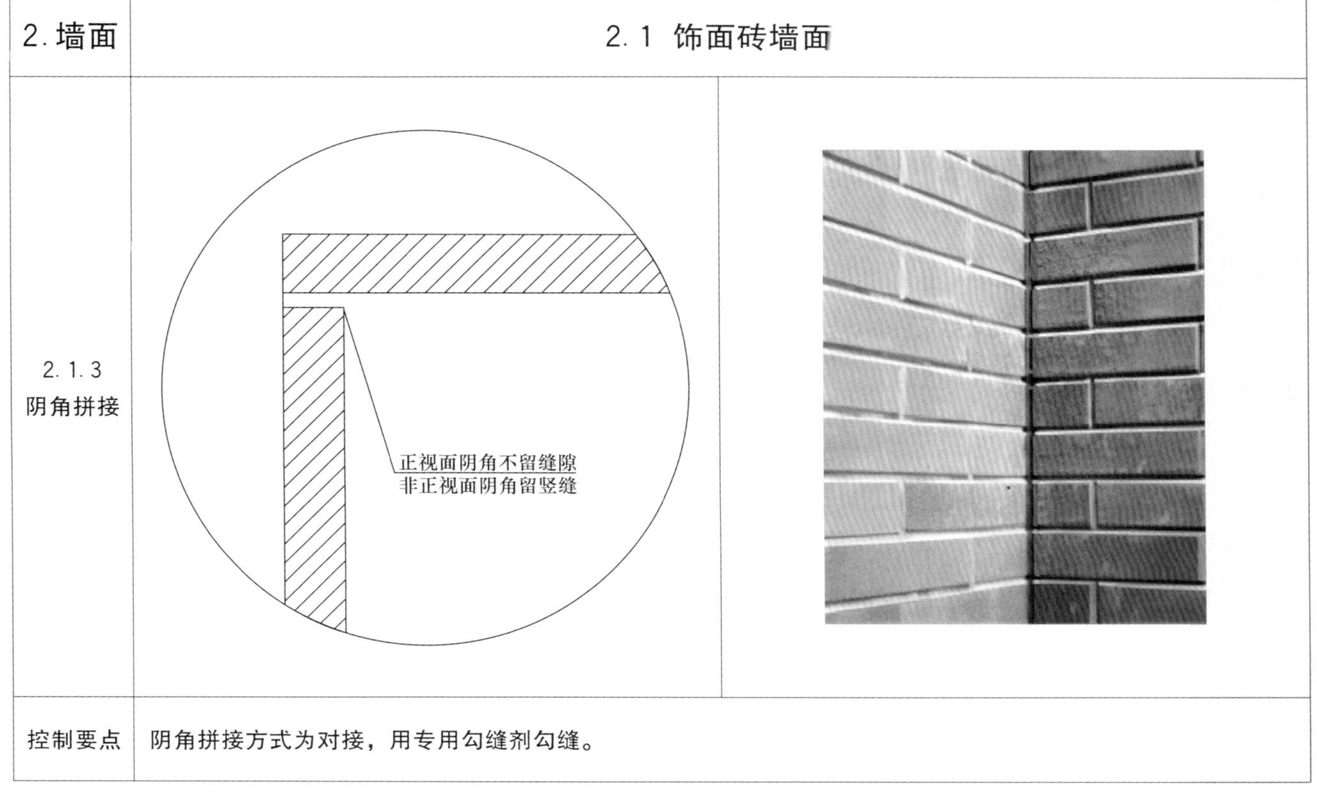
控制要点	阴角拼接方式为对接，用专用勾缝剂勾缝。

2. 墙面	2.1 饰面砖墙面
2.1.4 面砖嵌缝	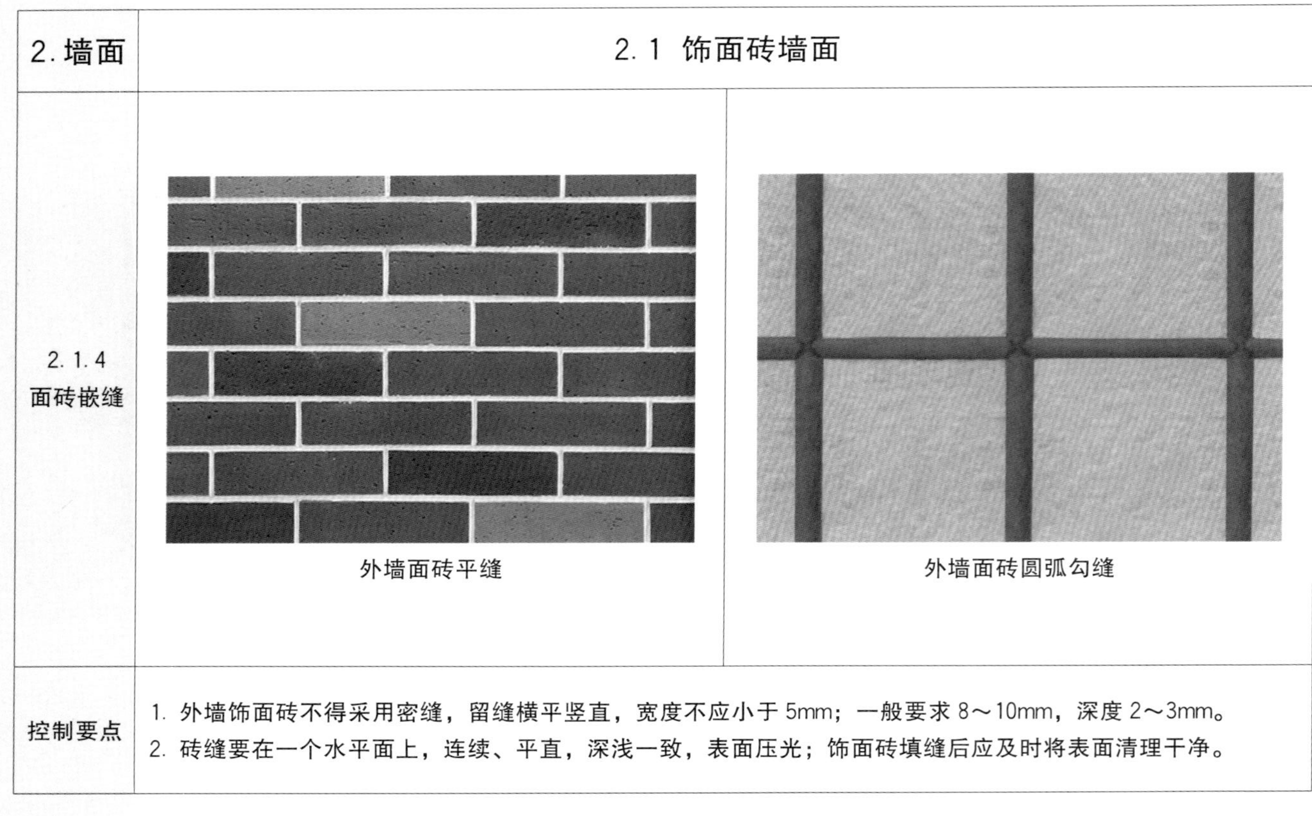 外墙面砖平缝　　外墙面砖圆弧勾缝
控制要点	1. 外墙饰面砖不得采用密缝，留缝横平竖直，宽度不应小于 5mm；一般要求 8～10mm，深度 2～3mm。 2. 砖缝要在一个水平面上，连续、平直，深浅一致，表面压光；饰面砖填缝后应及时将表面清理干净。

<table>
<tr><td>2. 墙面</td><td colspan="2">2.1 饰面砖墙面</td></tr>
<tr><td>2.1.5
分隔缝</td><td> 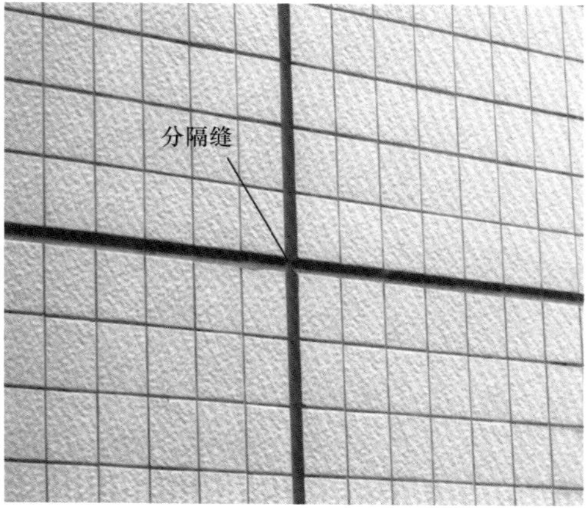</td><td> </td></tr>
<tr><td>控制要点</td><td colspan="2">分格缝间距不宜大于 6m，宽度宜为 20mm，深度 5mm。分格缝封堵材料选用耐候密封胶嵌缝，封堵严密，光滑平整，深浅及色泽一致，表面洁净。</td></tr>
</table>

<table>
<tr><td>2. 墙面</td><td colspan="2">2.1 饰面砖墙面</td></tr>
<tr><td>2.1.6
孔洞处理</td><td> </td><td> 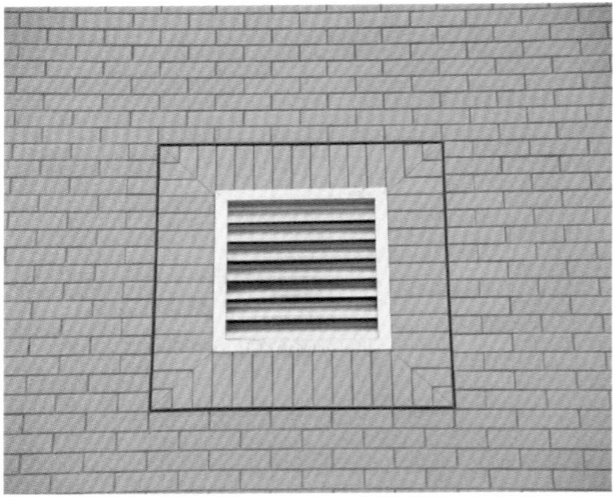扩大面积整体居中（方形）</td></tr>
<tr><td>控制要点</td><td colspan="2">1. 预留洞排砖设计，要求居中、对称。
2. 创优做法可采用整砖套割后套贴，套割缝口吻合，边缘整齐。圆孔宜采用专用开孔器来处理，不得采用非整砖拼凑镶贴。</td></tr>
</table>

2. 墙面	2.1 饰面砖墙面	
2.1.7 交界处理		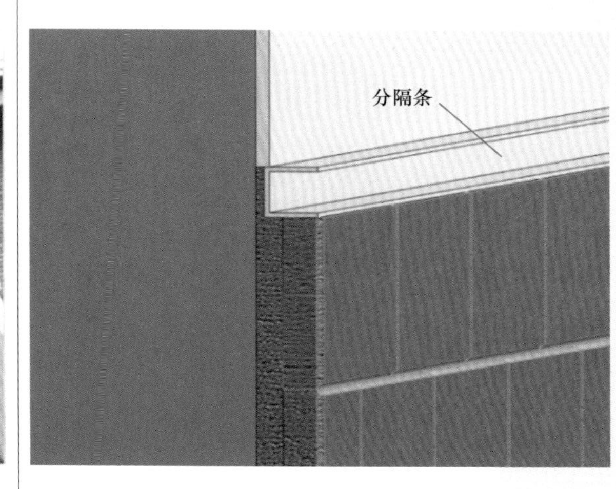
控制要点	1. 顶棚交界处理：饰面砖与涂料顶棚相交时，饰面砖应贴至板底下 20mm，空隙处涂料施工。 2. 大墙面外墙饰面砖与涂料交界处理应分明、顺直、美观，严禁相互污染；在同一平面，可用内嵌 10mm×10mm 分隔条。	

2. 墙面	2.2 涂料墙面	
2.2.1 一般规定		
控制要点	1. 涂饰墙面基层应涂刷抗碱封闭底漆，表面应无裂缝、流坠、漏刷、起皮、掉粉，颜色均匀一致，喷射疏密均匀，无明显色差和接茬痕迹。 2. 外墙面线条及层间腰线等，根据设计要求分格，不同颜色交界处界面清晰。	

2. 墙面	2.2 涂料墙面
2.2.2 仿外墙砖涂料	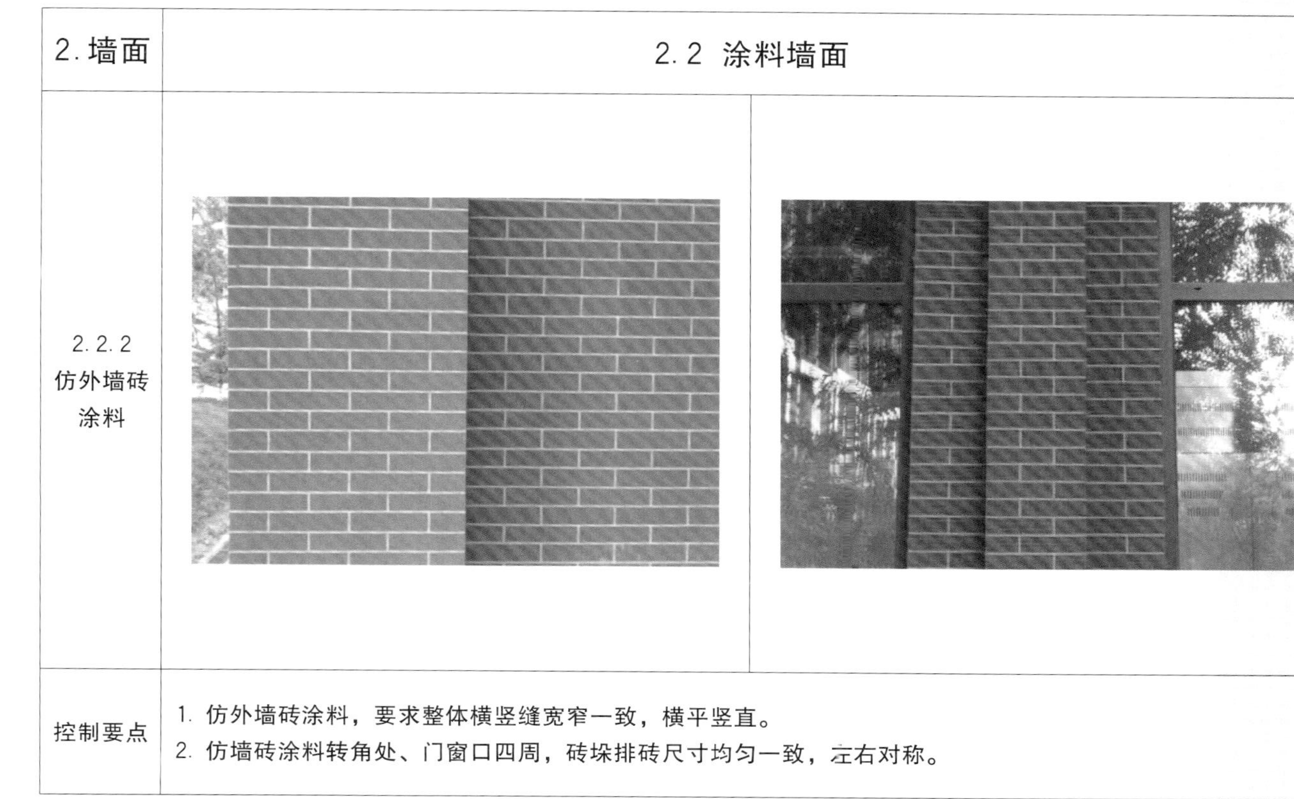
控制要点	1. 仿外墙砖涂料，要求整体横竖缝宽窄一致，横平竖直。 2. 仿墙砖涂料转角处、门窗口四周，砖垛排砖尺寸均匀一致，左右对称。

<table>
<tr><td>2. 墙面</td><td colspan="2">2.2 涂料墙面</td></tr>
<tr><td>2.2.3
分隔缝</td><td></td><td>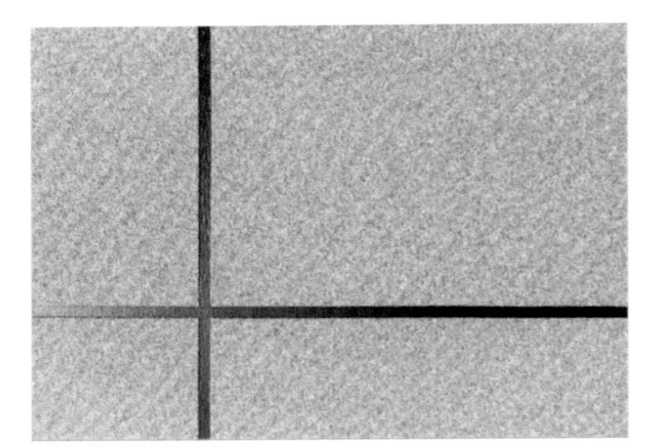</td></tr>
<tr><td>控制要点</td><td colspan="2">1. 底漆完成后，先根据设计要求吊垂直、套方找规矩，弹分格线。
2. 分格线宽度宜为 20～30mm，必须严格控制标高，保证同一水平线沿建筑物四周交圈。
3. 分隔缝必须宽窄一致，横平竖直，分色清晰。</td></tr>
</table>

2. 墙面	2.2 涂料墙面	
2.2.4 分色		
控制要点	大墙面分色界限应设置在分格缝处及线条造型处。	

2. 墙面	2.2 涂料墙面
2.2.5 分色反边	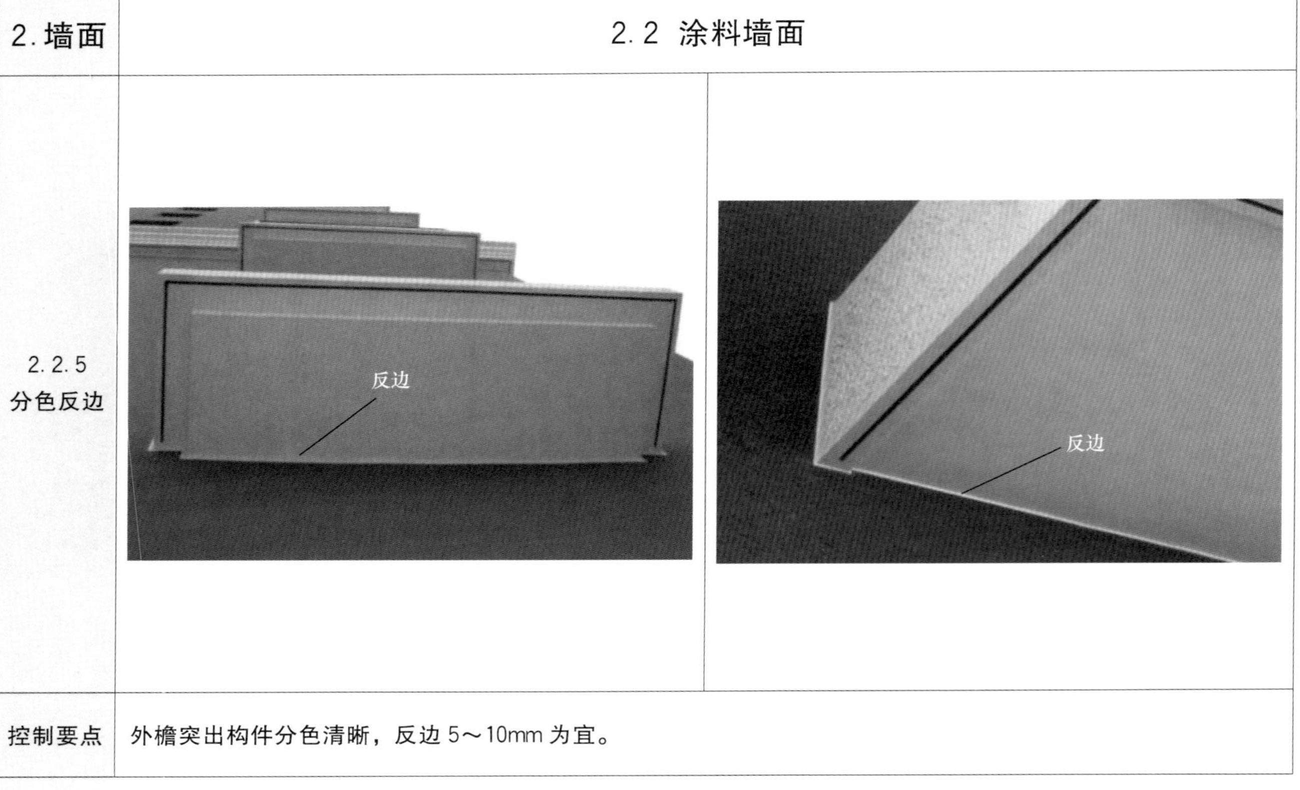
控制要点	外檐突出构件分色清晰，反边 5～10mm 为宜。

<table>
<tr><td>2. 墙面</td><td colspan="2">2.2 涂料墙面</td></tr>
<tr><td>2.2.6
阴阳角</td><td colspan="2">
阳角平涂　　阴角平涂</td></tr>
<tr><td>控制要点</td><td colspan="2">弹涂、喷涂等涂料墙面阴阳角为平涂，宽度宜为 25～50mm。</td></tr>
</table>

2. 墙面	2.3 保温装饰一体板
一般规定	1. 外檐保温装饰一体板墙面分格设计以建筑施工图纸为依据，结合其他专业相关施工内容提前做好规划和预控，避免因土建、机电专业施工等工序交叉造成质量隐患。 2. 墙面面层排砖整齐、平整，粘贴牢固无空鼓，嵌缝深浅一致并填实密封材料。

<table>
<tr><td>2. 墙面</td><td colspan="2">2.3 保温装饰一体板</td></tr>
<tr><td>2.3.1
安装固定</td><td>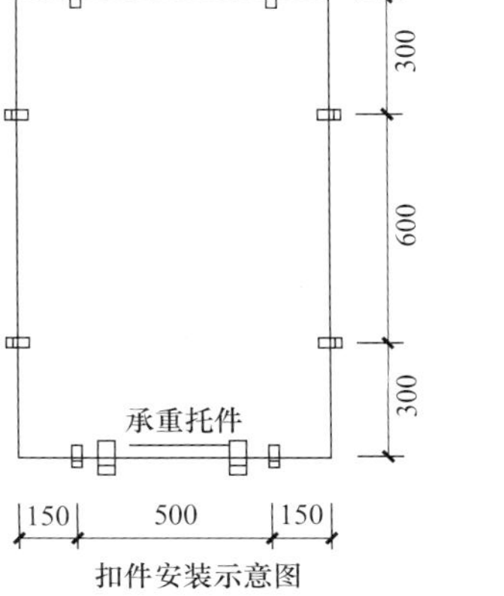
扣件安装示意图</td><td></td></tr>
<tr><td>控制要点</td><td colspan="2">1. 在规定位置钻出不小于 8mm 的孔，用于安放膨胀塞，孔的深度要求穿过砂灰层，进入墙体 35mm 以上，完成清孔隐蔽验收后，再将扣件插入板内，用螺栓将扣件拧紧。
2. 一体板为面板四周开槽，深度为 15mm，宽度为 2mm，扣件安装于槽内。
3. 每边的锚固件数量不得少于 2 个，且间距不超过 500mm。
4. 2m 靠尺检查，表面平整度不大于 3mm，接缝直线度不大于 2mm，接缝高低差不大于 1mm。</td></tr>
</table>

2. 墙面	2.3 保温装饰一体板
2.3.2 粘接固定	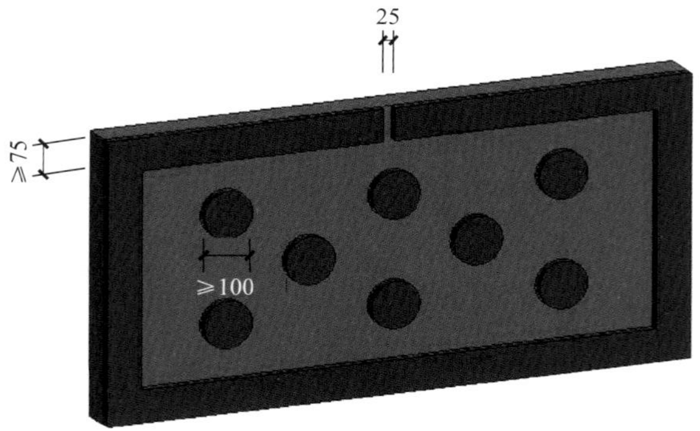 25 ≥75 ≥100
控制要点	1. 基层墙面清洁并润湿施工表面。 2. 在粘接面打直径 15～30mm 的胶条，根据粘接面的大小调节。 3. 粘接面积不应小于 50%，当保温装饰板一侧边长小于 300mm 时，宜采用满粘贴法。 4. 与基面结合后，做 2～3 次的开合拉丝，而后将一体板压合于墙体基面，使用水平尺调整平整度，5～15min 内可以调整。无支撑点的位置，需采用临时固定的托架。

<table>
<tr><td>2. 墙面</td><td colspan="2">2.3 保温装饰一体板</td></tr>
<tr><td>2.3.3
注密封胶</td><td></td><td>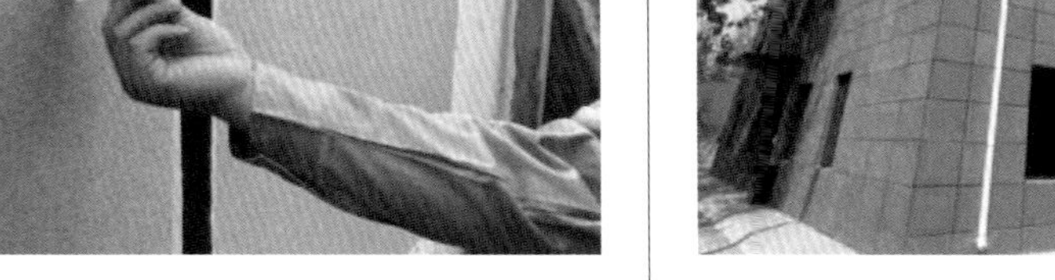</td></tr>
<tr><td>控制要点</td><td colspan="2">1. 在胶缝内塞填泡沫棒，塞填时应深浅一致，表面与饰面留 3～5mm 的注胶厚度。
2. 打胶作业时的基材表面温度应大于 5℃，基材表面温度大于 50℃ 时不得进行打胶作业。
3. 注胶前，应贴好胶带纸，胶带纸一定要贴平贴直。
4. 注胶完成后，及时撕去保护胶带，清理胶痕。</td></tr>
</table>

2. 墙面	2.3 保温装饰一体板
2.3.4 拼缝节点	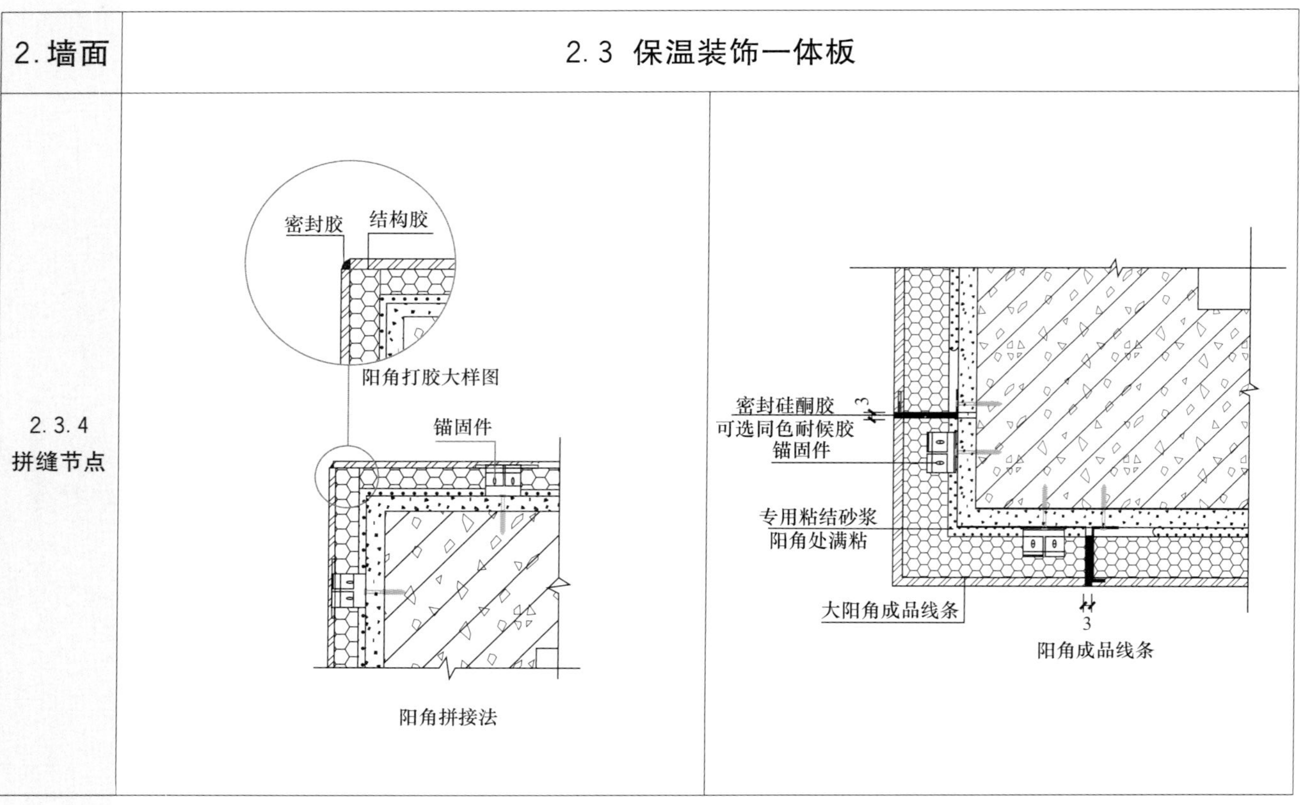

2. 墙面	2.3 保温装饰一体板	
2.3.4 拼缝节点	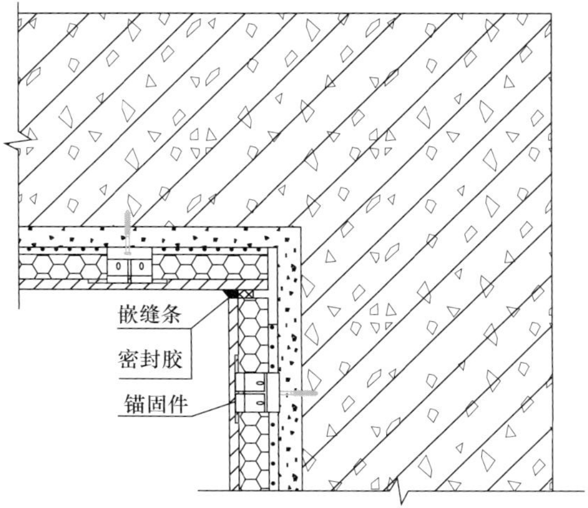 阴角做法	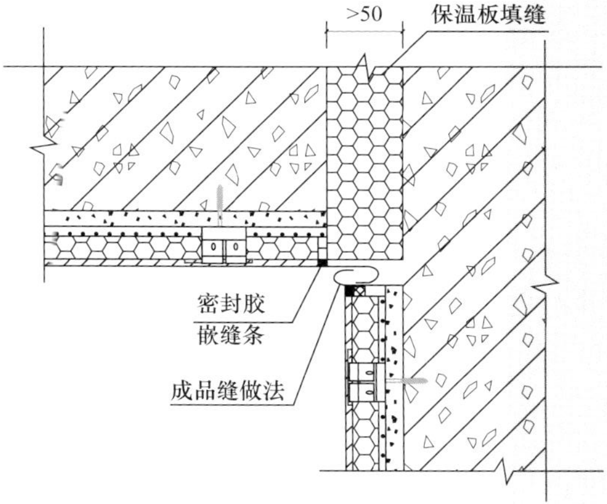 伸缩缝做法一

阴角做法

伸缩缝做法一

2.3 保温装饰一体板

2.3.4 拼缝节点

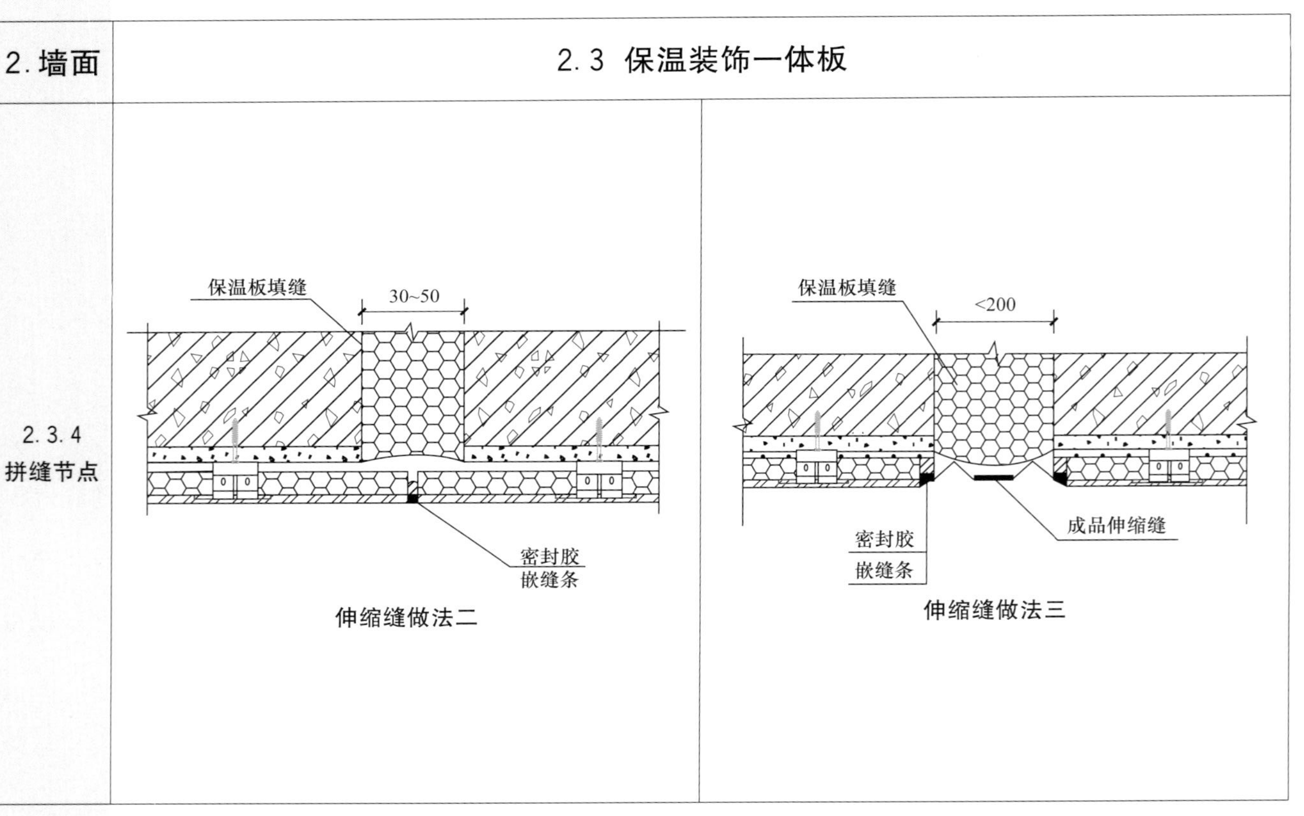

3. 幕墙工程	3.1 基本要求
	1. 幕墙工程的抗风压、水密、气密、热工、空气隔声、变形抗震、耐撞击、光学、耐久等各性能应满足设计及相关规范要求。 2. 深化设计应经原设计单位确认。 3. 金属框架与主体结构应通过预埋件连接，预埋件应在主体结构混凝土施工时预埋，位置准确，做防腐处理。 4. 结构胶和密封胶的宽度和厚度要符合设计和相应技术标准。 5. 抗震缝、伸缩缝、沉降缝等部位的做法应保证缝的使用功能和饰面的完整性。 6. 防雷装置必须与主体结构的防雷装置可靠连接。当二类防雷建筑高度大于等于 45m、三类防雷建筑高度大于等于 60m 时，应有防侧击雷措施，与预留的防雷引线可靠连接。 7. 建筑幕墙与基层墙体、窗间墙、窗槛墙及裙墙之间的空间，应在每层楼板处采用防火材料封堵。 8. 幕墙雨棚与主体结合部位的防排水构造设计应完善且满足使用功能。幕墙工程应无渗漏，滴水线及流水坡向正确。 9. 幕墙玻璃应为钢化玻璃，厚度不应小于 6mm，夹层玻璃单片厚度不宜小于 5mm。中空玻璃气体层厚度不应小于 9mm。

3. 幕墙工程	3.2 玻璃幕墙
3.2.1 一般规定	
控制要点	玻璃幕墙应表面平整、洁净，整幅玻璃色泽均匀一致，不得有污染和镀膜损坏。南北方和目的不同，朝向不同。配件齐全，安装牢固，开启方向、角度正确，开启灵活、关闭严密。幕墙窗开启角度符合要求。

3. 幕墙工程	3.2 玻璃幕墙
3.2.2 埋件	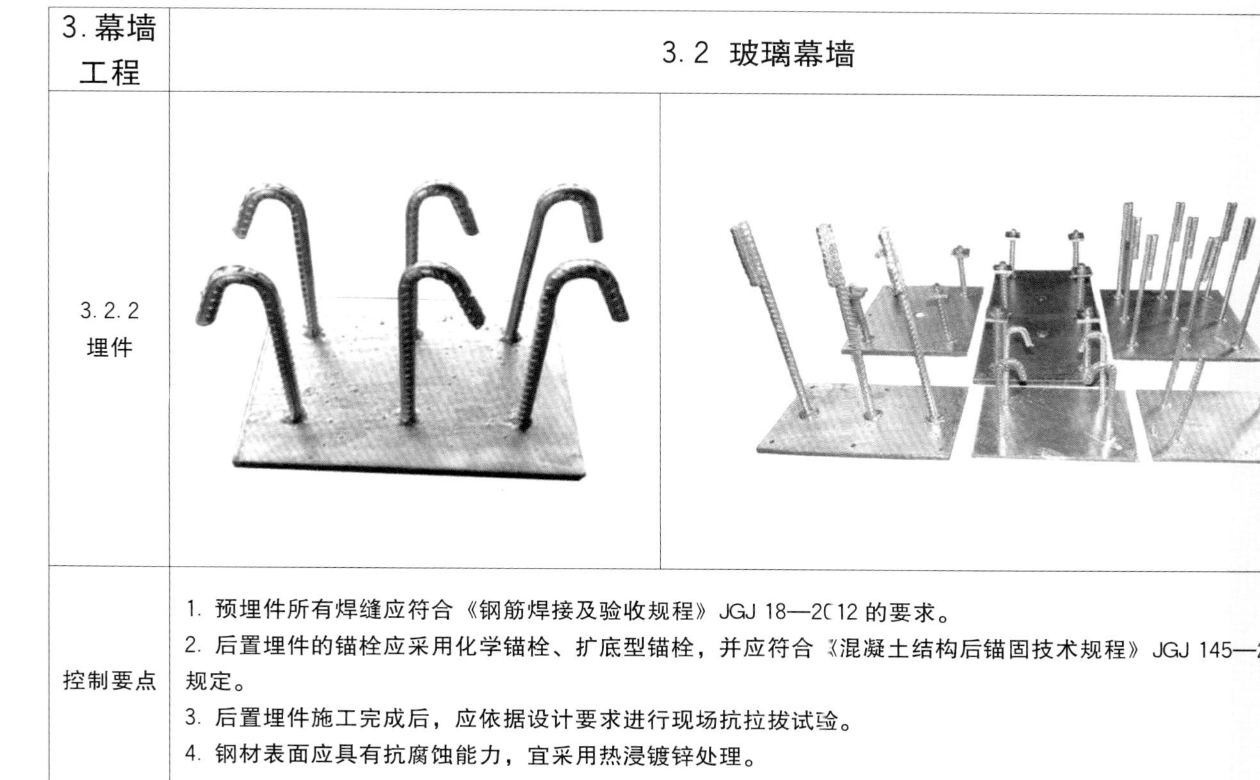
控制要点	1. 预埋件所有焊缝应符合《钢筋焊接及验收规程》JGJ 18—2012 的要求。 2. 后置埋件的锚栓应采用化学锚栓、扩底型锚栓，并应符合《混凝土结构后锚固技术规程》JGJ 145—2013 的规定。 3. 后置埋件施工完成后，应依据设计要求进行现场抗拉拔试验。 4. 钢材表面应具有抗腐蚀能力，宜采用热浸镀锌处理。

3. 幕墙工程	3.2 玻璃幕墙
3.2.3 门窗	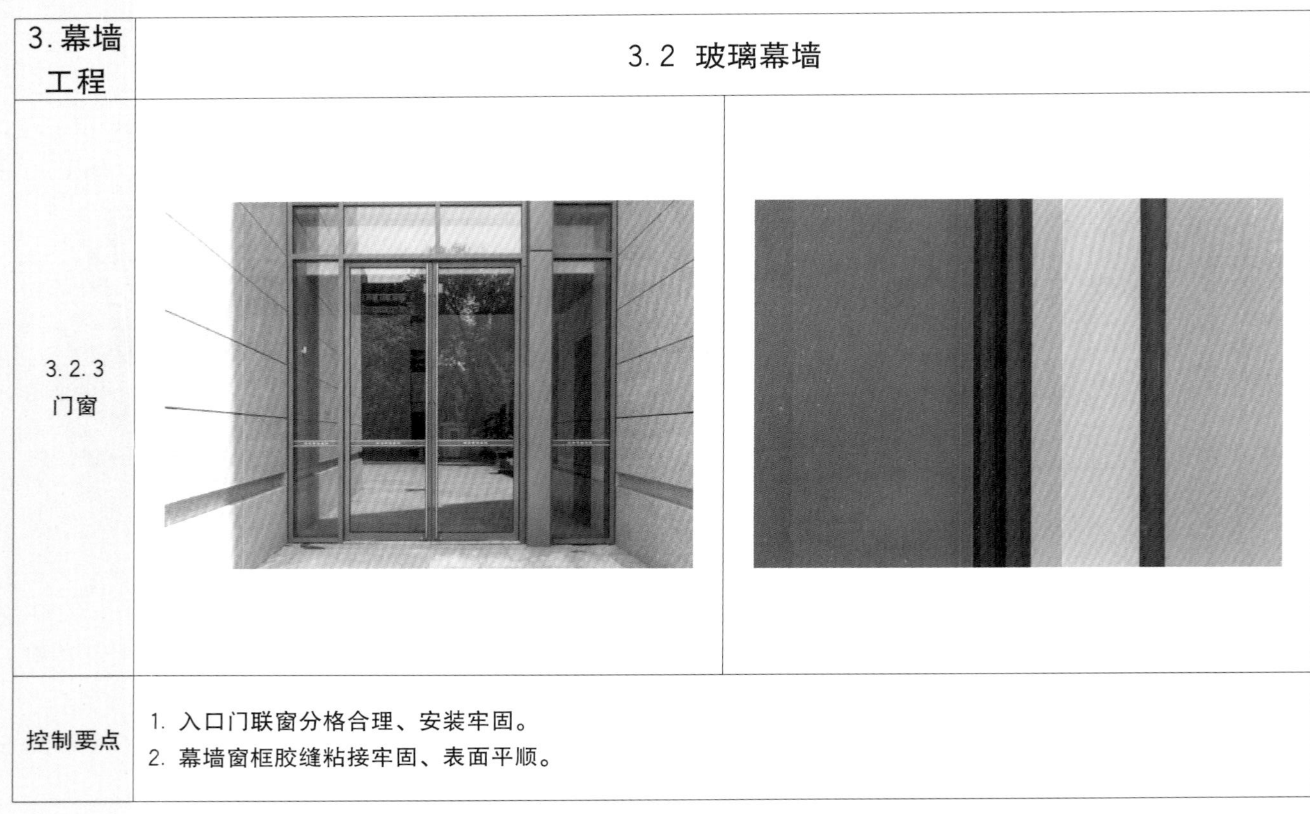
控制要点	1. 入口门联窗分格合理、安装牢固。 2. 幕墙窗框胶缝粘接牢固、表面平顺。

3. 幕墙工程	3.2 玻璃幕墙
3.2.4 密封胶	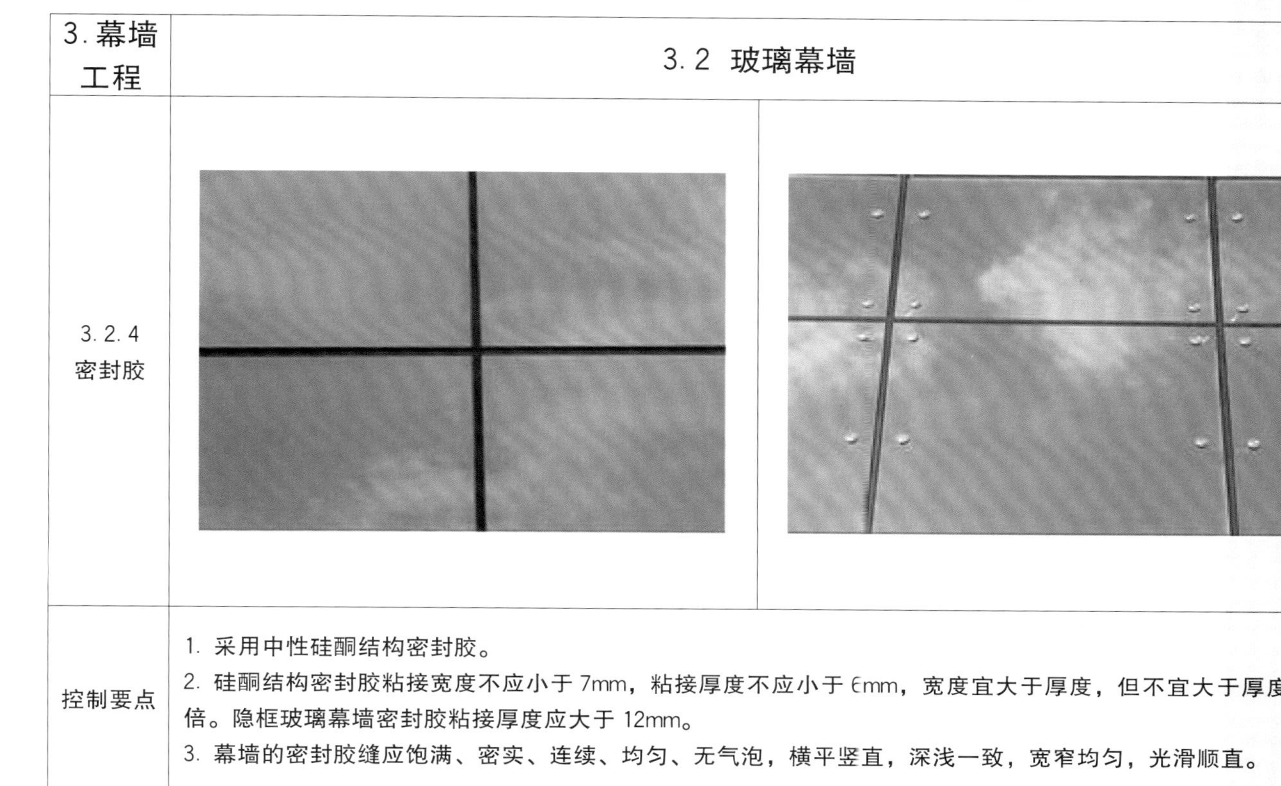
控制要点	1. 采用中性硅酮结构密封胶。 2. 硅酮结构密封胶粘接宽度不应小于 7mm，粘接厚度不应小于 6mm，宽度宜大于厚度，但不宜大于厚度的 2 倍。隐框玻璃幕墙密封胶粘接厚度应大于 12mm。 3. 幕墙的密封胶缝应饱满、密实、连续、均匀、无气泡，横平竖直，深浅一致，宽窄均匀，光滑顺直。

<table>
<tr><td>3. 幕墙工程</td><td colspan="2">3.2 玻璃幕墙</td></tr>
<tr><td>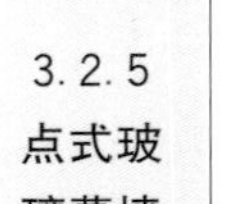
3.2.5
点式玻璃幕墙</td><td></td><td>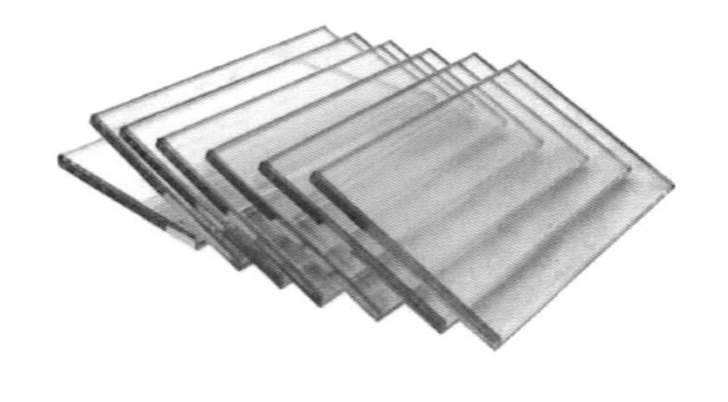</td></tr>
<tr><td>控制要点</td><td colspan="2">幕墙钢化玻璃做匀质处理，清除内应力。玻璃加工成型后，用磨边机，对板块的四周边和钻孔的孔边进行精磨边和抛光处理。</td></tr>
</table>

3. 幕墙工程	3.3 金属幕墙
3.3.1 一般规定	1. 金属幕墙的各种材料配件，符合设计要求、国家标准和技术规范。 2. 幕墙的造型和立面分格应符合设计要求。 3. 面板的品种、规格、颜色、光泽及安装方向应符合设计要求。 4. 幕墙的防火、保温、防潮材料的设置应符合设计要求。 5. 框架及连接件的防腐处理应符合设计要求。 6. 幕墙的防雷装置须与主体结构的防雷装置可靠连接。 7. 各种变形缝、墙角的连接节点应符合设计要求和技术标准的规定。 8. 幕墙的压条应平直、洁净、接口严密、安装牢固。

<table>
<tr><td>3. 幕墙工程</td><td colspan="2">3.3 金属幕墙</td></tr>
<tr><td>3.3.2
挑檐</td><td colspan="2">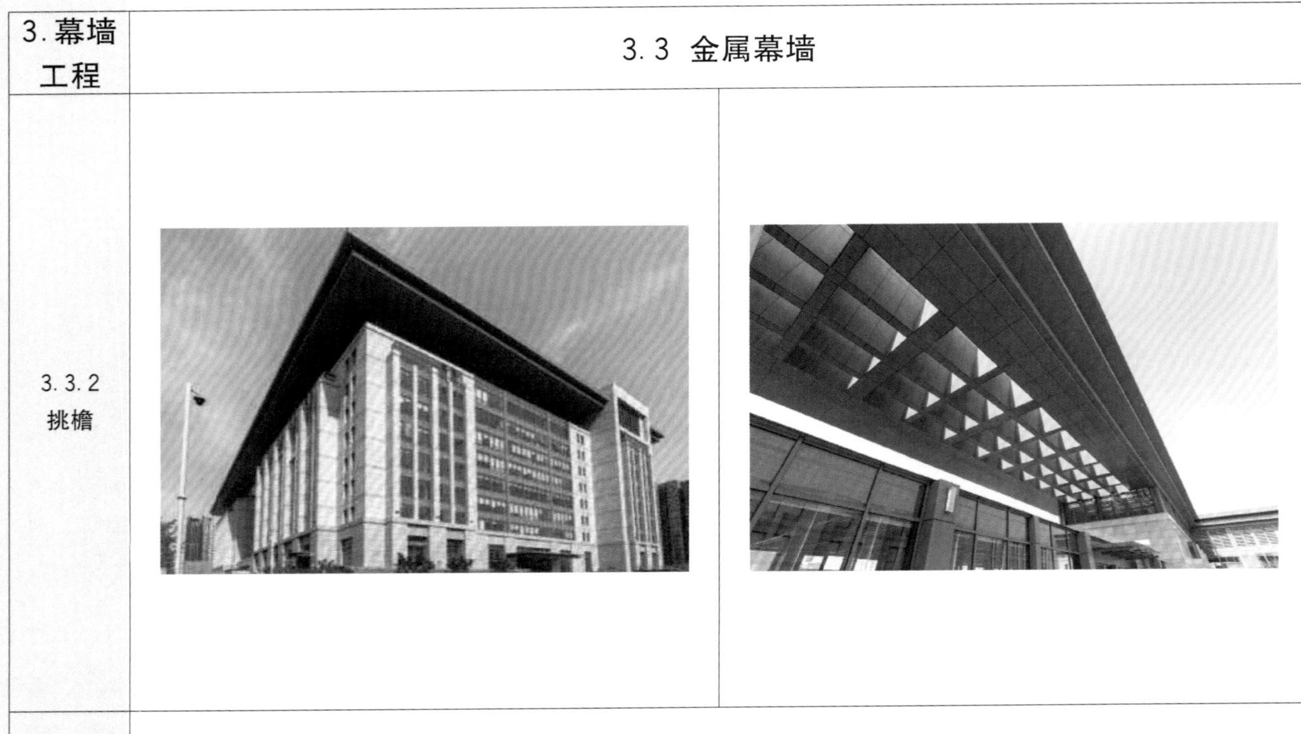</td></tr>
<tr><td>控制要点</td><td colspan="2">金属幕墙挑檐大面平整，线脚顺直；确保结构构造连接牢固，适应温度变化，防止渗漏发生。</td></tr>
</table>

3. 幕墙工程	3.3 金属幕墙
3.3.3 板缝密封	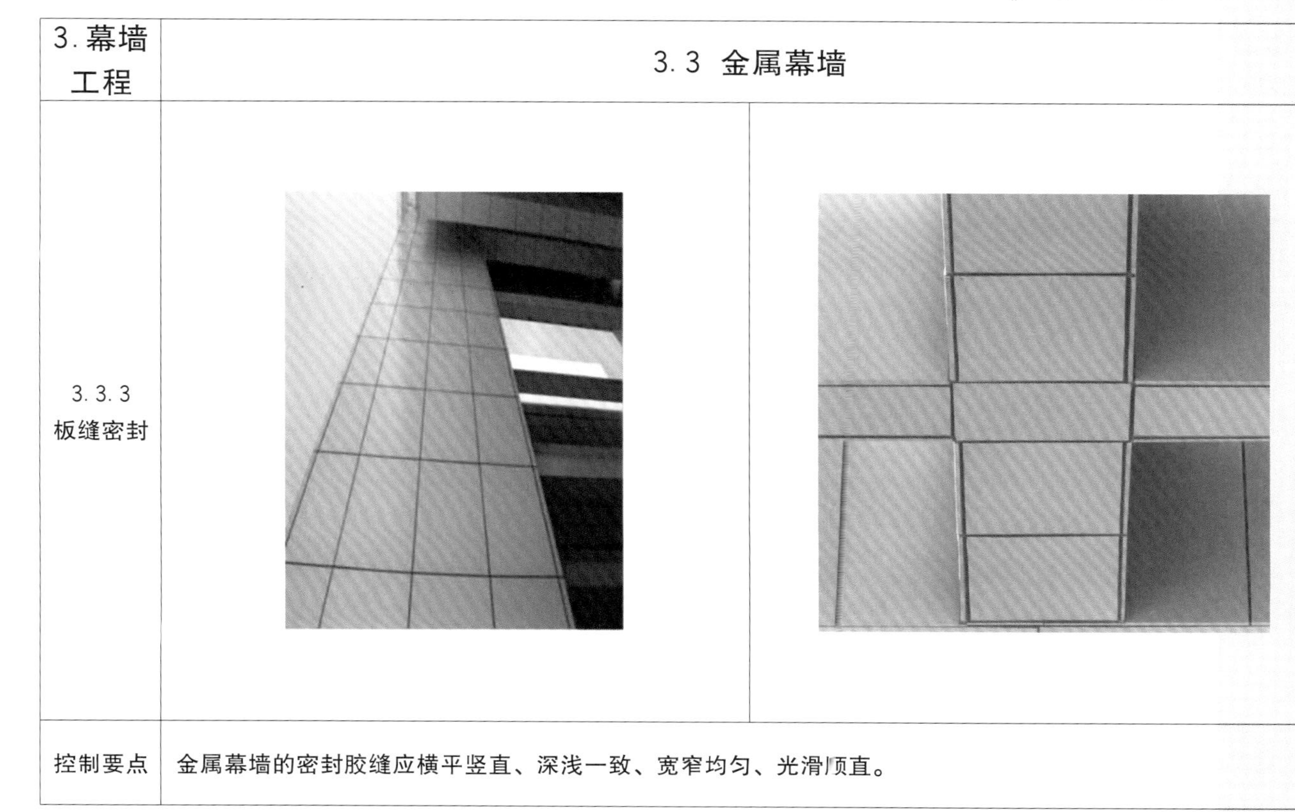
控制要点	金属幕墙的密封胶缝应横平竖直、深浅一致、宽窄均匀、光滑顺直。

<table>
<tr><td>3. 幕墙工程</td><td colspan="2">3.4 石材幕墙</td></tr>
<tr><td>3.4.1
一般规定</td><td>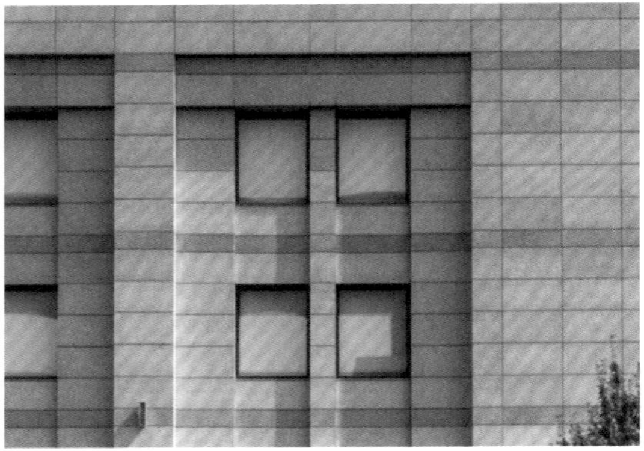</td><td>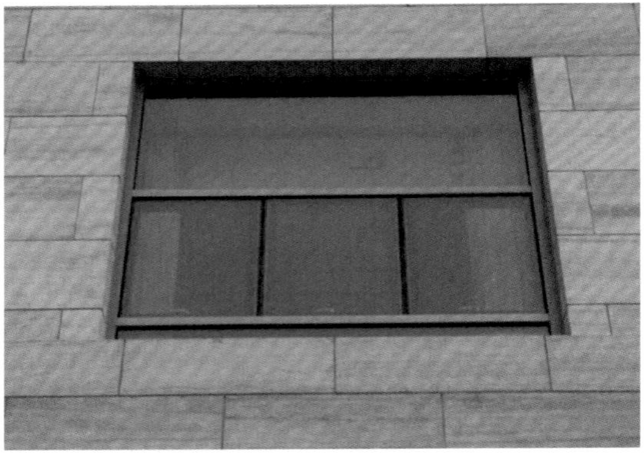</td></tr>
<tr><td>控制要点</td><td colspan="2">1. 石材幕墙排版设计居中对称。</td></tr>
</table>

3. 幕墙工程	3.4 石材幕墙
3.4.1 一般规定	
控制要点	2. 石材幕墙表面应平整、洁净，无污染、缺损和裂痕。颜色和花纹应协调一致，无明显色差，无明显修复痕。天然花岗岩石材厚度，光面不应小于 25mm；麻面不应小于 28mm。

3. 幕墙工程	3.4 石材幕墙	
3.4.2 石材接缝		
控制要点	石材接缝应横平竖直、宽窄均匀；阴阳角石板压向正确，板边合缝顺直；凹凸线出墙厚度一致，上下口平直；石材面板上洞口、槽边应套割吻合，边缘整齐。通道部位顶部不允许采用石材面板。	

3. 幕墙工程	3.4 石材幕墙	
3.4.3 阳角	∟50×50×5角钢横梁 石材背挂件 石材面层 胶缝 5~10 5~10	 海棠角
控制要点	石材饰面板阳角可采用海棠角（外角留 5～10mm 磨光边），也可采用圆角边、L 形预加工阳角石材。	

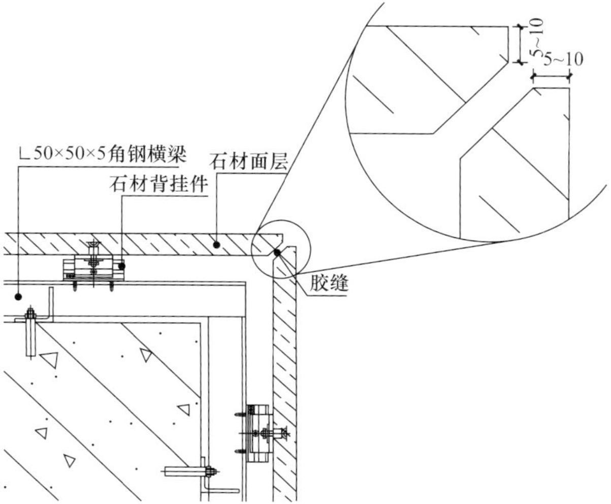

3. 幕墙工程	3.4 石材幕墙
3.4.3 阳角	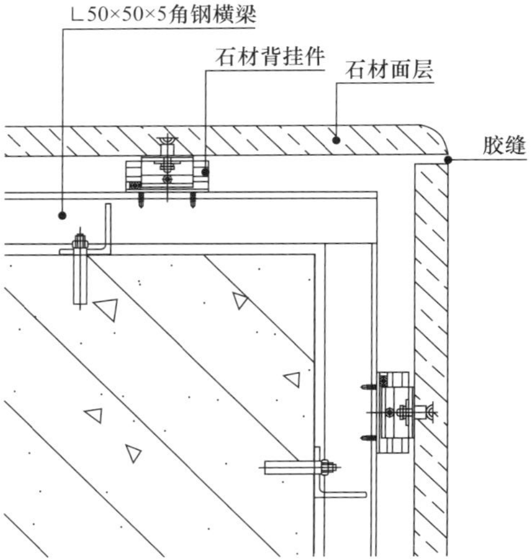  
控制要点	预加工圆角阳角石材

3. 幕墙工程	3.4 石材幕墙	
3.4.3 阳角		
控制要点	预加工 L 形阳角石材	

<table>
<tr><td>3. 幕墙工程</td><td colspan="2">3.4 石材幕墙</td></tr>
<tr><td>3.4.3
阳角</td><td colspan="2">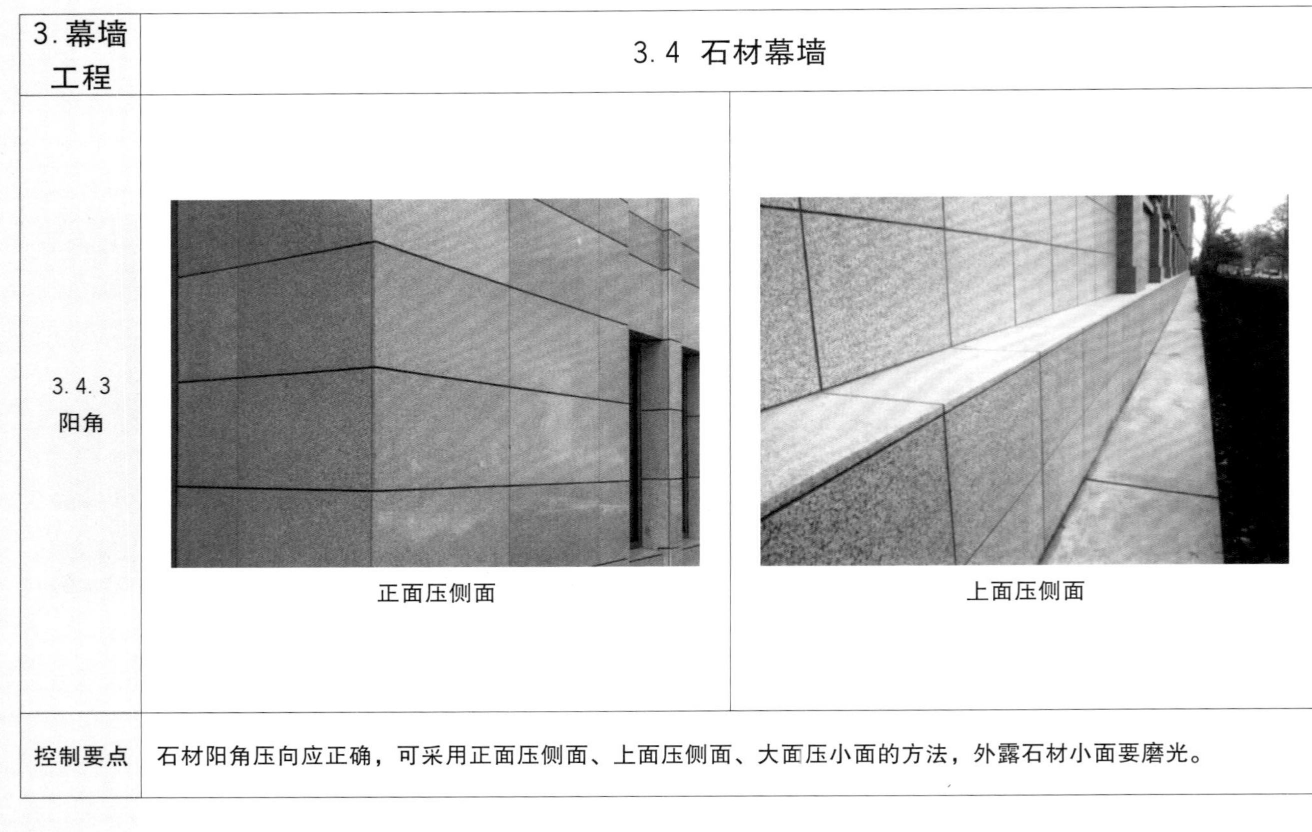
正面压侧面　　上面压侧面</td></tr>
<tr><td>控制要点</td><td colspan="2">石材阳角压向应正确，可采用正面压侧面、上面压侧面、大面压小面的方法，外露石材小面要磨光。</td></tr>
</table>

3. 幕墙工程	3.4 石材幕墙
3.4.4 阴角	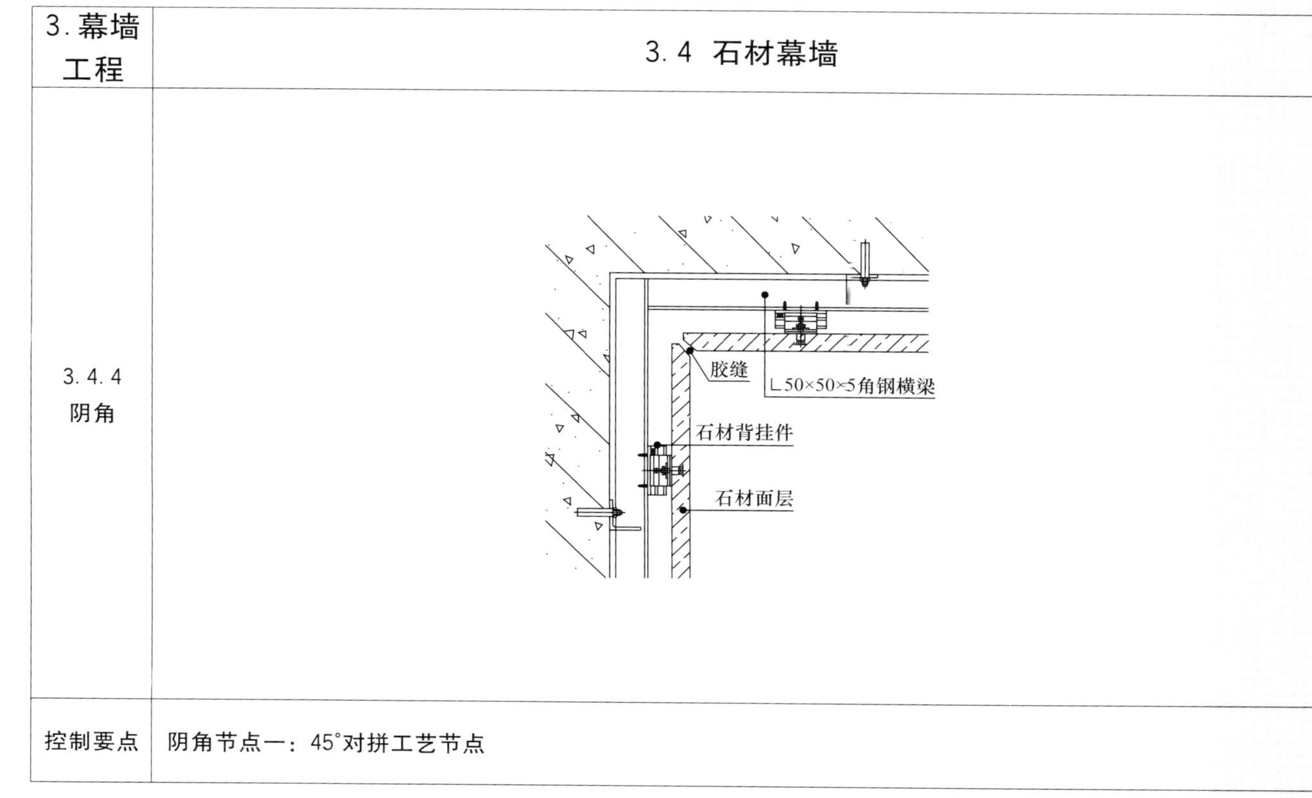
控制要点	阴角节点一：45°对拼工艺节点

3. 幕墙工程	3.4 石材幕墙
3.4.4 阴角	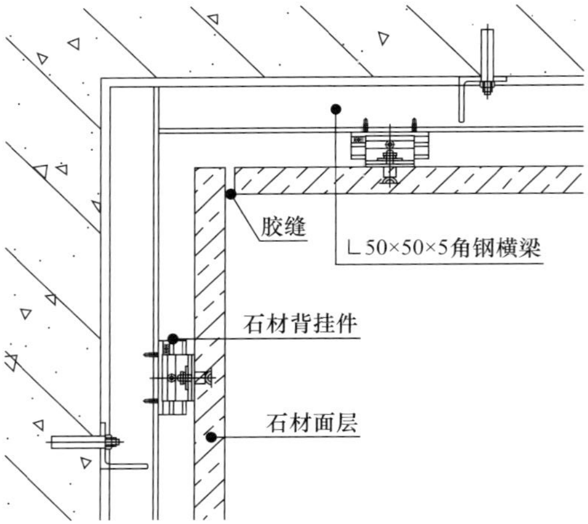
控制要点	阴角节点二：直角拼接

3. 幕墙工程	3.4 石材幕墙	
3.4.5 开放式石材幕墙	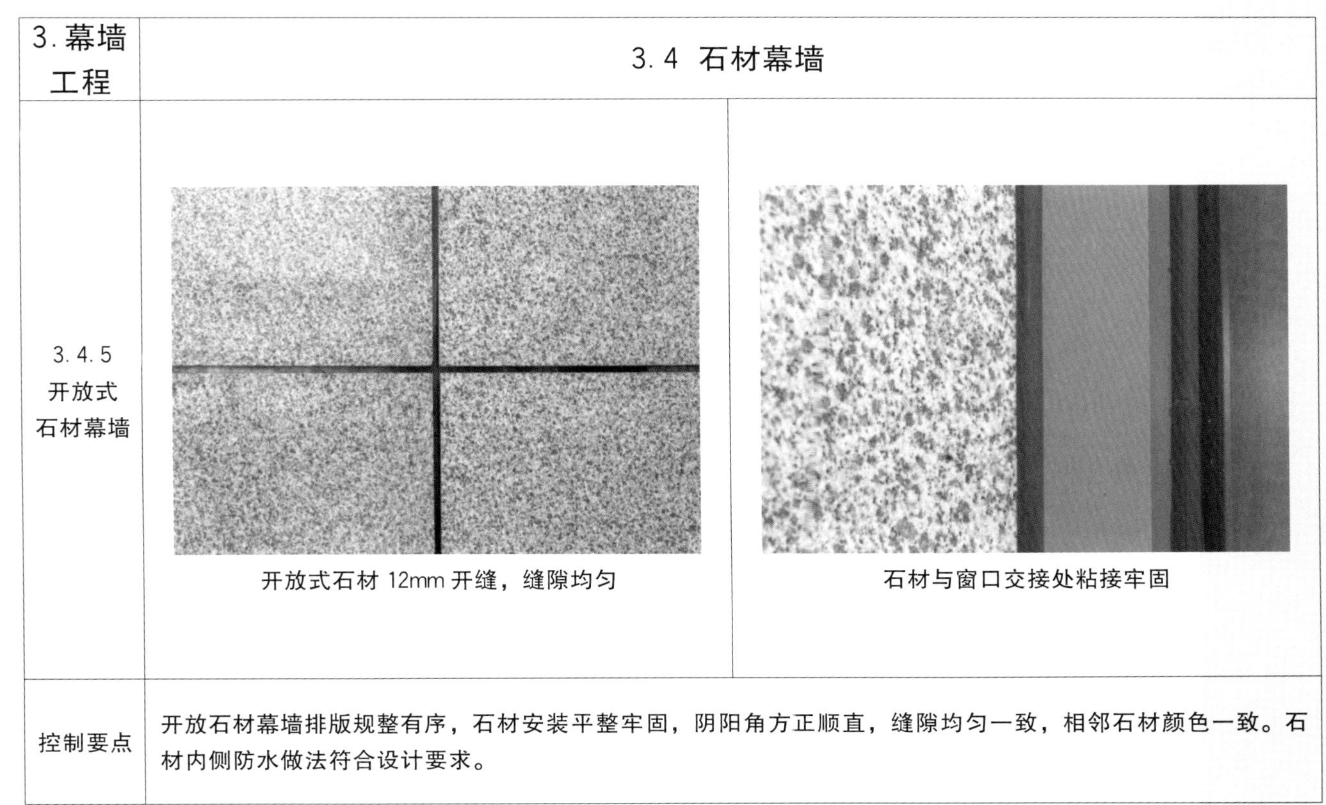 开放式石材 12mm 开缝，缝隙均匀	石材与窗口交接处粘接牢固
控制要点	开放石材幕墙排版规整有序，石材安装平整牢固，阴阳角方正顺直，缝隙均匀一致，相邻石材颜色一致。石材内侧防水做法符合设计要求。	

<table>
<tr><td>3. 幕墙工程</td><td colspan="2">3.4 石材幕墙</td></tr>
<tr><td>3.4.5
开放式
石材幕墙</td><td colspan="2">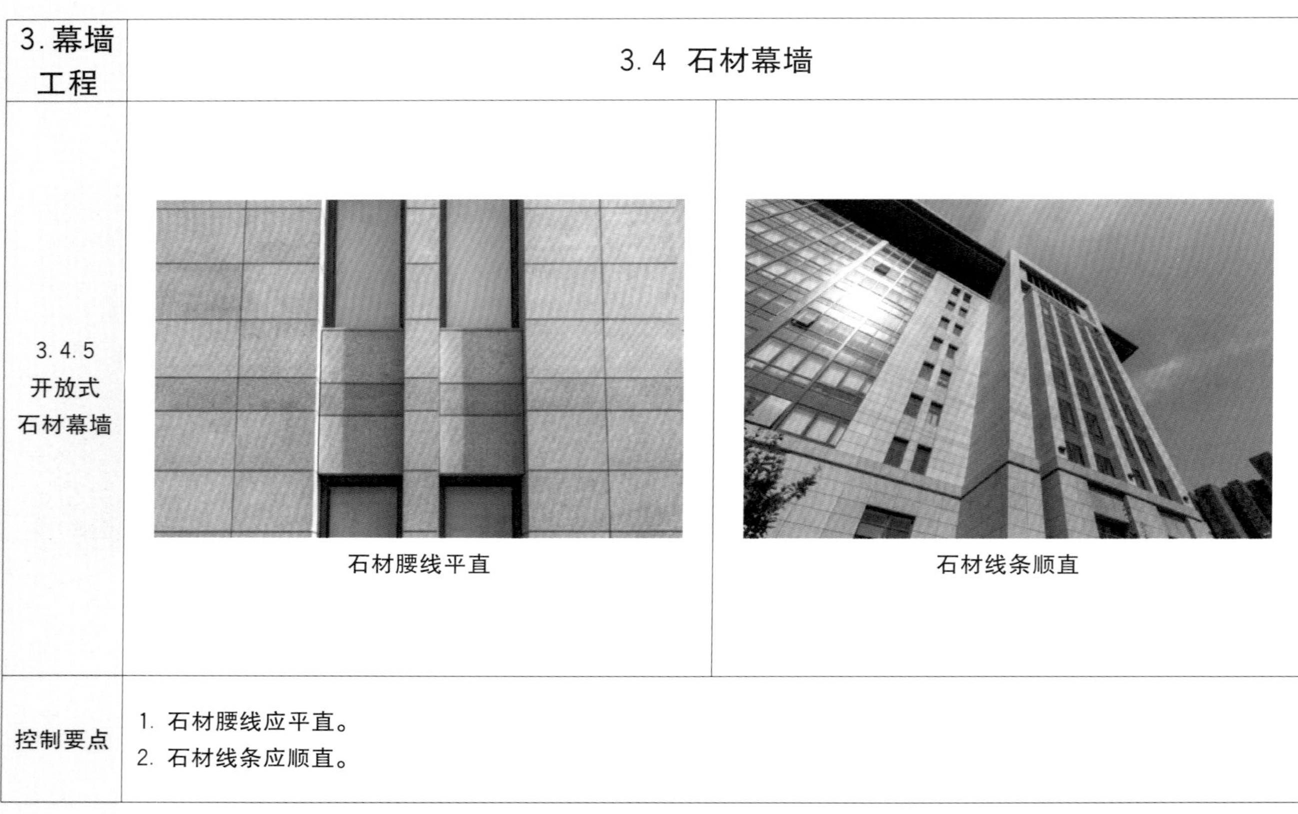
石材腰线平直　　石材线条顺直</td></tr>
<tr><td>控制要点</td><td colspan="2">1. 石材腰线应平直。
2. 石材线条应顺直。</td></tr>
</table>

3. 幕墙工程	3.4 石材幕墙	
3.4.5 开放式 石材幕墙	 阴角顺直	 坡道扶手顺直

3. 幕墙工程	3.4 石材幕墙	
3.4.6 蘑菇石 幕墙		
控制要点	蘑菇石与门窗洞口、阴阳角和不同材质交接处应加工成平面，接缝清晰美观。	

3. 幕墙工程	3.4 石材幕墙	
3.4.6 蘑菇石幕墙		
控制要点	渐变式蘑菇石墙面	

4. 细部做法	4.1 滴水线
4.1.1 外窗滴水线（涂料墙面）	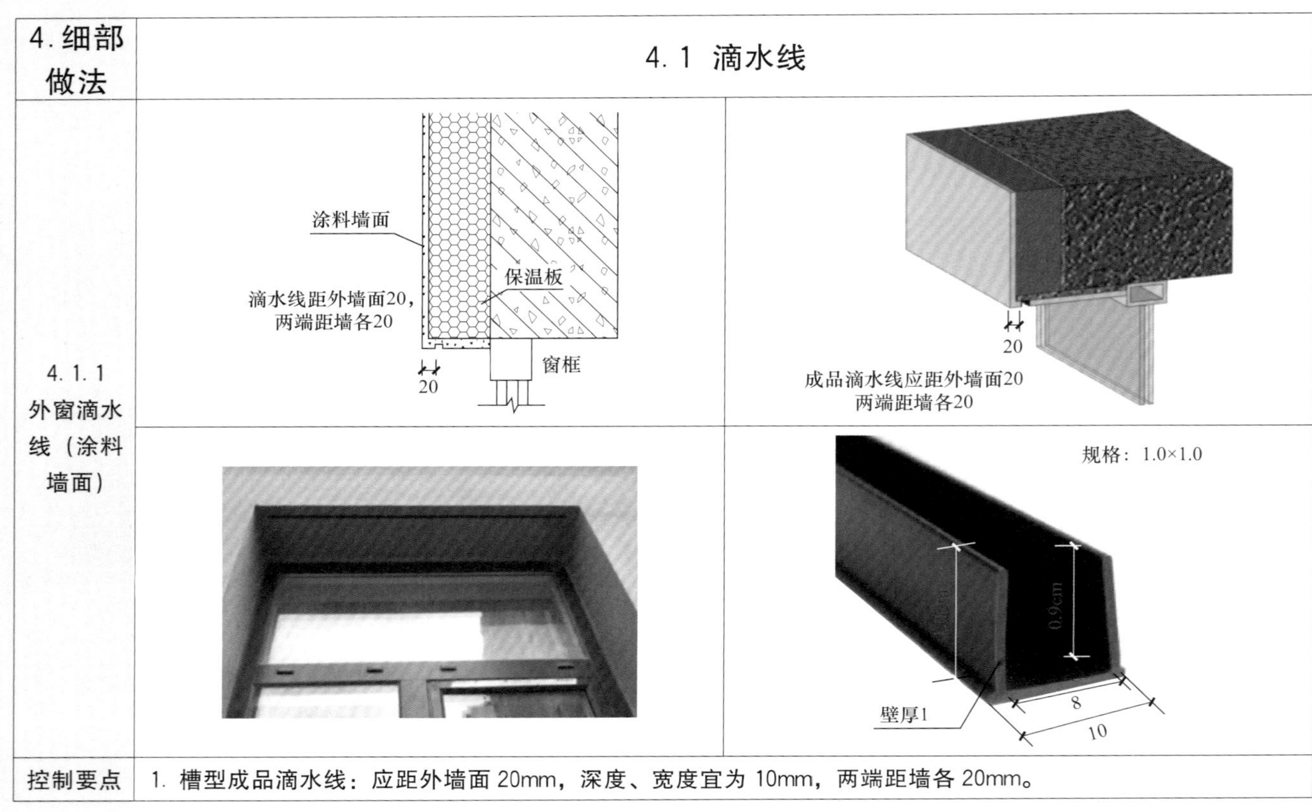
控制要点	1. 槽型成品滴水线：应距外墙面 20mm，深度、宽度宜为 10mm，两端距墙各 20mm。

4. 细部做法	4.1 滴水线
4.1.1 外窗滴水线（涂料墙面）	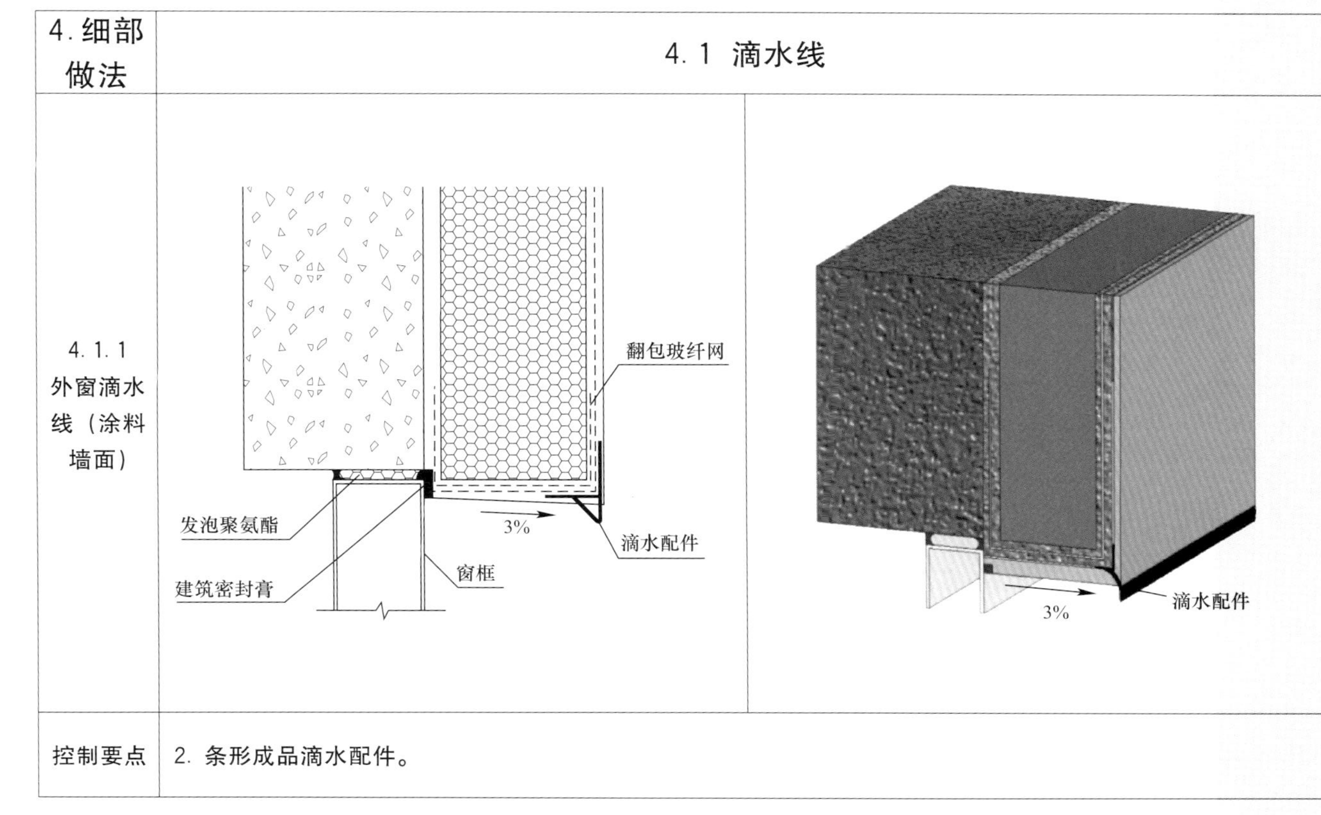
控制要点	2. 条形成品滴水配件。

4.细部做法	4.1 滴水线
4.1.1 外窗滴水线（涂料墙面）	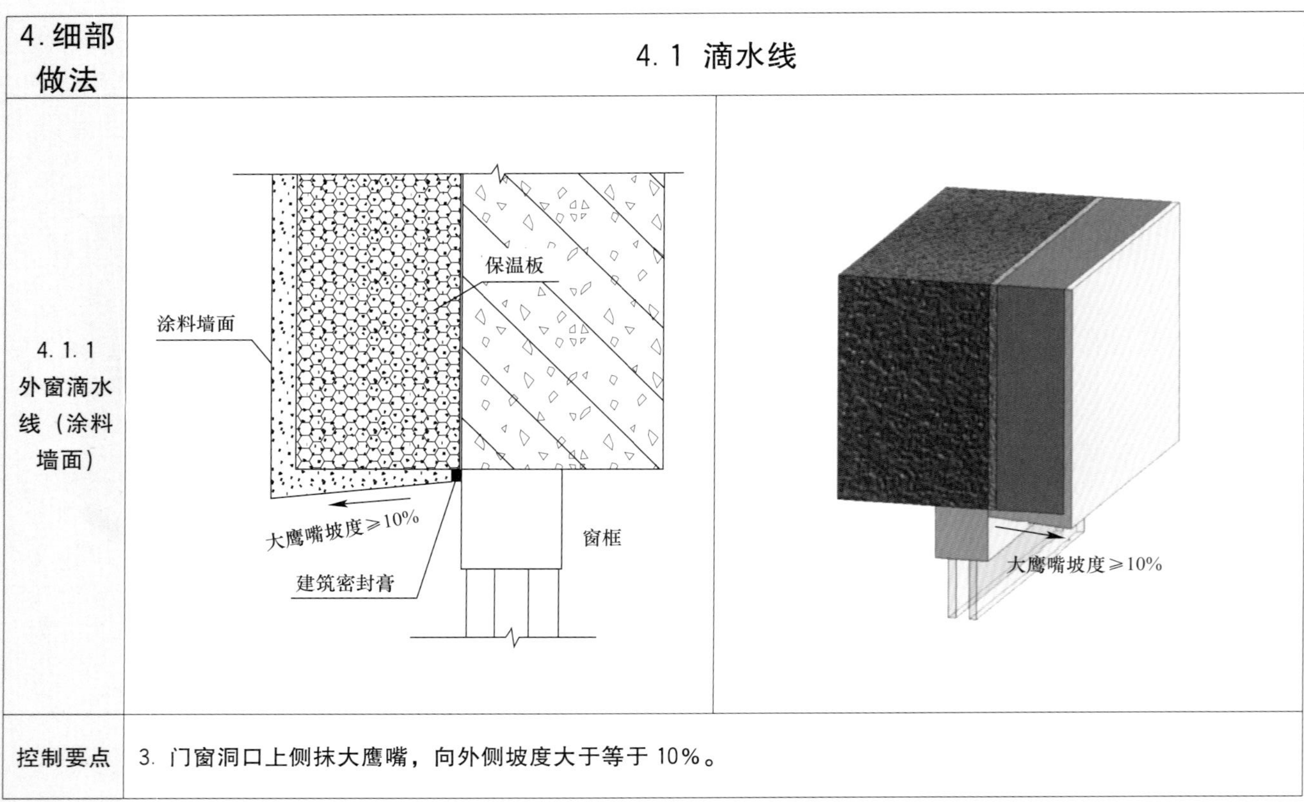
控制要点	3. 门窗洞口上侧抹大鹰嘴，向外侧坡度大于等于10%。

4. 细部做法	4.1 滴水线
4.1.2 外窗滴水线（饰面砖墙面）	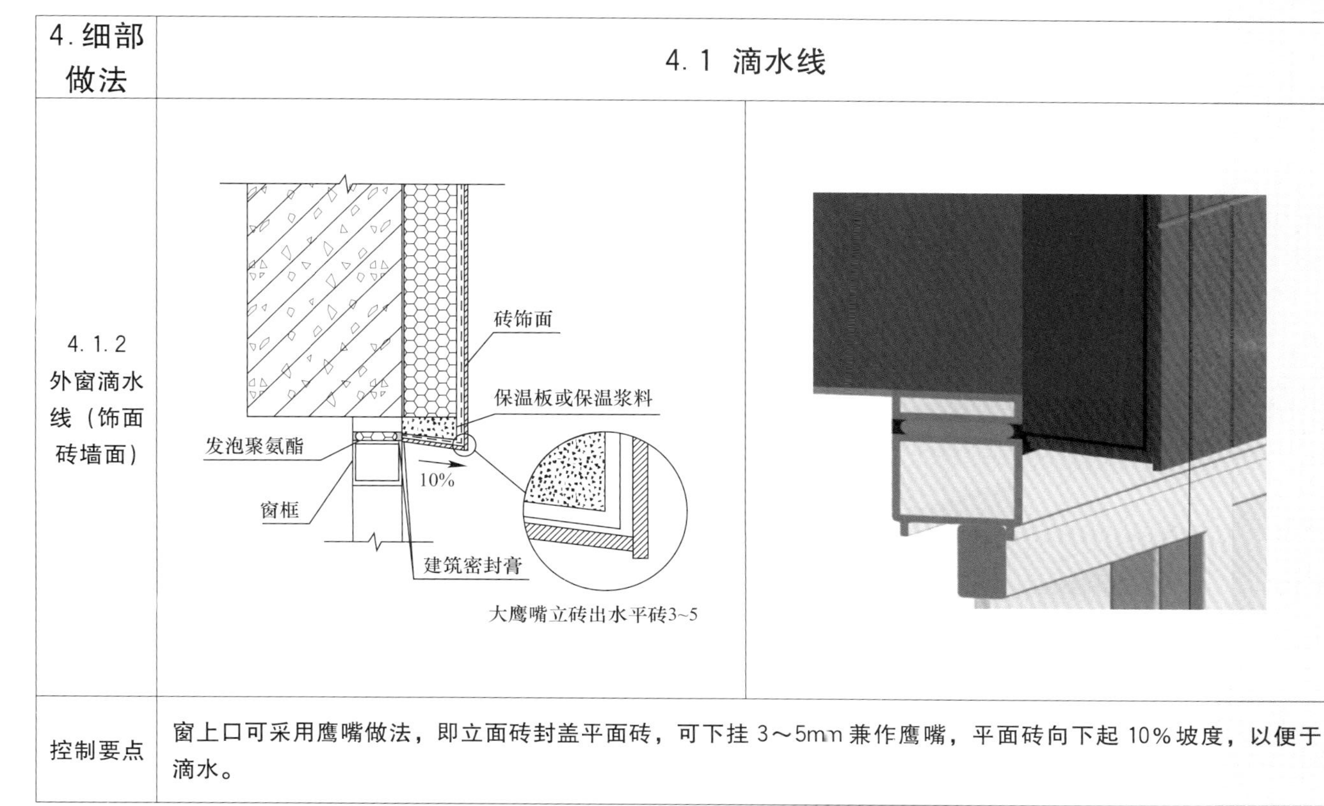
控制要点	窗上口可采用鹰嘴做法，即立面砖封盖平面砖，可下挂 3～5mm 兼作鹰嘴，平面砖向下起 10% 坡度，以便于滴水。

<table>
<tr><td>4. 细部做法</td><td colspan="2">4. 1 滴水线</td></tr>
<tr><td>4. 1. 3
突出构件
滴水线</td><td>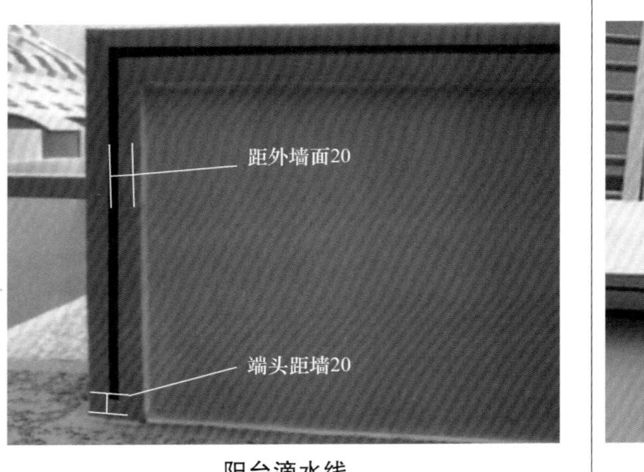

阳台滴水线</td><td>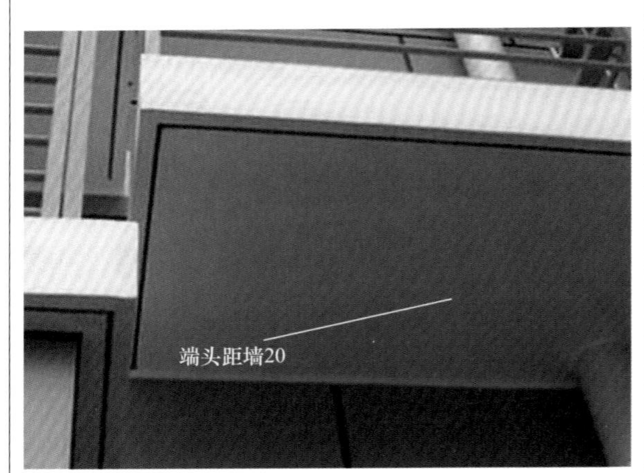

阳台滴水线</td></tr>
<tr><td>控制要点</td><td colspan="2">成品滴水线应距外墙面 20mm，端头距墙 20mm，深度、宽度宜为 10mm。</td></tr>
</table>

4.细部做法	4.1 滴水线	
4.1.3 突出构件滴水线	 装饰线条处滴水线	
控制要点	突出墙面超过60mm的装饰线条应设置滴水线，设置在线条的最高一层，其他层做鹰嘴，各栋号统一做法。线条上表面做5%排水坡面。	

4. 细部做法	4.2 窗台节点
4.2.1 涂料窗台	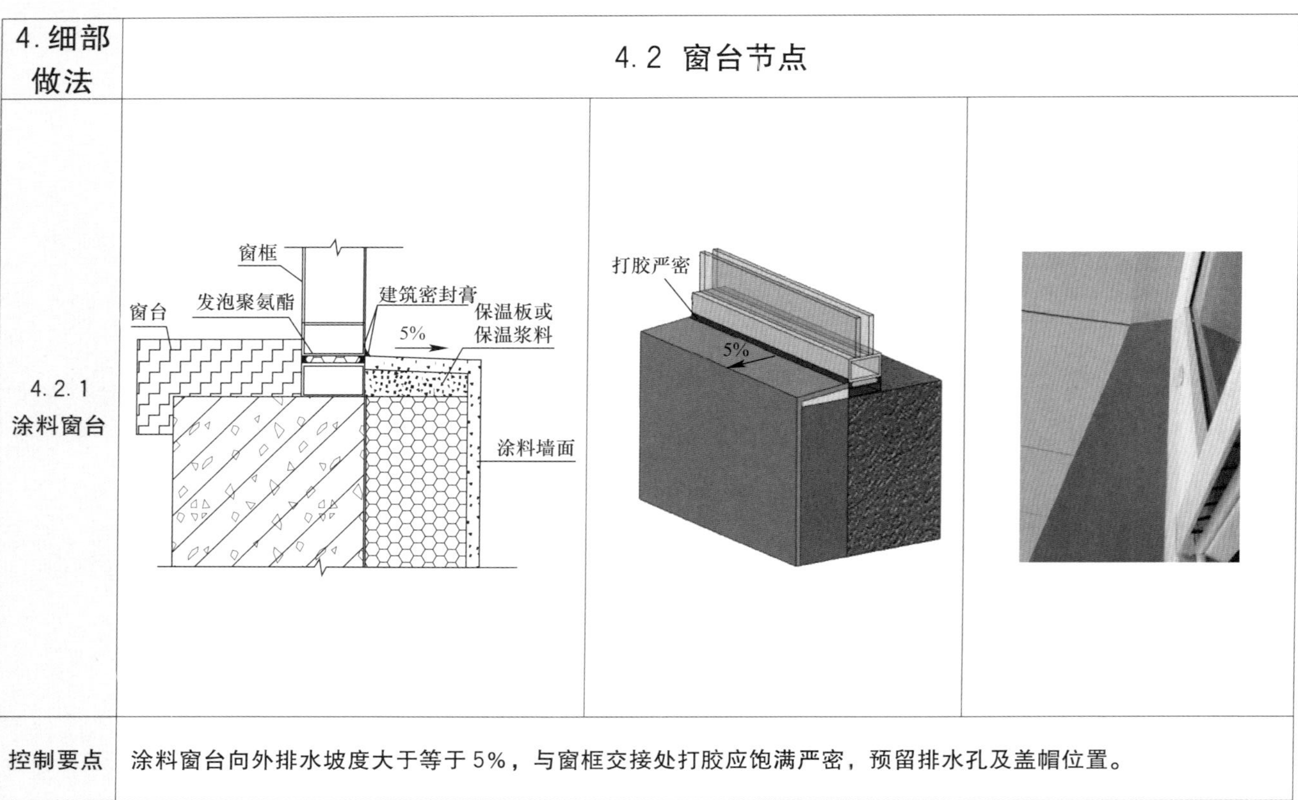
控制要点	涂料窗台向外排水坡度大于等于5%，与窗框交接处打胶应饱满严密，预留排水孔及盖帽位置。

<table>
<tr><td>4.细部做法</td><td colspan="2">4.2 窗台节点</td></tr>
<tr><td>4.2.2
饰面砖窗台</td><td> 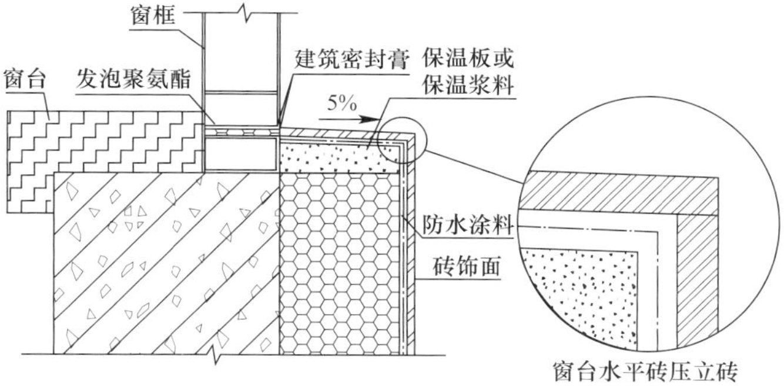窗框
窗台
发泡聚氨酯
建筑密封膏
保温板或保温浆料
5%
防水涂料
砖饰面
窗台水平砖压立砖</td><td> 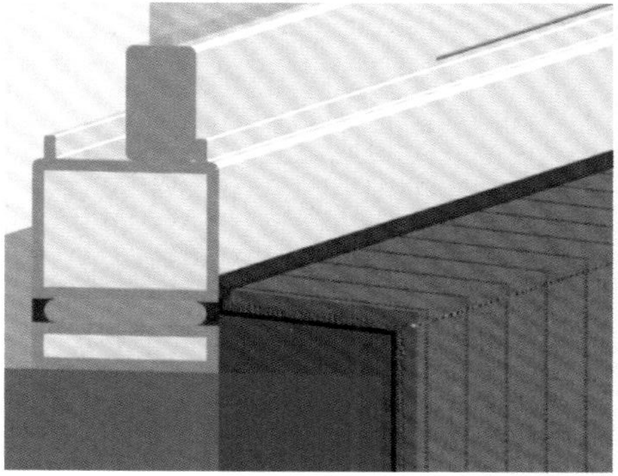</td></tr>
<tr><td>控制要点</td><td colspan="2">饰面砖窗台：水平阳角处，水平砖压立面砖，排水坡度不小于5%。</td></tr>
</table>

4. 细部做法	4.2 窗台节点
4.2.3 拔水板窗台	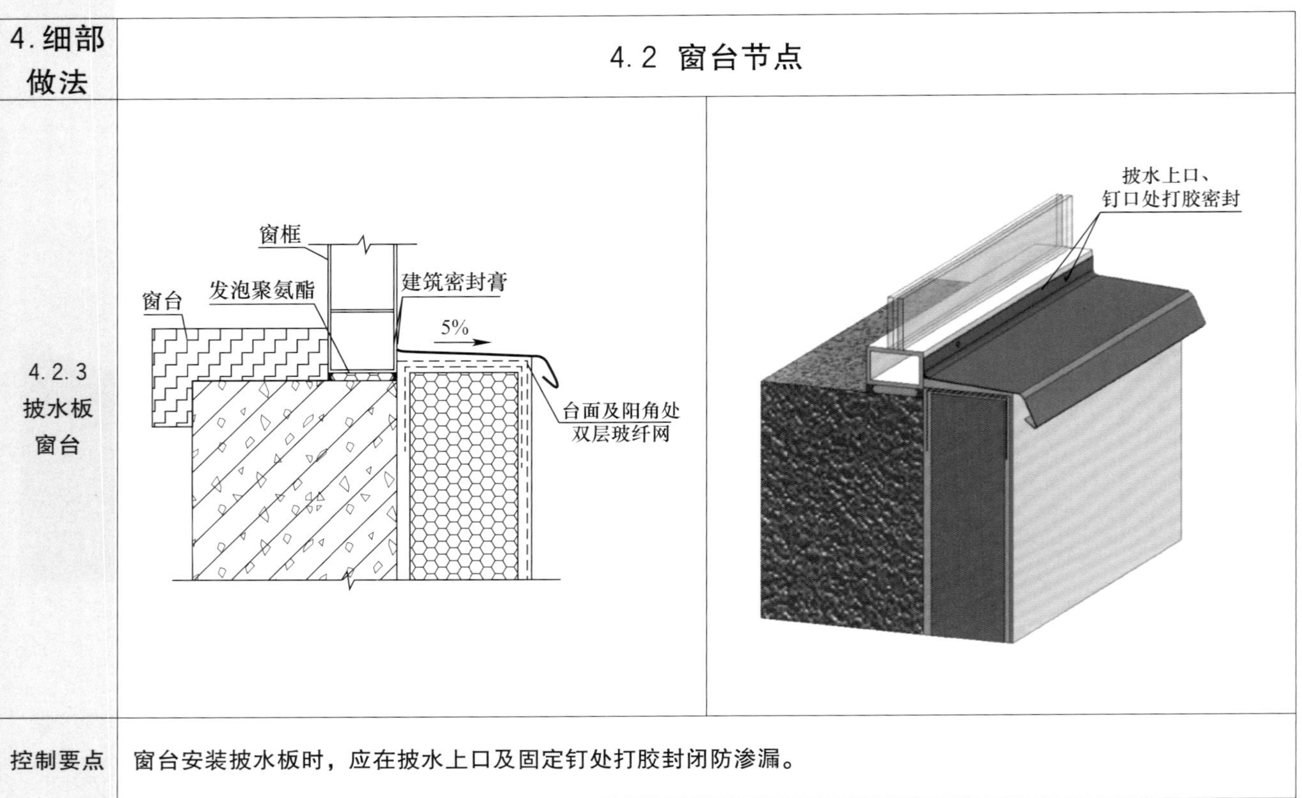
控制要点	窗台安装披水板时，应在披水上口及固定钉处打胶封闭防渗漏。

4. 细部做法	4.3 孔洞防渗漏细部处理
4.3.1 窗口防渗	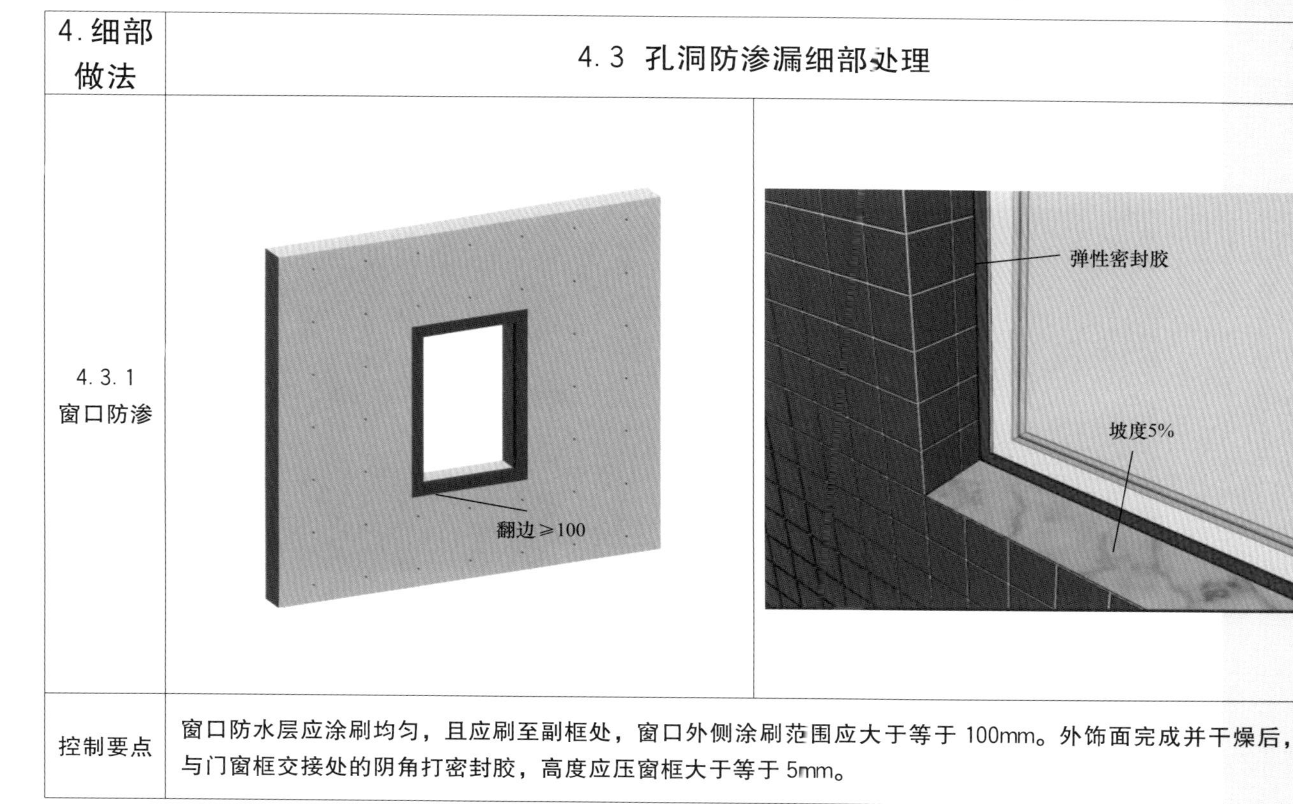
控制要点	窗口防水层应涂刷均匀，且应刷至副框处，窗口外侧涂刷范围应大于等于 100mm。外饰面完成并干燥后，再与门窗框交接处的阴角打密封胶，高度应压窗框大于等于 5mm。

<table>
<tr><td>4. 细部做法</td><td colspan="2">4.3 孔洞防渗漏细部处理</td></tr>
<tr><td>4.3.2 空调孔防渗</td><td> 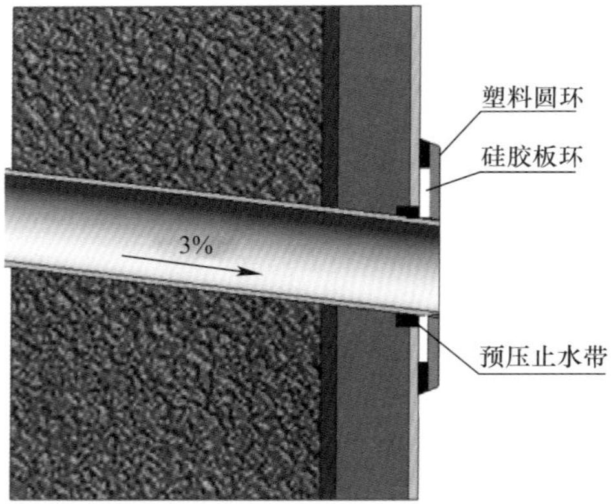塑料圆环
硅胶板环
3%
预压止水带</td><td> 空调孔位置准确，上下对齐</td></tr>
<tr><td>控制要点</td><td colspan="2">空调孔防水措施：空调洞口保证室内向室外大于3%的坡度，内高外低，防止雨水倒灌，施工完毕，内外侧均以盖板封堵。</td></tr>
</table>

4. 细部做法	4.3 孔洞防渗漏细部处理
4.3.3 穿墙螺栓孔防渗	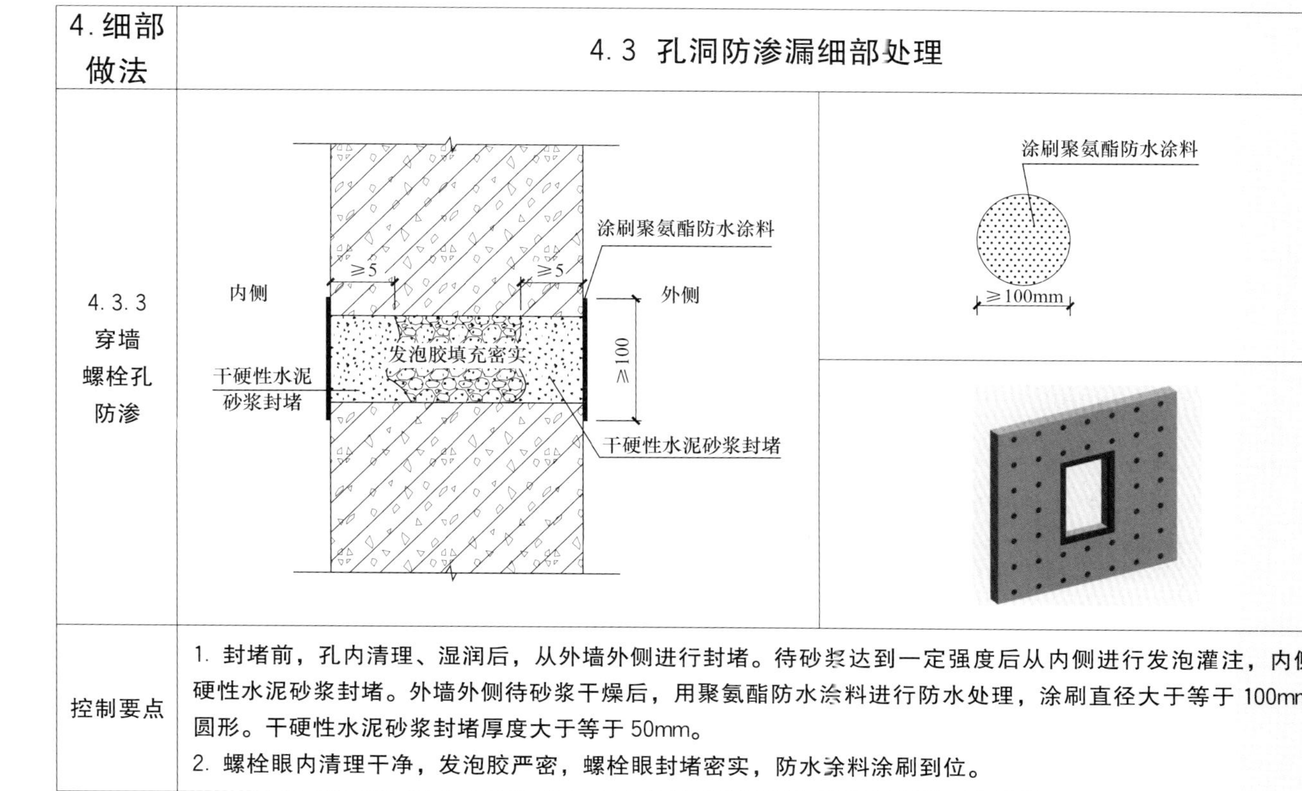
控制要点	1. 封堵前，孔内清理、湿润后，从外墙外侧进行封堵。待砂浆达到一定强度后从内侧进行发泡灌注，内侧干硬性水泥砂浆封堵。外墙外侧待砂浆干燥后，用聚氨酯防水涂料进行防水处理，涂刷直径大于等于100mm的圆形。干硬性水泥砂浆封堵厚度大于等于50mm。 2. 螺栓眼内清理干净，发泡胶严密，螺栓眼封堵密实，防水涂料涂刷到位。

4. 细部做法	4.4 变形缝	

控制要点	变形缝盖板的制作与安装应符合设计及构造图集的要求，根据外墙装饰做法选用盖板材料。	

4. 细部做法	4.4 变形缝

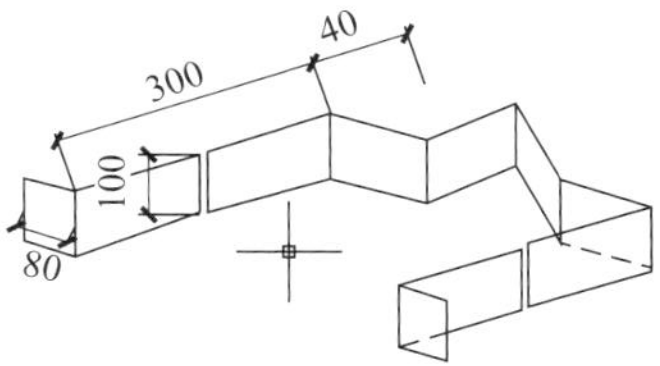

300

40

100

80

档条：0.5厚镀锌薄钢板弯制，竖向中距900，挡住缝端保温条

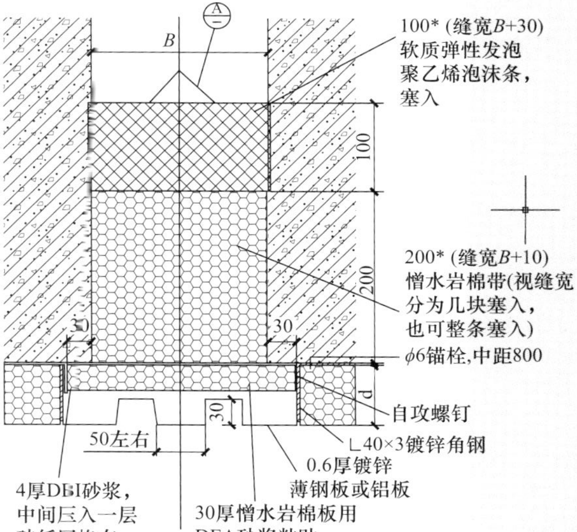

B

100*（缝宽B+30）软质弹性发泡聚乙烯泡沫条，塞入

100

200

200*（缝宽B+10）憎水岩棉带(视缝宽分为几块塞入，也可整条塞入)

30

30

ϕ6锚栓,中距800

d

自攻螺钉

∟40×3镀锌角钢

30

50左右

0.6厚镀锌薄钢板或铝板

4厚DBI砂浆，中间巨入一层玻纤网格布

30厚憎水岩棉板用DEA砂浆粘贴

4. 细部做法	4.5 沉降、接地

控制要点	1. 沉降观测的标志可根据不同的建筑结构类型和建筑材料，采用墙（柱）标志、基础标志和隐蔽式标志等形式。沉降观测点宜设置保护盒。 2. 沉降观测点、防雷接地电阻测试点，盒口整洁，防腐性良好，有防排水措施，装饰做法与外墙应协调、美观，标识清晰。安装在石材面上的应位于块材中心，位置距散水高度 500～800mm。

4.细部做法	4.5 沉降、接地	
石材面接地测试点	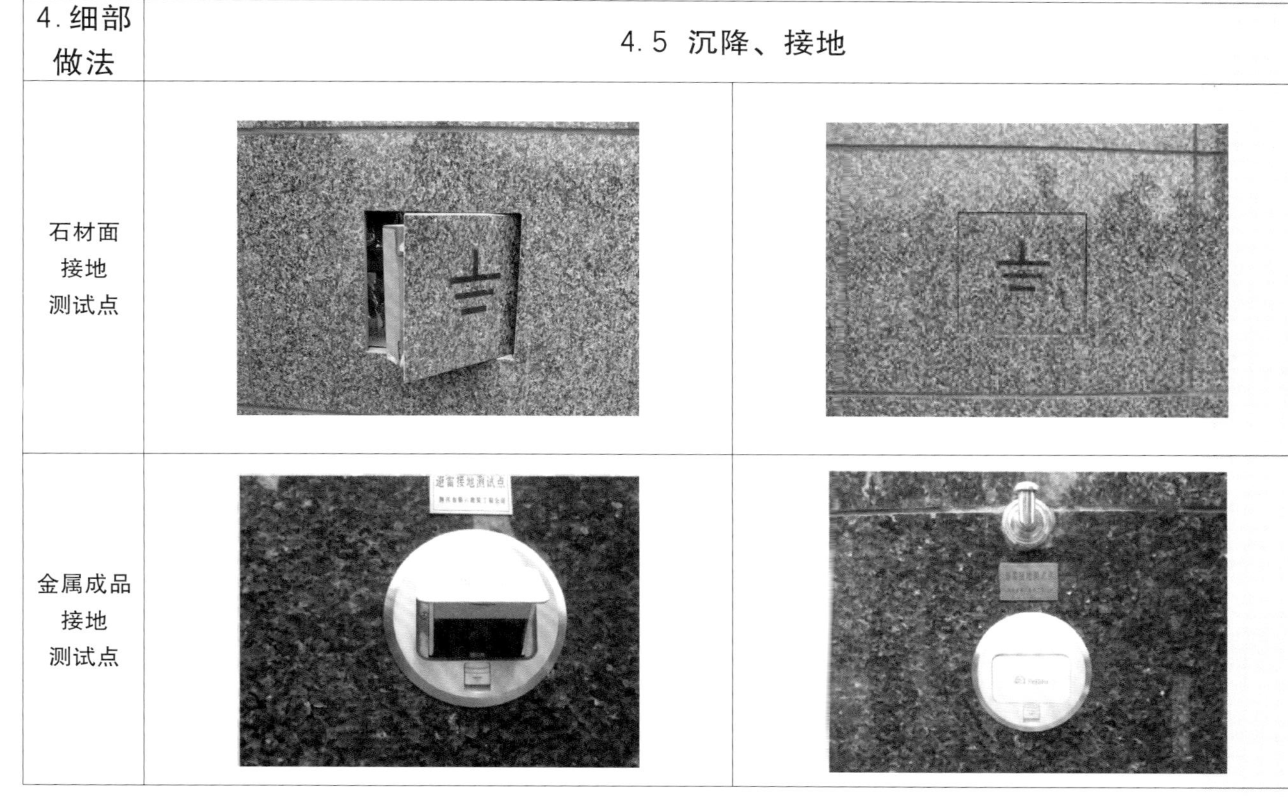	
金属成品接地测试点		

4. 细部做法	4.6 护栏
	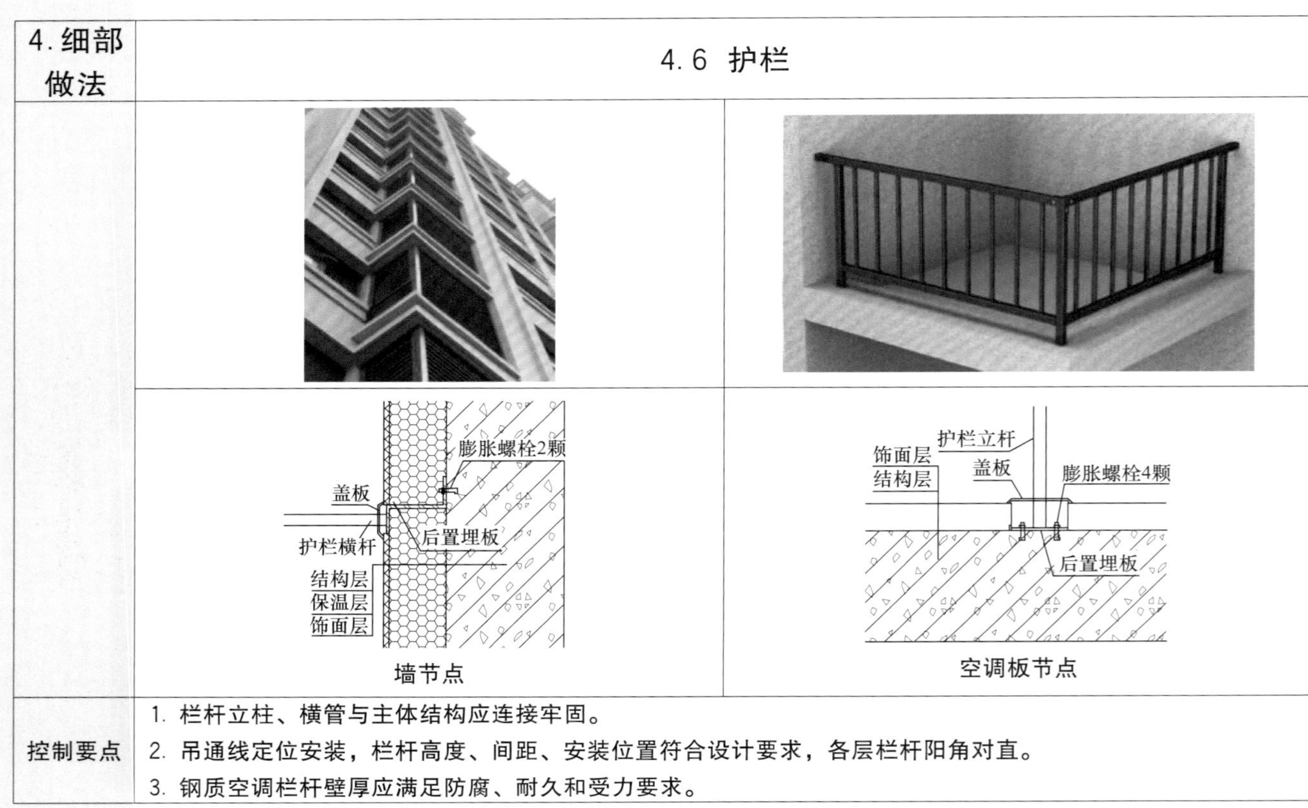
控制要点	1. 栏杆立柱、横管与主体结构应连接牢固。 2. 吊通线定位安装，栏杆高度、间距、安装位置符合设计要求，各层栏杆阳角对直。 3. 钢质空调栏杆壁厚应满足防腐、耐久和受力要求。

4. 细部做法	4.7 空调板	

控制要点	1. 空调机板下部应做滴水槽，上部面层找坡大于等于1%。 2. 空调板阳角上下一条直线。	

第三部分　门窗工程

1. 总体要求	门窗工程
	1. 门窗的材料、功能和质量等应满足设计及使用要求。门窗的配件应与门窗主体相匹配，并应满足相应技术要求。 2. 门窗应满足抗风压、水密性、气密性和热工性能等要求。 3. 有卫生要求或经常有人居住、活动房间的外门窗宜设置纱门、纱窗。 4. 门应开启方便、坚固耐用。手动开启的大门扇应有制动装置，推拉门应有防脱轨的措施。 5. 推拉门、旋转门、电动门、卷帘门、吊门、折叠门不应作为疏散门。 6. 开向疏散走道及楼梯间的门扇开足后，不应影响走道及楼梯平台的疏散宽度。 7. 全玻璃门应选用安全玻璃或采取防护措施，并应设防撞提示标志。

<table>
<tr><td>2. 门</td><td colspan="2">2.1 大堂门</td></tr>
<tr><td></td><td></td><td></td></tr>
<tr><td>控制要点</td><td colspan="2">1. 人行自动门活动扇在启闭过程中对所要求保护的部位应留有安全间隙；安全间隙应小于 8mm 或大于 25mm。
2. 地弹簧与周边地面装饰层齐平。</td></tr>
</table>

2. 门	2.2 木质门
	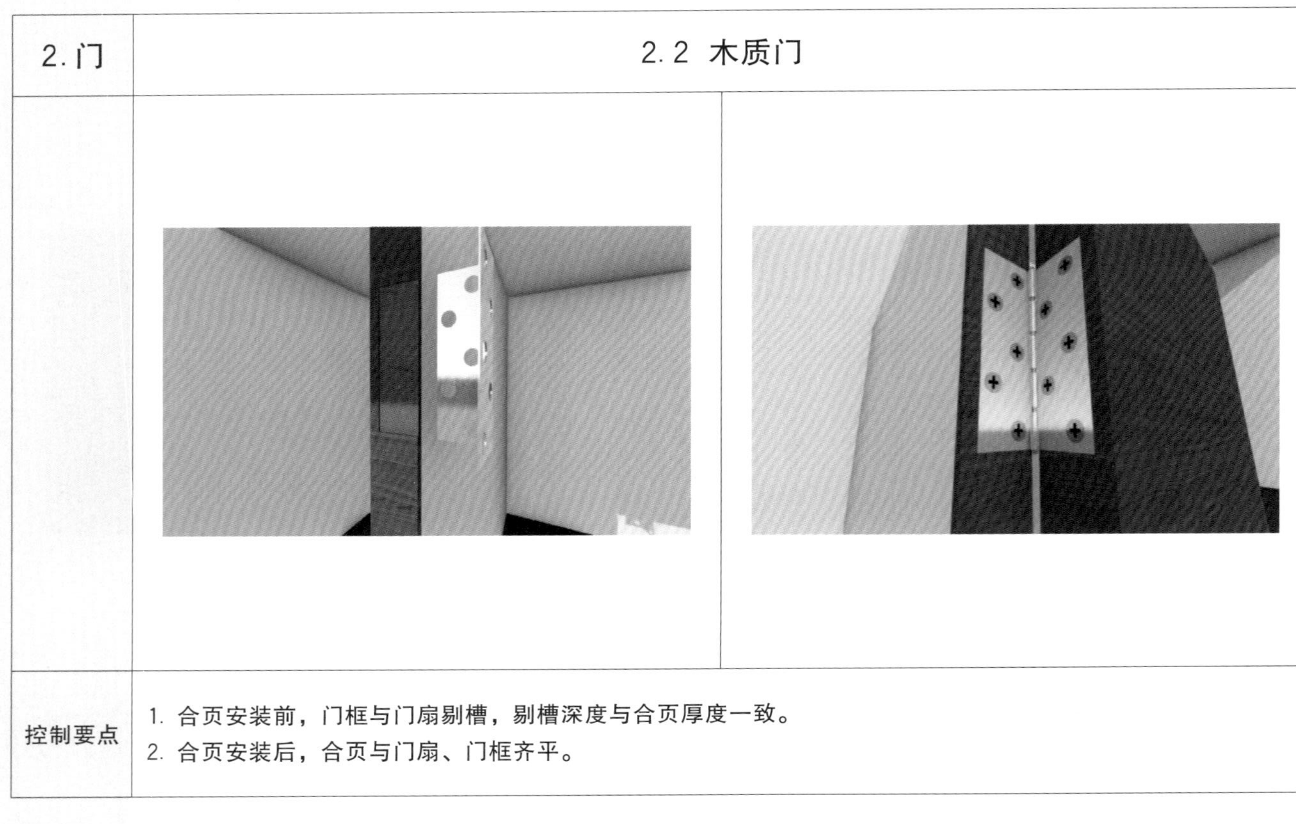
控制要点	1. 合页安装前，门框与门扇剔槽，剔槽深度与合页厚度一致。 2. 合页安装后，合页与门扇、门框齐平。

2. 门	2.2 木质门
	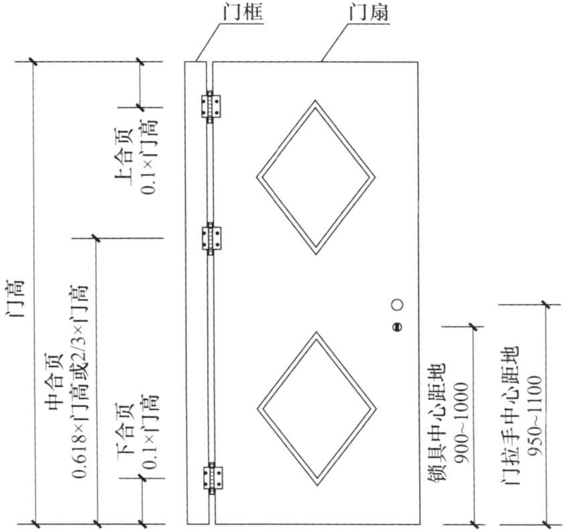 门框 门扇 门高 中合页 0.618×门高或2/3×门高 上合页 0.1×门高 下合页 0.1×门高 锁具中心距地 900~1000 门拉手中心距地 950~1100 
控制要点	3. 当采用实木门时，应设置上、中、下三道合页，中间合页位距地约为门扇高度的 0.618 倍或 2/3 倍。 4. 门拉手中心距地 950～1100mm，锁具中心距地 900～1000mm。 5. 木质门上口、下口油漆齐全。 6. 夹板门上应预留排注孔。

2. 门	2.2 木质门
	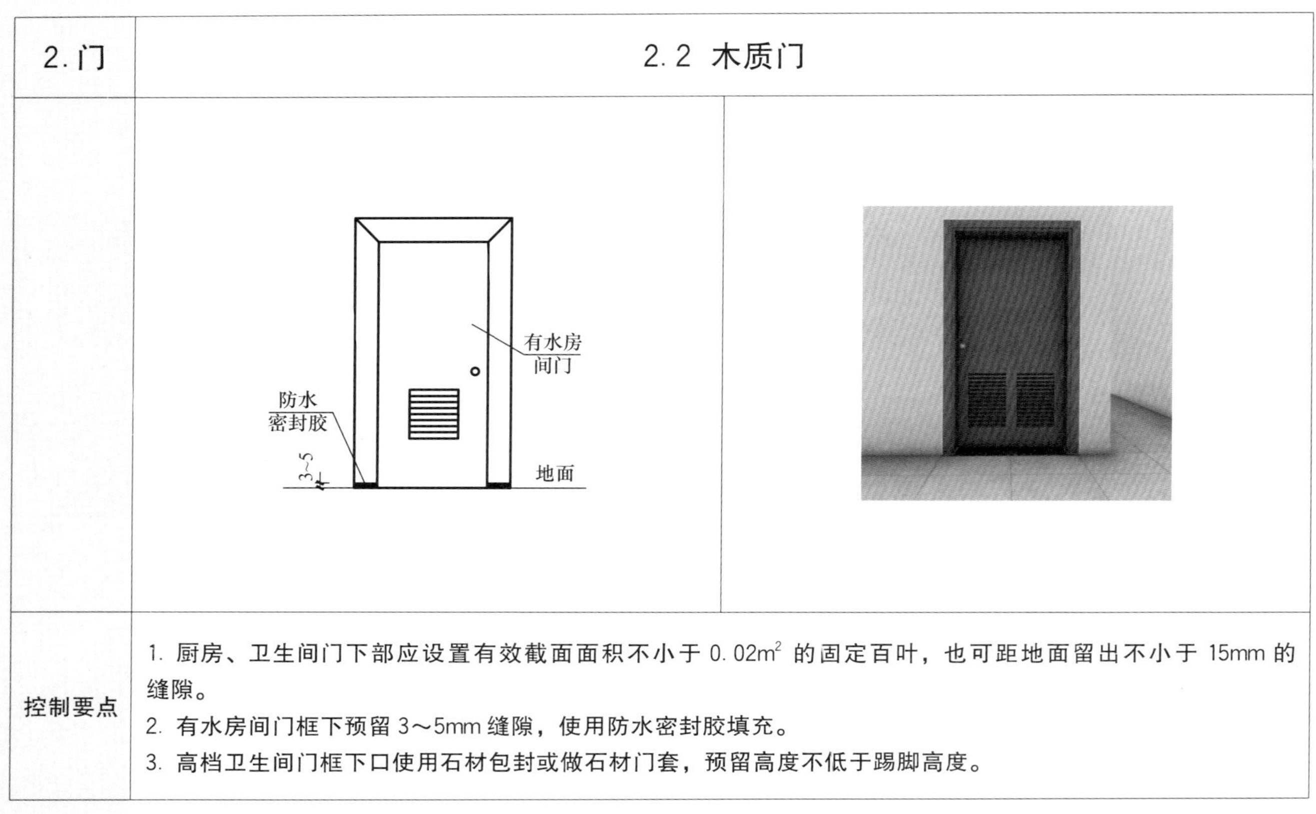
控制要点	1. 厨房、卫生间门下部应设置有效截面面积不小于 0.02m² 的固定百叶，也可距地面留出不小于 15mm 的缝隙。 2. 有水房间门框下预留 3～5mm 缝隙，使用防水密封胶填充。 3. 高档卫生间门框下口使用石材包封或做石材门套，预留高度不低于踢脚高度。

2. 门	2.3 钢制门	
	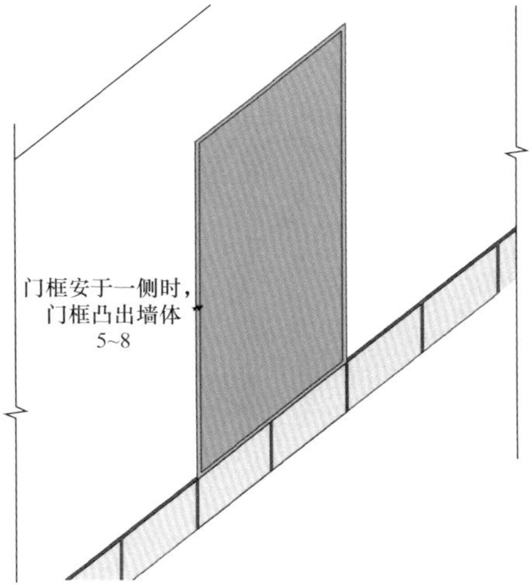 门框安于一侧时，门框凸出墙体 5~8	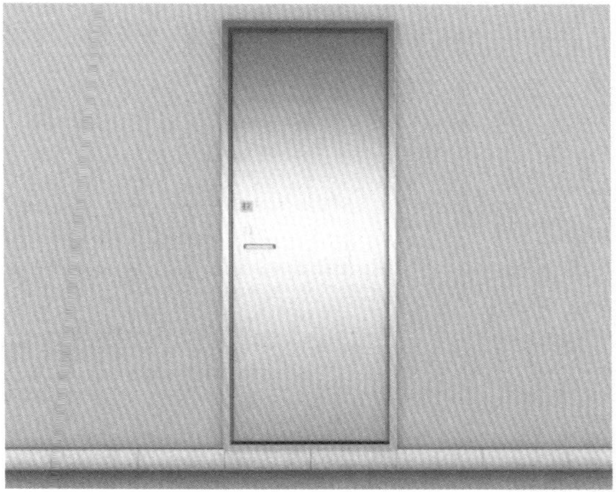
控制要点	钢制门门框立于墙体一侧时，宜凸出墙体装饰面 5～8mm，但不超出踢脚面。	

2. 门	2.4 防火门
	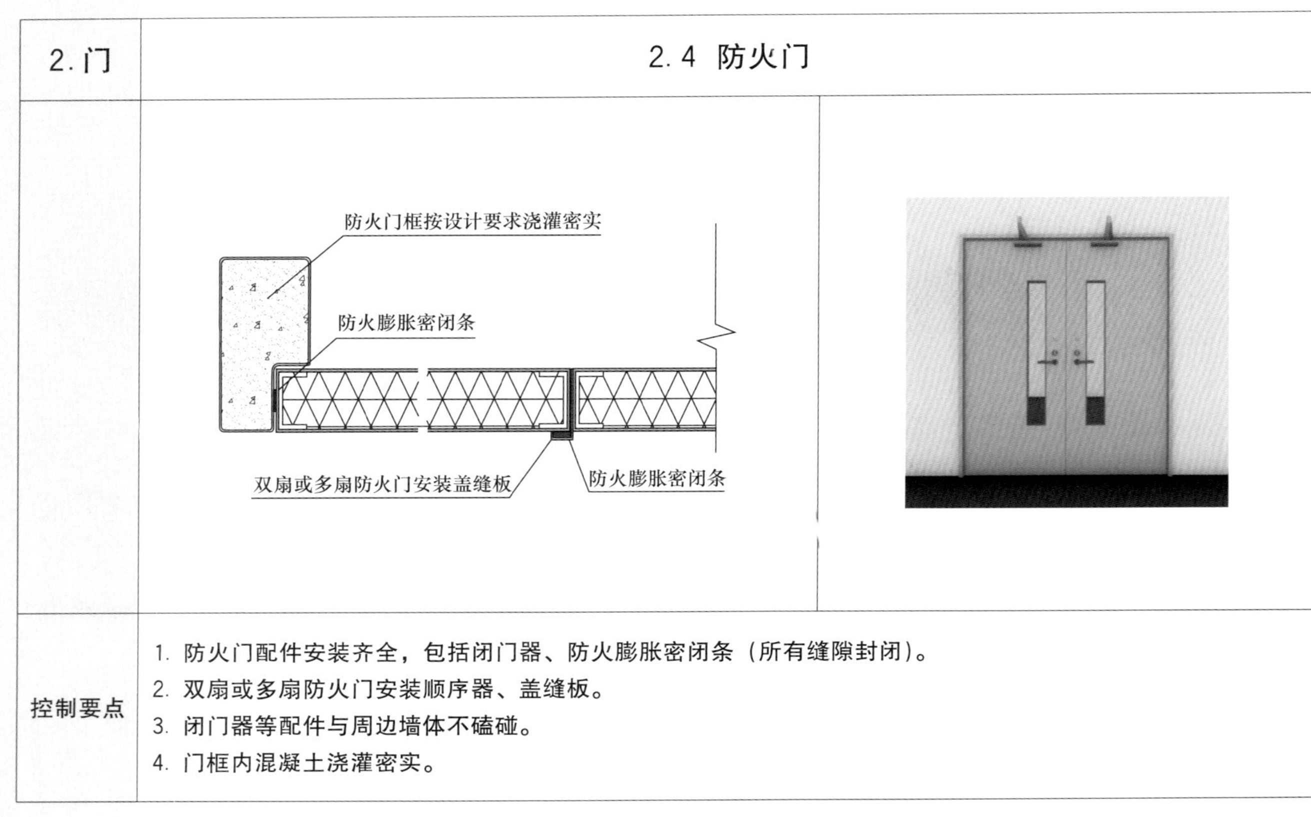
控制要点	1. 防火门配件安装齐全，包括闭门器、防火膨胀密闭条（所有缝隙封闭）。 2. 双扇或多扇防火门安装顺序器、盖缝板。 3. 闭门器等配件与周边墙体不磕碰。 4. 门框内混凝土浇灌密实。

<table>
<tr><td>2.门</td><td colspan="2">2.5 防火卷帘门</td></tr>
<tr><td></td><td>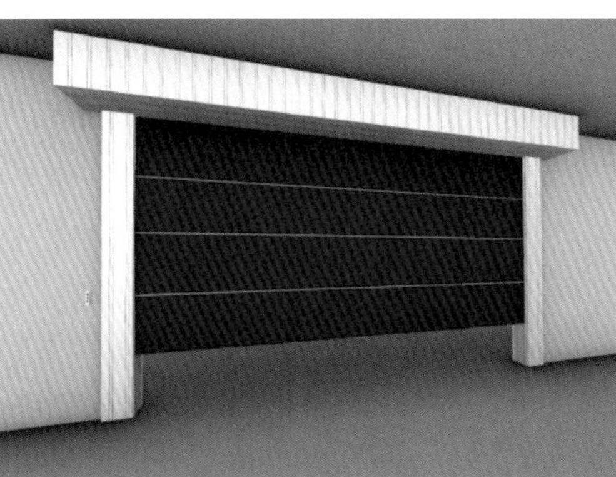</td><td>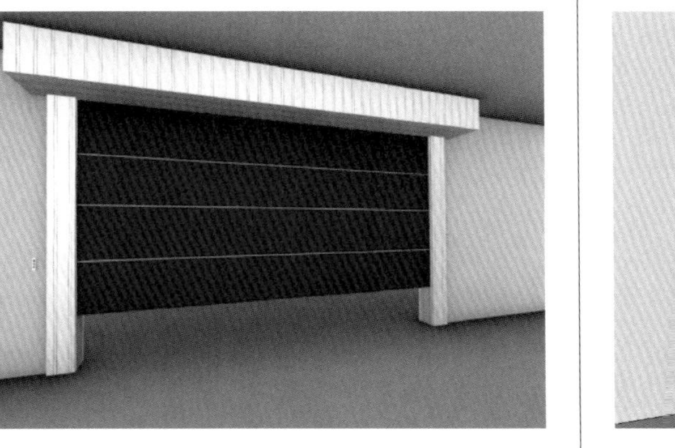</td></tr>
<tr><td>控制要点</td><td colspan="2">1. 防火卷帘门安装牢固、美观，符合设计要求。
2. 防火卷帘门周边孔洞封闭严密。</td></tr>
</table>

3. 窗	3.1 打胶
	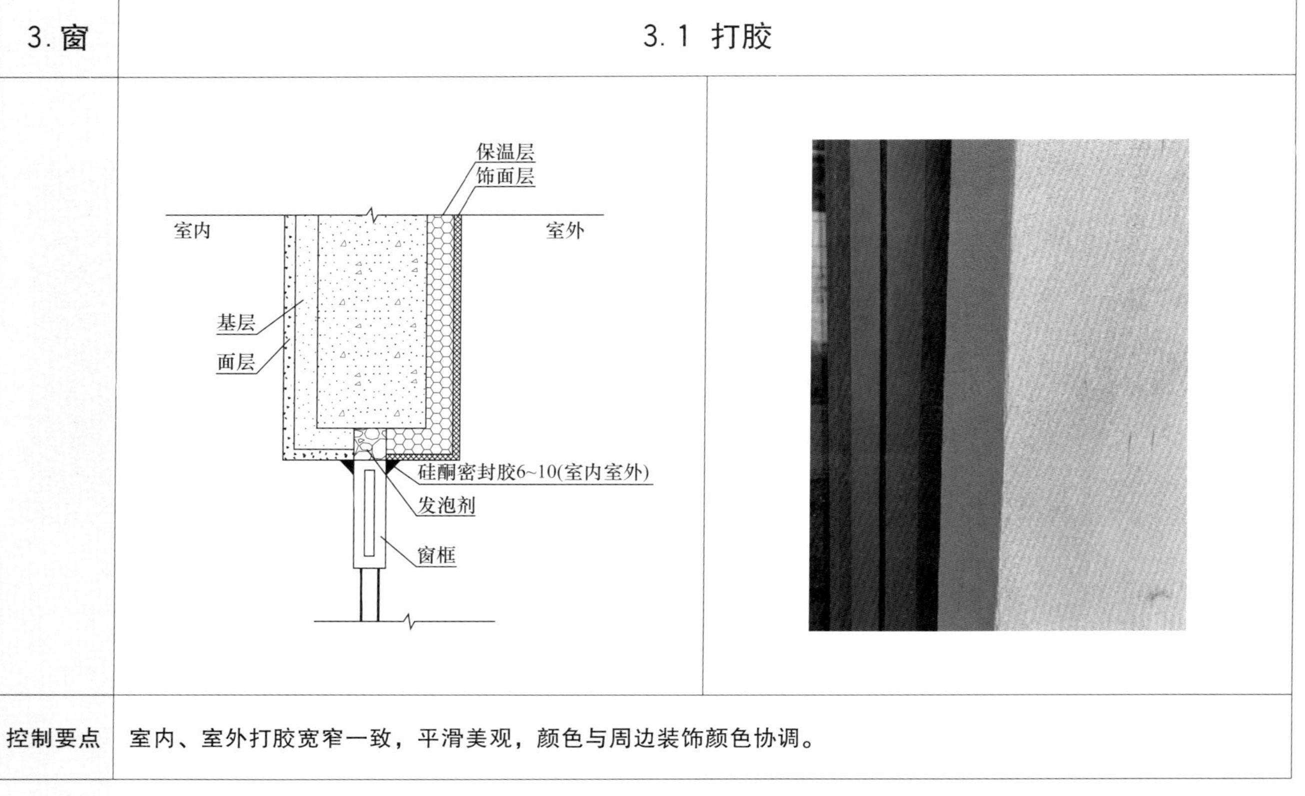
控制要点	室内、室外打胶宽窄一致，平滑美观，颜色与周边装饰颜色协调。

3. 窗	3.2 栏杆	
	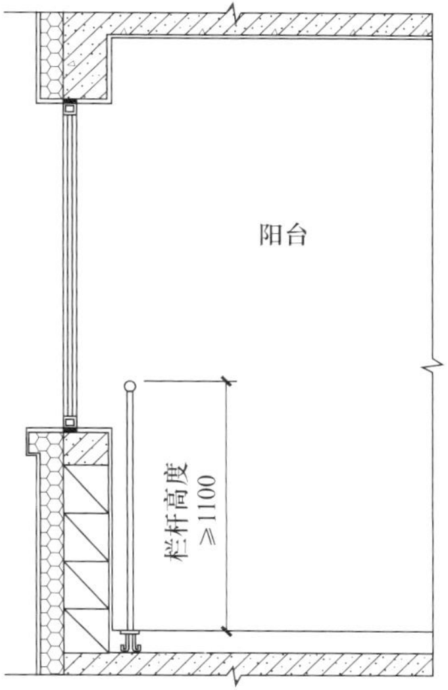 阳台 栏杆高度 ≥1100	
控制要点	1. 阳台栏杆（栏板）垂直高度大于等于 1100mm，有可踏部位应增加相应高度。 2. 栏杆不影响窗扇开启。	

3. 窗	3.2 栏杆
	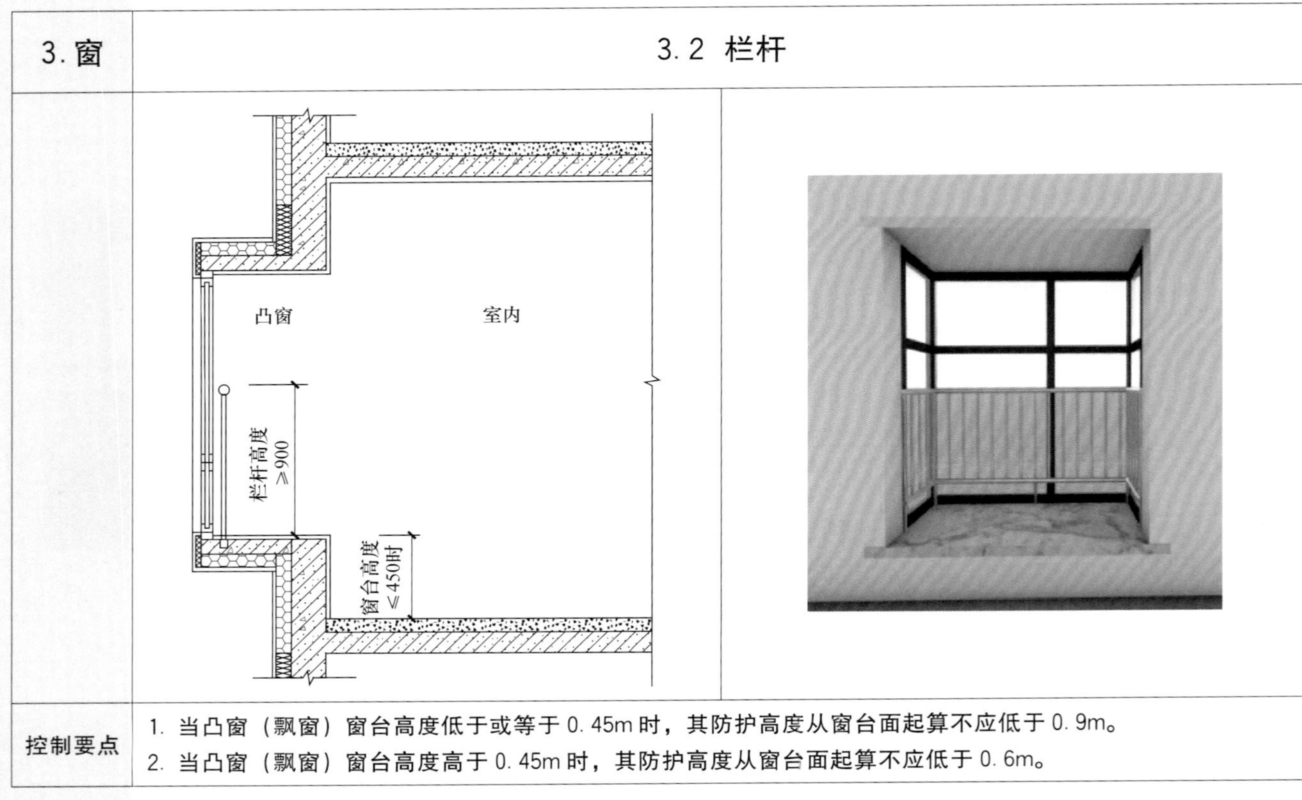
控制要点	1. 当凸窗（飘窗）窗台高度低于或等于 0.45m 时，其防护高度从窗台面起算不应低于 0.9m。 2. 当凸窗（飘窗）窗台高度高于 0.45m 时，其防护高度从窗台面起算不应低于 0.6m。

第四部分　室内初装修工程

1. 总体要求	室内初装修工程
	1. 装饰装修工程的设计、施工应按照相关规范执行。 2. 地面、墙面及顶棚应平整，阴阳角线条顺直，细节处理得当。 3. 门窗四周与墙相交处应打胶处理，打胶应顺直连续。 4. 开关、电源线盒应标高一致，与墙面安装严密。 5. 卫生间和厨房墙面拉毛前，应做好基层处理。

2. 客厅卧室	2.1 主要部位做法	
2.1.1 地面工程		
控制要点	1. 室内初装修地面必须留有足够的装修量，一般不小于 50mm。 2. 地面施工过程中严格控制水灰比，加强洒水养护，合理安排施工，避免上人过早。	

2. 客厅卧室	2.1 主要部位做法
2.1.2 墙面工程	
控制要点	墙面应平整、颜色均匀，阴阳角顺直、口角方正。

2. 客厅卧室	2.1 主要部位做法
2.1.3 顶棚工程	
控制要点	1. 顶棚应平整、颜色均匀，阴阳角顺直、口角方正。 2. 角线顺直，交汇于一点。

2. 客厅卧室	2.2 细部节点做法
2.2.1 墙、地面相交	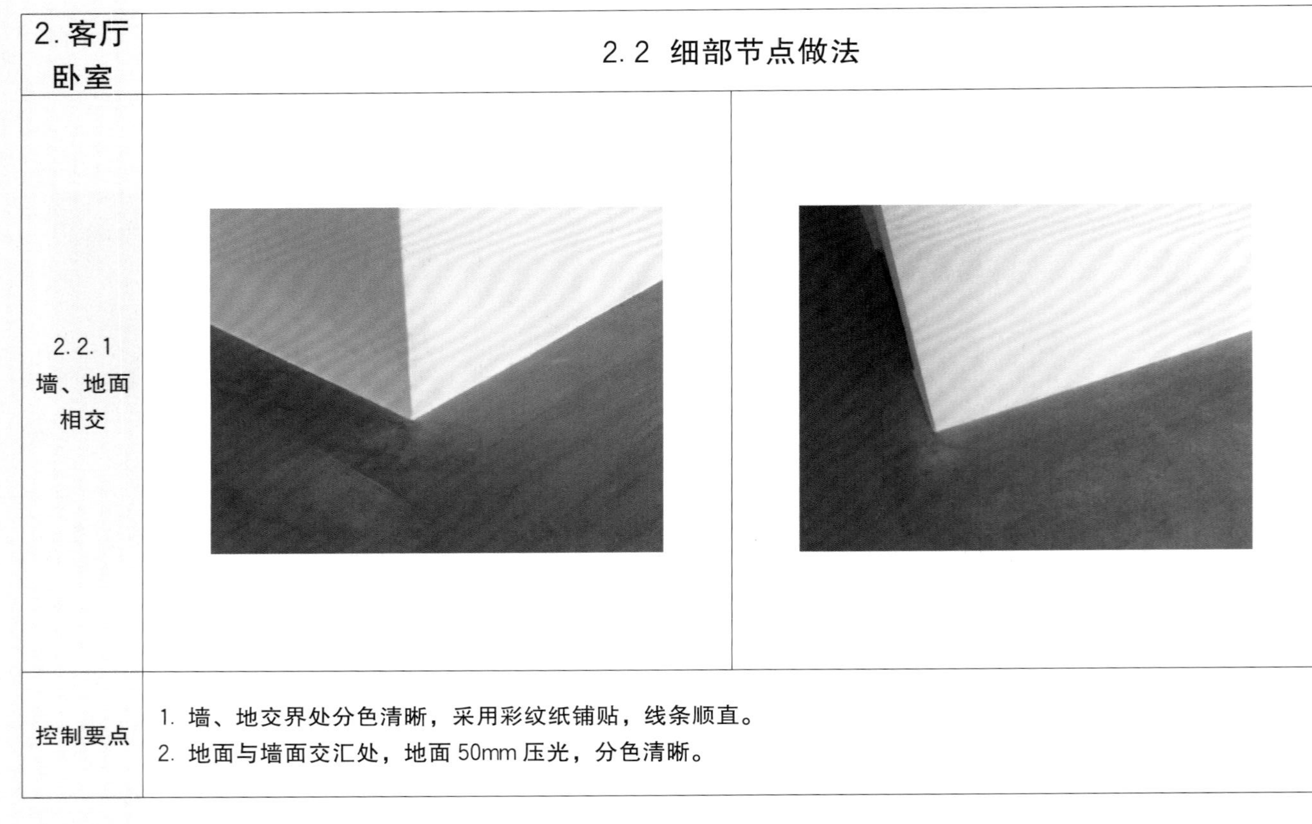
控制要点	1. 墙、地交界处分色清晰，采用彩纹纸铺贴，线条顺直。 2. 地面与墙面交汇处，地面 50mm 压光，分色清晰。

2. 客厅卧室	2.2 细部节点做法	
2.2.2 户门、墙面相交		
控制要点	1. 户门应安装牢固，与墙面应贴合严密。 2. 户门门框四周与墙相交处应做打胶处理，胶缝应顺直连续。	

2. 客厅 卧室	2.2 细部节点做法
2.2.3 室内、卫生间地面相交处	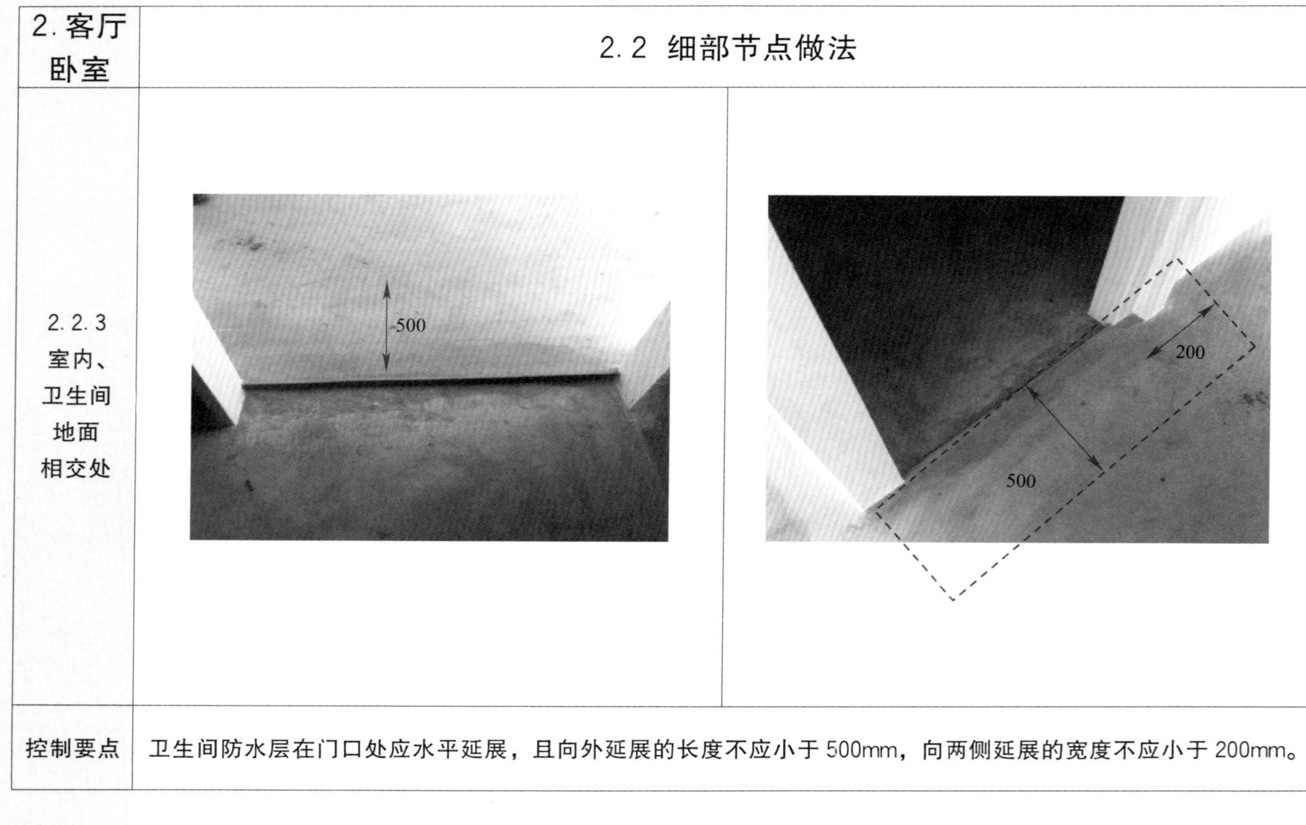
控制要点	卫生间防水层在门口处应水平延展，且向外延展的长度不应小于 500mm，向两侧延展的宽度不应小于 200mm。

2. 客厅卧室	2.2 细部节点做法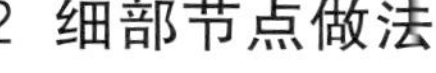	
2.2.4 空调孔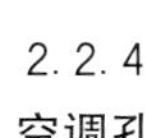	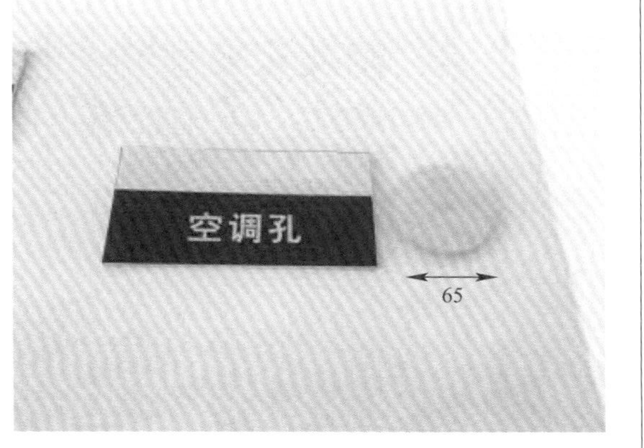	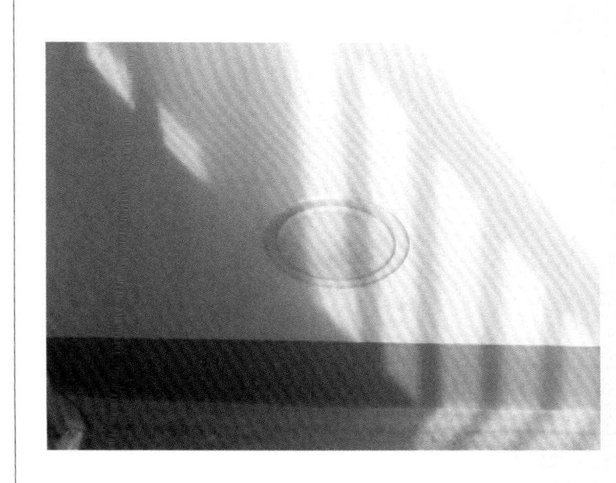
控制要点	1. 室内空调洞口使用水泥砂浆抹灰，保证孔径圆滑，孔径为 65mm。 2. 空调洞口保证室内向室外大于 3%的坡度，防止雨水倒灌。 3. 洞口周边涂料施工平滑，施工完毕后以盖板封堵。	

3. 厨、卫间	3. 1 主要部位做法	
3. 1. 1 地面做法		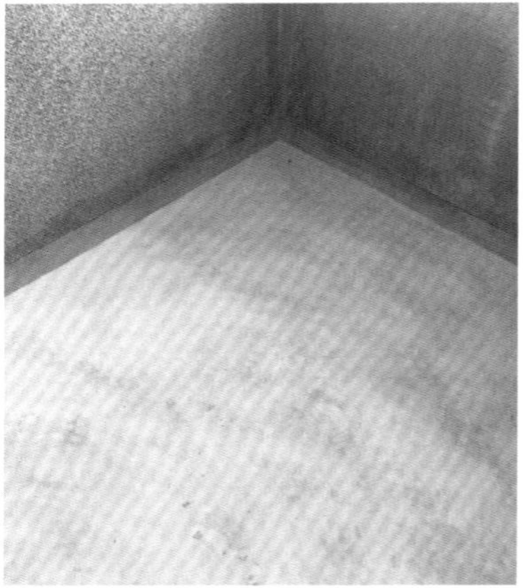
控制要点	卫生间地面应平整，坡度、坡向合理。	

3. 厨、卫间	3.1 主要部位做法	
3.1.2 墙面做法		
控制要点	1. 厨房、卫生间墙面拉毛前应处理好基层，毛刺应附着牢固，无空鼓、无粉化。 2. 卫生间地面与墙面交汇处上返 100mm 平涂，分色清晰。 3. 厨房、卫生间墙面与顶棚相交处应做平涂处理，上返宜为 50mm。 4. 厨房、卫生间墙面与门口相交处应做平涂处理，返边宜为 20mm。	

3. 厨、卫间	3.1 主要部位做法
3.1.2 墙面做法	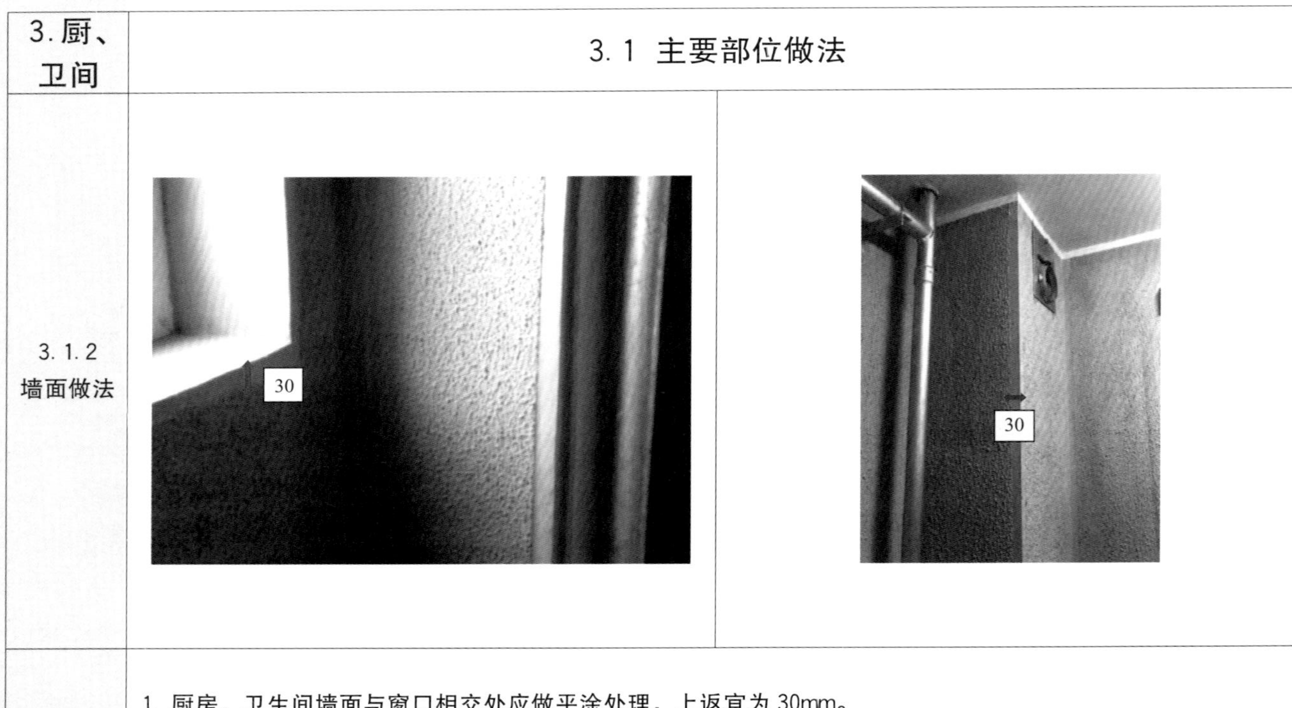
控制要点	1. 厨房、卫生间墙面与窗口相交处应做平涂处理，上返宜为 30mm。 2. 厨房、卫生间墙面阴阳角处应做平涂处理，平涂宽度宜为 30mm。

<table>
<tr><td>3. 厨、卫间</td><td colspan="2">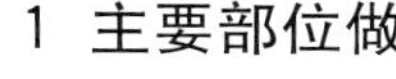3.1 主要部位做法</td></tr>
<tr><td>3.1.3
顶棚做法</td><td></td><td></td></tr>
<tr><td>控制要点</td><td colspan="2">厨房、卫生间顶棚与管根处应做返边处理，下返宜为 50mm。</td></tr>
</table>

3.厨、卫间	3.2 细部节点做法
3.2.1 厨卫插座	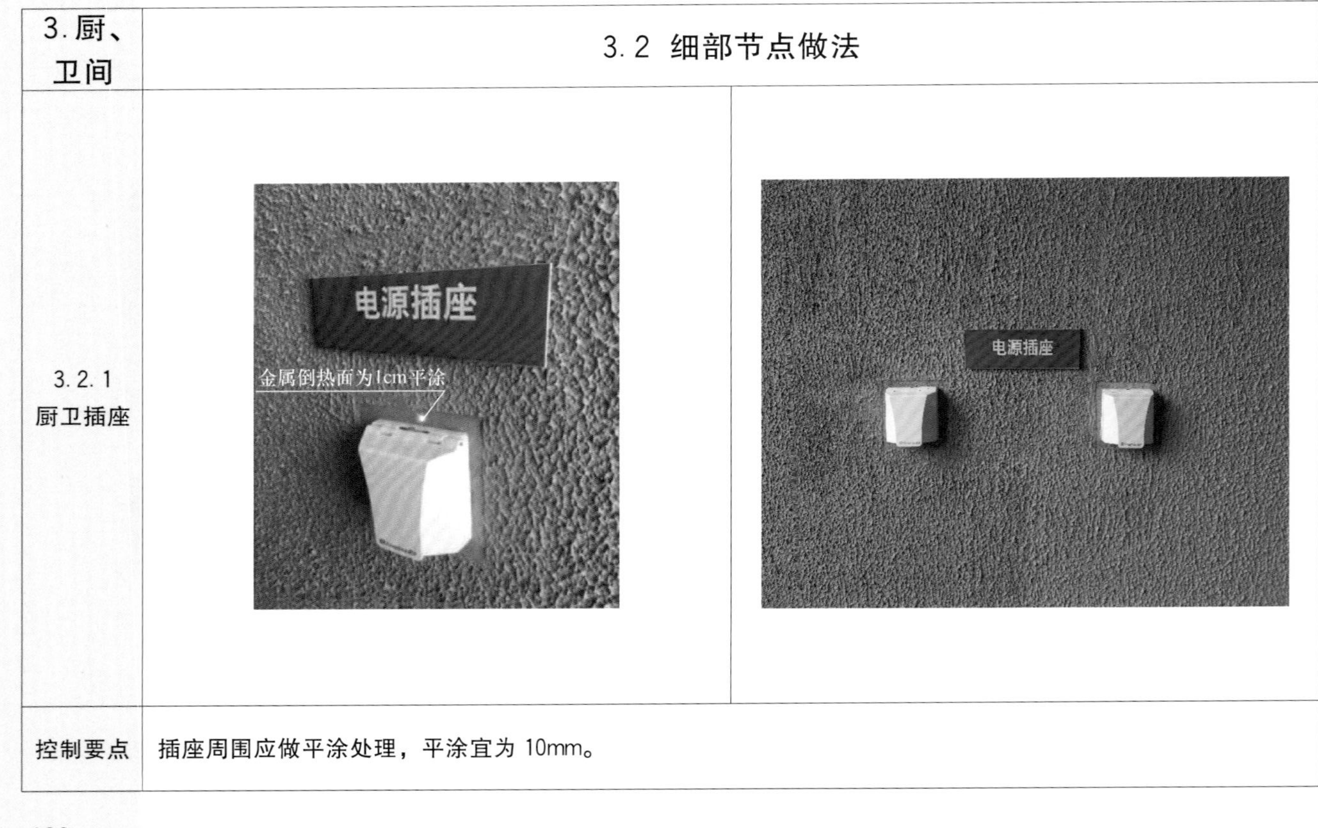
控制要点	插座周围应做平涂处理，平涂宜为 10mm。

<table>
<tr><td>3. 厨、卫间</td><td colspan="2">3. 2　细部节点做法</td></tr>
<tr><td>3. 2. 2
散热器</td><td>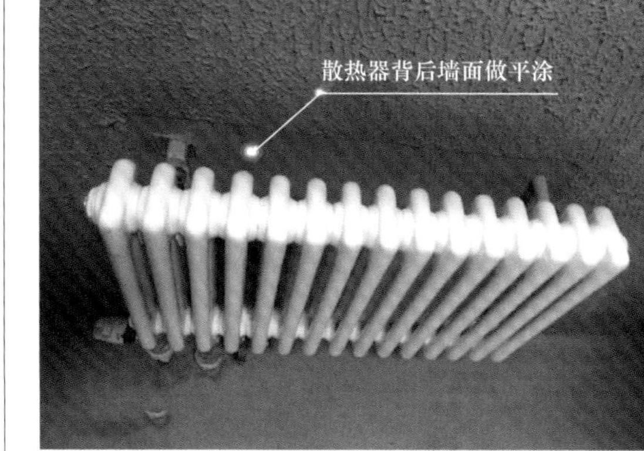</td><td></td></tr>
<tr><td>控制要点</td><td colspan="2">1. 散热器背面与装饰后的墙内表面安装距离，应符合设计或产品说明书要求。如设计未注明，应为预留 50mm（含 20mm 装饰墙面）。
2. 散热器背后墙面应做平涂处理。</td></tr>
</table>

第五部分　室内精装修工程

1. 基本要求	室内精装修工程
	1. 室内精装施工要以建筑施工图纸为依据，结合机电专业提前做好规划和预控，各种装饰方法、各个部位和节点的做法必须考虑周到。 2. 精装所用材料的性能和质量等均应满足设计及使用要求。 3. 不同材料、不同界面的交接部位应妥善处理，各种材料的地面、墙面及吊顶、阴阳角线条应平顺，细节处理得当。 4. 土建专业与机电专业应提前进行工程交圈深化设计。

2. 板块地面	2.1 总体要求
	控制要点：分格、倒角、背涂、对缝、抛光及踢脚线厚度。 1. 排布原则：板块地面排版宜分中对称、交圈合理，地面施工应综合考虑墙、柱等地面附着构件以及地插、过门石等的装饰效果；大堂、走廊、电梯前室等公共部位宜用波打线解决内外通缝；无波打线做法时应内外通缝，以门或通道口为中心向两侧排布块材，房间宜从门口向内排砖，保证视觉整砖效果，宜在墙、柱边或与其他材料交接处设置圈边或波打线，以提高观感效果。 2. 质量要求：粘贴牢固、接缝平整顺直、无色差、踢脚线出墙厚度一致，相邻高差不大于0.2mm。

2. 板块地面	2.1 总体要求
	3. 铺设地面砖时，通体砖缝宽一般为 1～2mm。砖缝应用与砖颜色协调的专用填缝剂嵌填。 4. 地面用石材应六面涂刷防护剂，涂刷遍数不得少于 2 遍。防护剂的防水性和耐污性应符合相应的规范要求。 5. 石材面层一般采用密缝处理（1mm 以内），接缝平直严密，擦缝饱满美观。铺设大理石、花岗石、人造石材等面层，一般不留缝隙，接缝应严密。大面积、长通道应适当留置分仓缝，应尽可能保证石材整体性。 6. 石材地面施工时对施工难度大的拼花图案要先进行预拼装。预拼好的石材要双向编号，然后分类竖向堆放待用。

<table>
<tr><th>2. 板块地面</th><th colspan="2">2.2 细节做法</th></tr>
<tr><td>综合排布</td><td>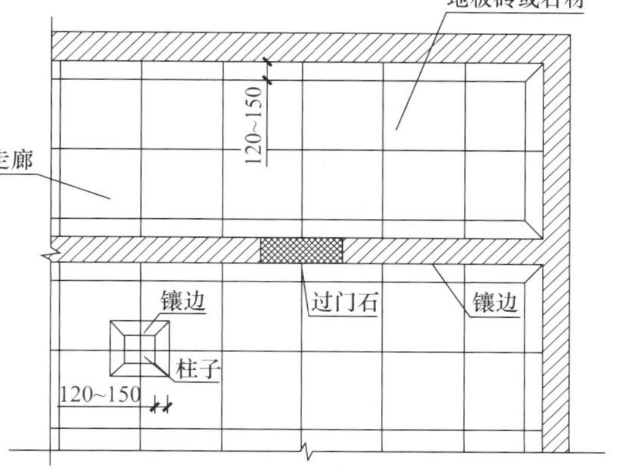
</td><td></td></tr>
<tr><td>控制要点</td><td colspan="2">1. 墙边以波打线调整尺寸，保证中间部位整砖铺贴。
2. 地砖与墙交接处严丝合缝，墙砖压地砖。
3. 地砖与墙角镶边靠墙处要紧密结合，采用 45°角对缝，边角整齐光滑。
4. 阴阳角须对角，拼缝间平行或垂直，不同砖（如波打线和其他地砖）顺缝连续平直，相邻阴阳角拼缝必须整体成平行四边形且角缝与墙角对缝，保证地砖铺设方正。</td></tr>
</table>

<table>
<tr><td>2. 板块地面</td><td colspan="2">2.2 细节做法</td></tr>
<tr><td>干铺法施工</td><td>石材地面
石材专用胶黏剂
1：3干硬性水泥砂浆结合层
素水泥捣浆处理
建筑结构层</td><td> </td></tr>
<tr><td>控制要点</td><td colspan="2">1. 通过试铺调整纹理，控制色差、色斑、裂纹等。
2. 根据石材颜色选择结合层的水泥（普通或白色），干硬性砂浆严格控制配比，不应掺杂落地灰、垃圾。
3. 铺装完成后不应立即勾缝，让底层的黏结层干燥，防止过早封闭，潮气无法扩散。</td></tr>
</table>

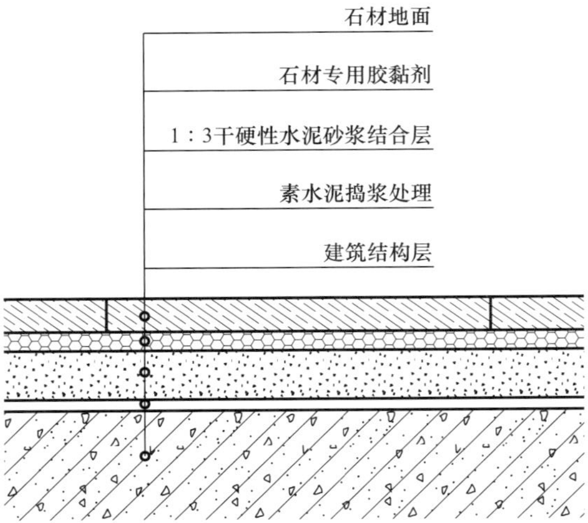

2. 板块地面	2.2 细节做法
湿铺法施工	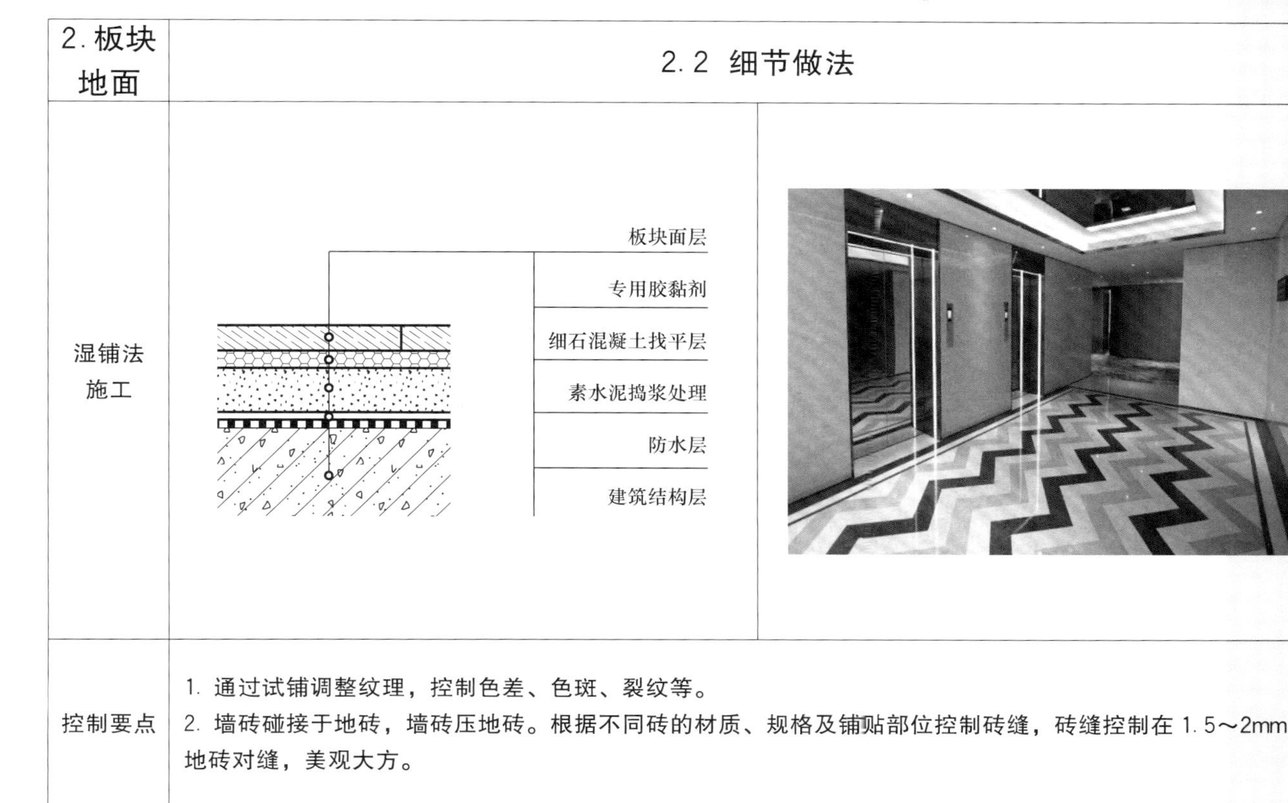
控制要点	1. 通过试铺调整纹理，控制色差、色斑、裂纹等。 2. 墙砖碰接于地砖，墙砖压地砖。根据不同砖的材质、规格及铺贴部位控制砖缝，砖缝控制在 1.5～2mm；墙地砖对缝，美观大方。

2. 板块地面	2.2 细节做法	
色带	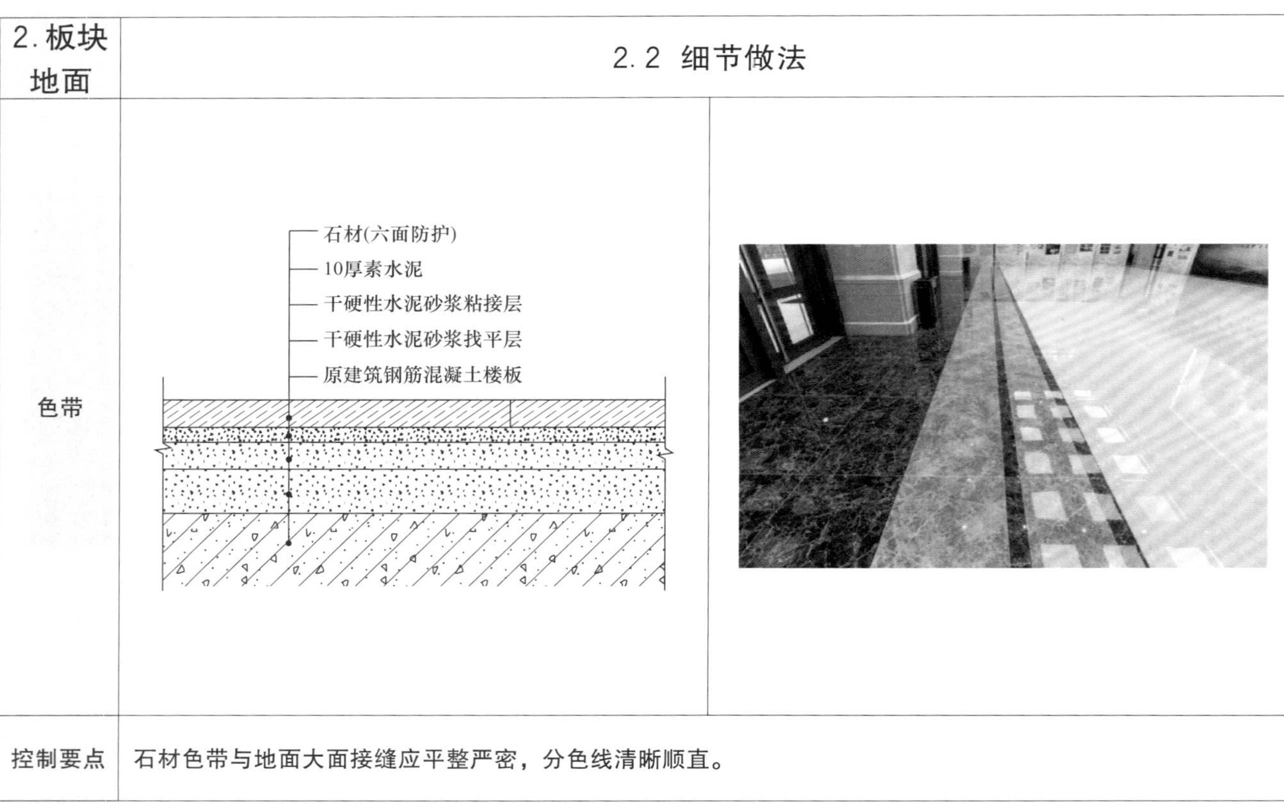	
控制要点	石材色带与地面大面接缝应平整严密，分色线清晰顺直。	

2. 板块地面	2.2 细节做法
电梯门口地面	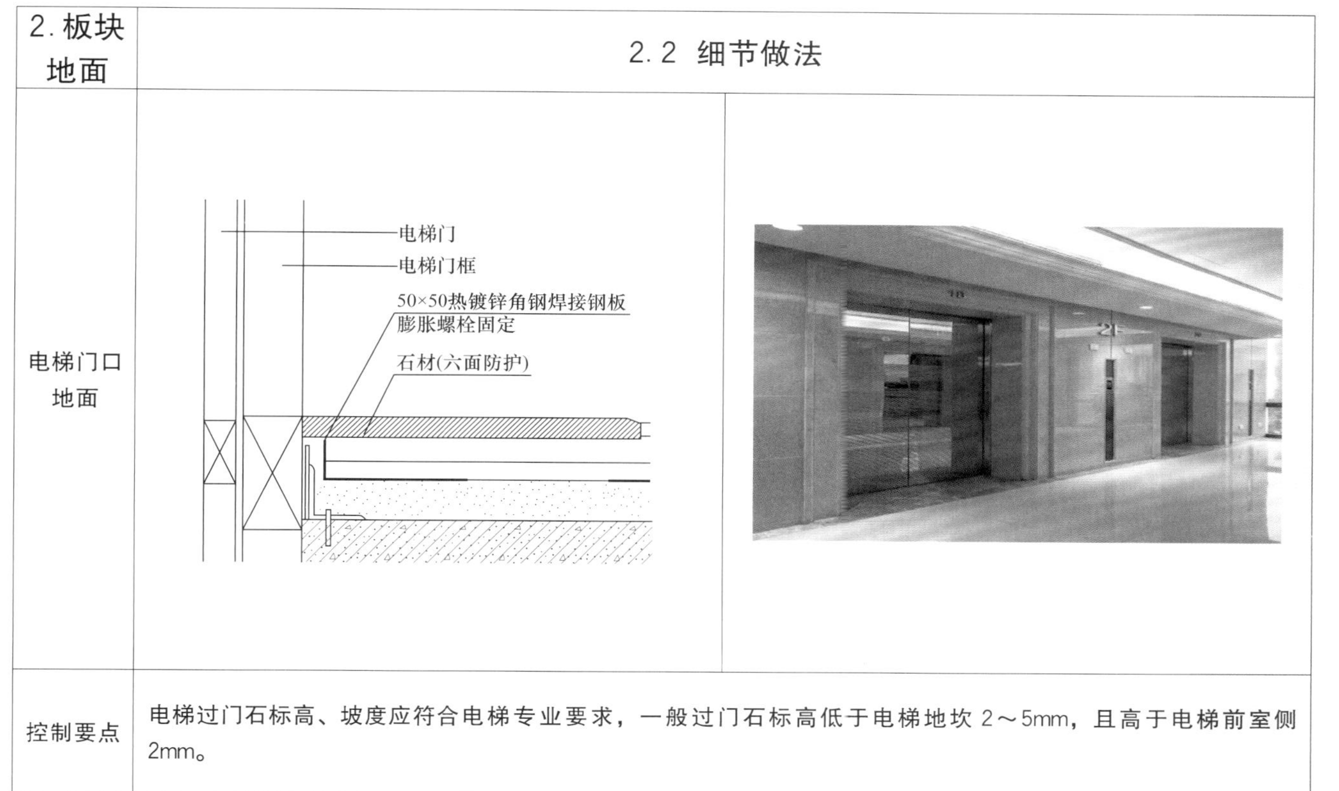
控制要点	电梯过门石标高、坡度应符合电梯专业要求，一般过门石标高低于电梯地坎 2～5mm，且高于电梯前室侧 2mm。

2.板块地面	2.2 细节做法
变形缝	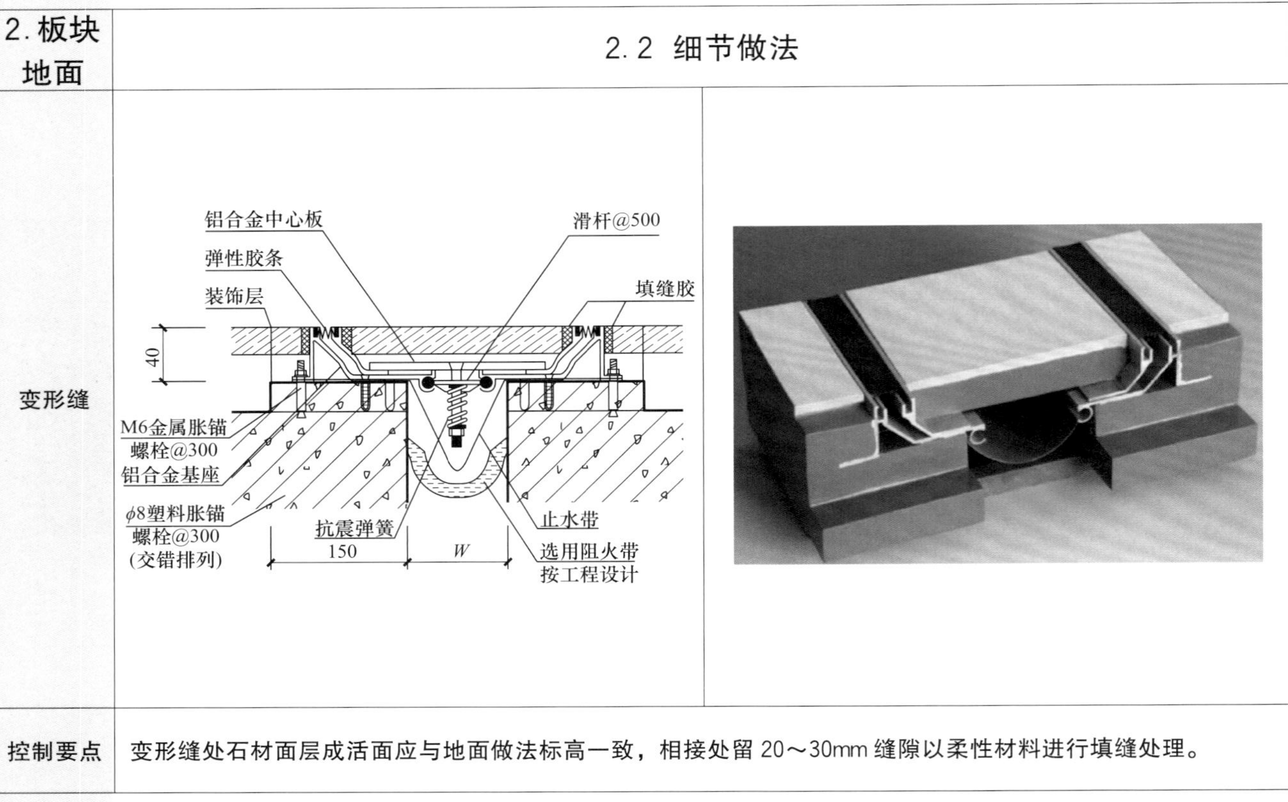
控制要点	变形缝处石材面层成活面应与地面做法标高一致，相接处留 20～30mm 缝隙以柔性材料进行填缝处理。

2. 板块地面	2.2 细节做法
过门石	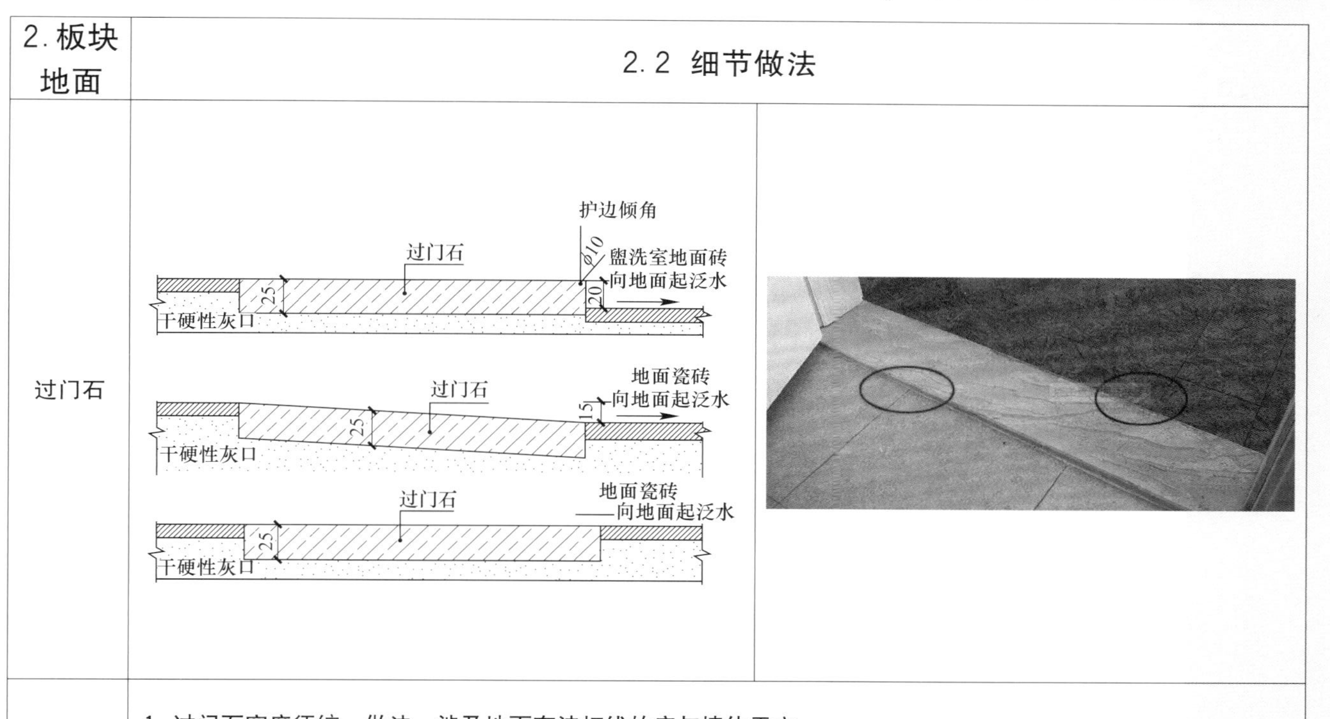
控制要点	1. 过门石宽度须统一做法，涉及地面有波打线的应与墙体平齐。 2. 过门石内侧及入户门过门石两侧必须满足门套脚坐落在过门石上，严禁直落在地面上。

3. 竹木地面	3.1 总体要求
	控制要点：基层平整、干燥、错缝。 质量要求：铺贴平整，贴合紧密，排气通畅。 1. 木地板铺贴基层应做吸尘洁净处理，且含水率不得大于 8%。 2. 与厨房、厕所等潮湿环境相邻处应做防水（防潮）处理。 3. 木龙骨应垫实、钉牢（可采用预埋镀锌铁丝或用膨胀螺栓），与柱、墙之间留出 30mm 的缝隙，表面应平直，其间距不宜大于 300mm。 4. 当面层下垫层地板（毛地板）为纯棱料时，其宽度不宜大于 120mm。毛地板与龙骨成 30°角或 45°角斜向钉牢。板间缝隙不应大于 3mm，板与柱、墙之间应留 5～8mm 的空隙。 5. 木地板缝隙宽度应均匀一致、严密，与柱、墙间应留 5～8mm 的空隙。 6. 实木复合地板采用整贴或点粘法铺设时，相邻板材接缝不应小于 300mm，与墙之间留缝不小于 10mm。

3. 竹木地面	3.2 细节做法
	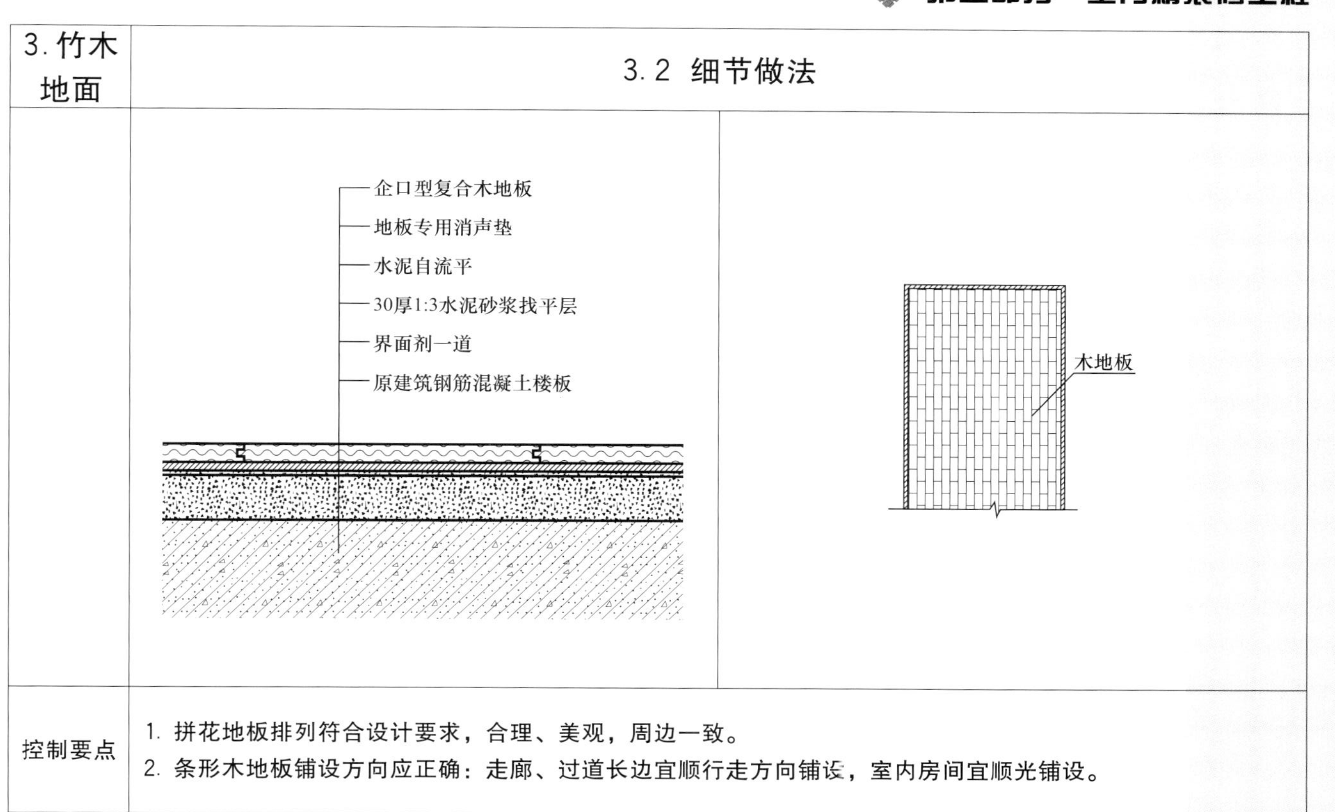
控制要点	1. 拼花地板排列符合设计要求，合理、美观，周边一致。 2. 条形木地板铺设方向应正确：走廊、过道长边宜顺行走方向铺设，室内房间宜顺光铺设。

3. 竹木地面	3.2 细节做法
	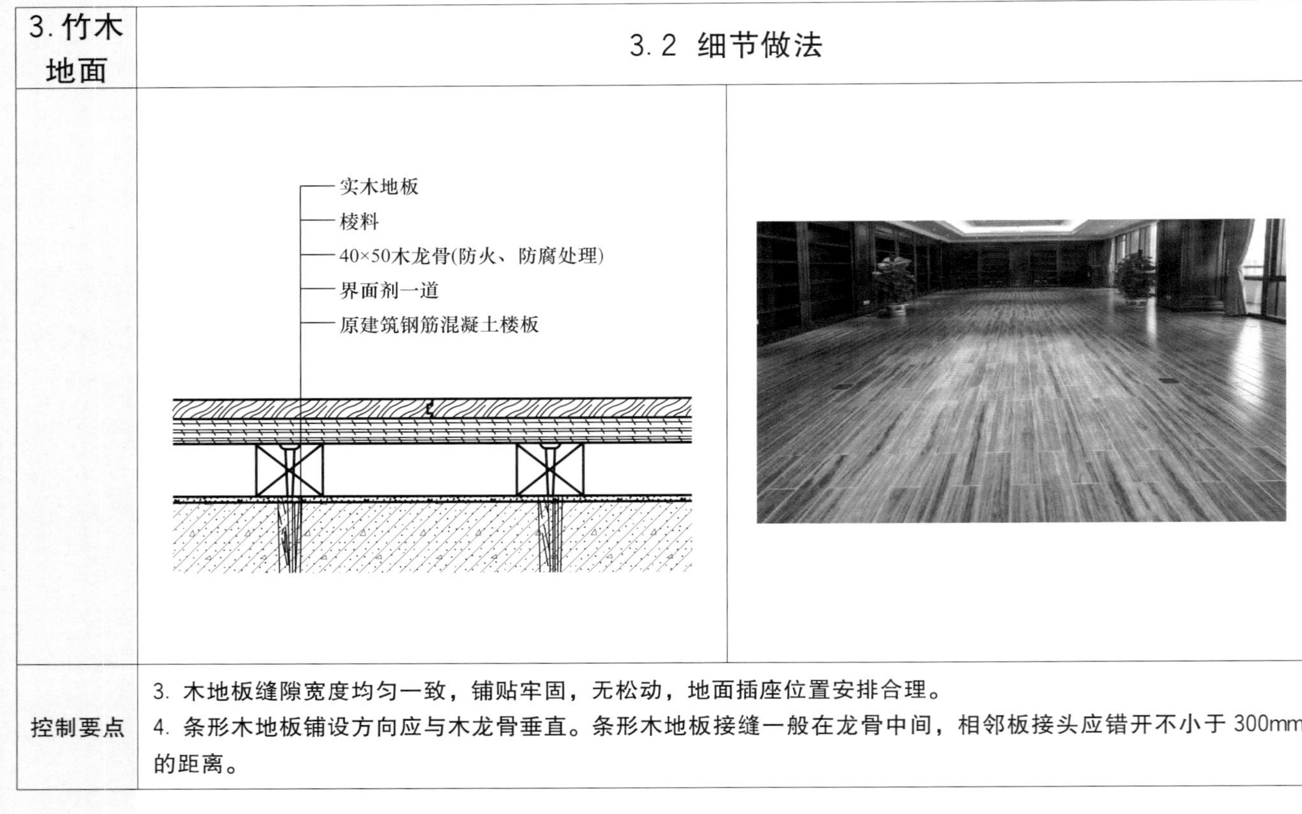
控制要点	3. 木地板缝隙宽度均匀一致，铺贴牢固，无松动，地面插座位置安排合理。 4. 条形木地板铺设方向应与木龙骨垂直。条形木地板接缝一般在龙骨中间，相邻板接头应错开不小于 300mm 的距离。

3. 竹木地面	3.2 细节做法	
	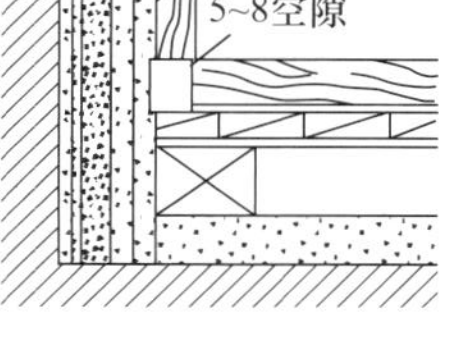	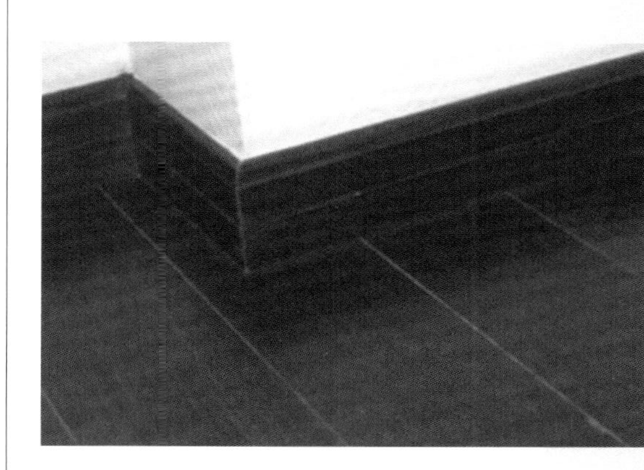
控制要点	5. 木踢脚板在靠墙的一面开成凹槽，并每隔 1m 留置直径 6mm 的通风孔。木踢脚板在阴阳角处应割成 45°角拼装。 6. 木踢脚线与地面交接处宜做打胶处理。竹木地面与柱、墙之间应留 5～8mm 的空隙。	

3. 竹木地面	3.2 细节做法	
木地板铺装	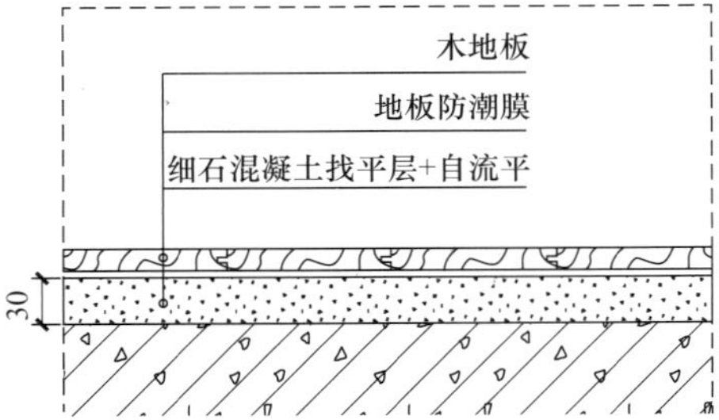 木地板 地板防潮膜 细石混凝土找平层+自流平 30	
控制要点	1. 铺设防潮膜，接缝处搭接 200mm，胶带封严，建议上墙 50mm。 2. 墙边位置预留 8～10mm 伸缩缝，安装弹性卡件，对于超大面积地板铺设应设置变形缝，地板与不同材料收口处采用环保胶黏结固定。 3. 要求颜色过渡自然，不应出现明显跳色。	

3. 竹木地面	3.2 细节做法
木地面与石材/瓷砖收口	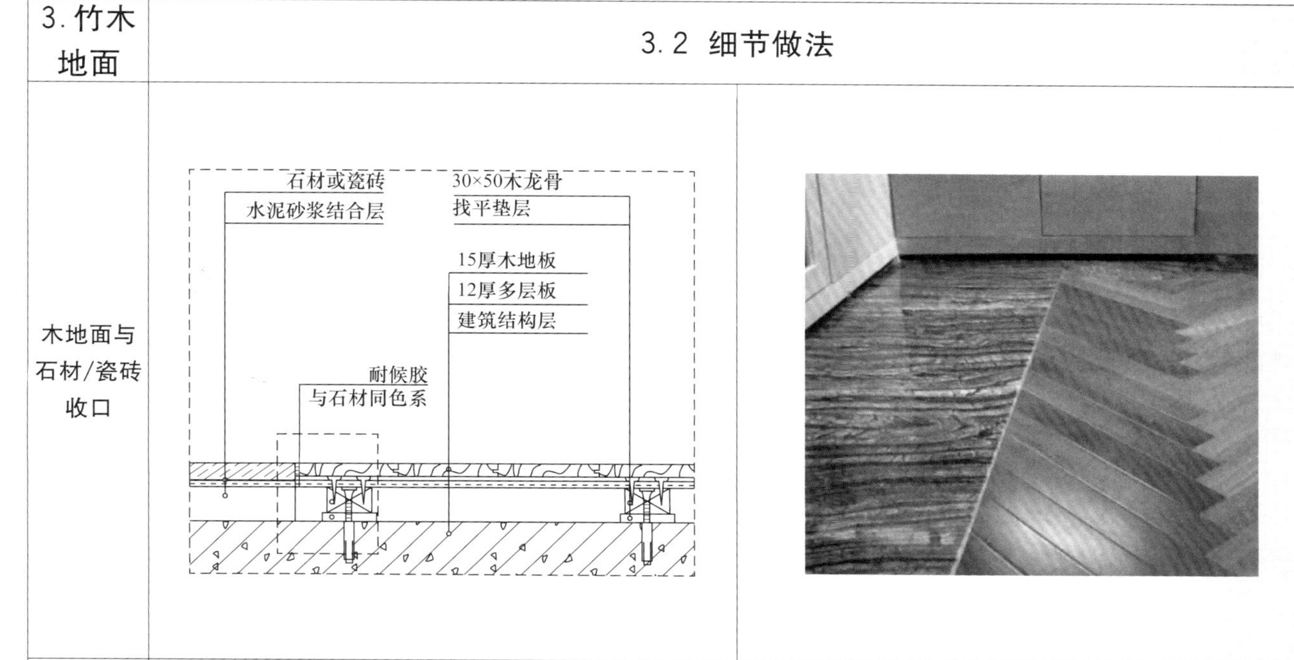
控制要点	1. 木地板与大理石地面及地面石材圈边交接处，预留3mm伸缩缝，采用与地板同色系的耐候胶填缝。确保木地板安装牢固、平整，与石材地面同标高，采用美纹纸定位，防止污染及控制胶缝宽直度。

3. 竹木地面	3.2 细节做法
木地面与石材/瓷砖收口	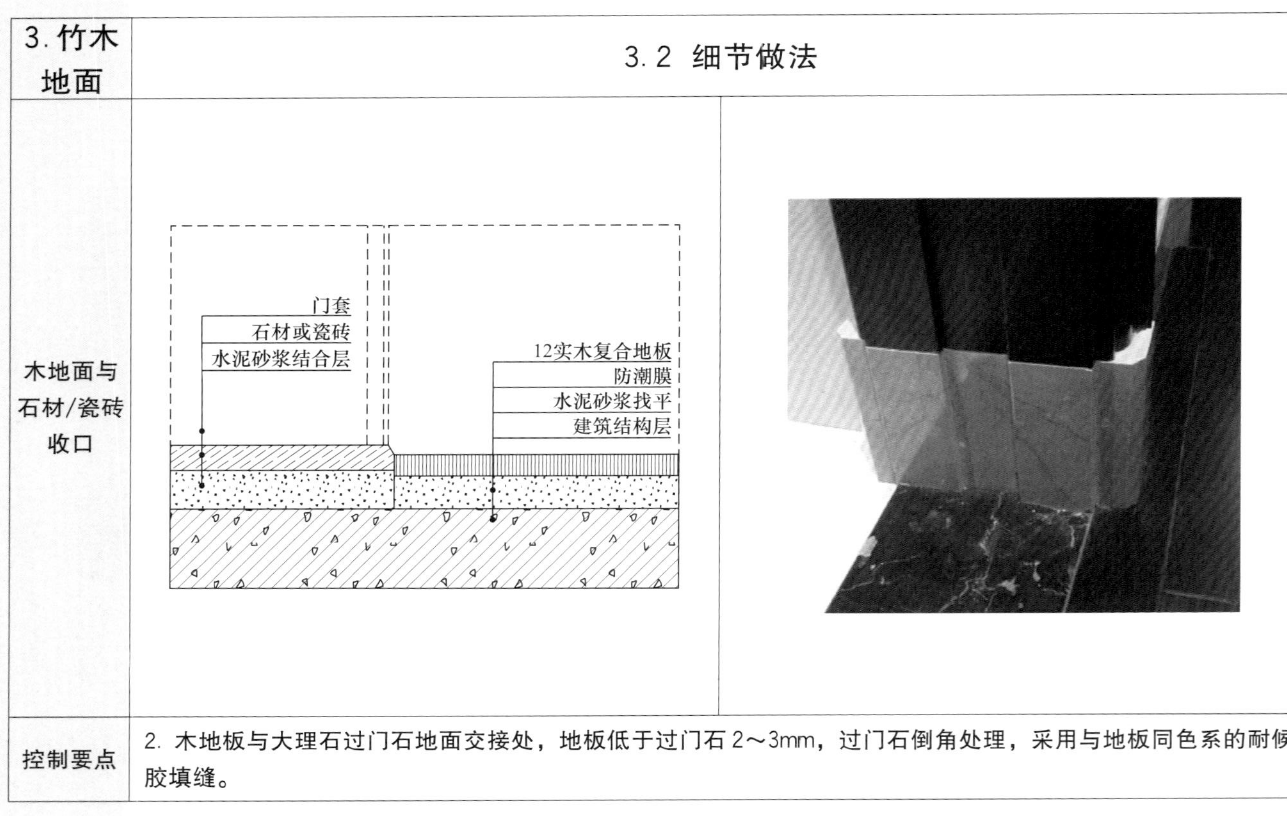
控制要点	2. 木地板与大理石过门石地面交接处，地板低于过门石 2～3mm，过门石倒角处理，采用与地板同色系的耐候胶填缝。

4. 整体地面	4.1 总体要求
地毯	控制要点：基层平整、干燥、拼花、压边。 质量要求：铺贴平整，压接紧密，拼接精准。 1. 地毯铺设表面平服，拼缝处粘接牢固，严密平整，图案吻合　表面不应起鼓、起皱、翘边、显拼缝、露线；无毛边，绒面毛顺光一致，毯面干净，无污染和损伤。 2. 地毯周边压入踢脚线，地毯拼缝处不露底衬。 3. 地毯上安装地插座的部位应垫实，保证地插座固定牢固，与周边地毯压实，无毛边；整个房间地插座位置应协调合理。

4. 整体地面	4.2 细节做法
地毯	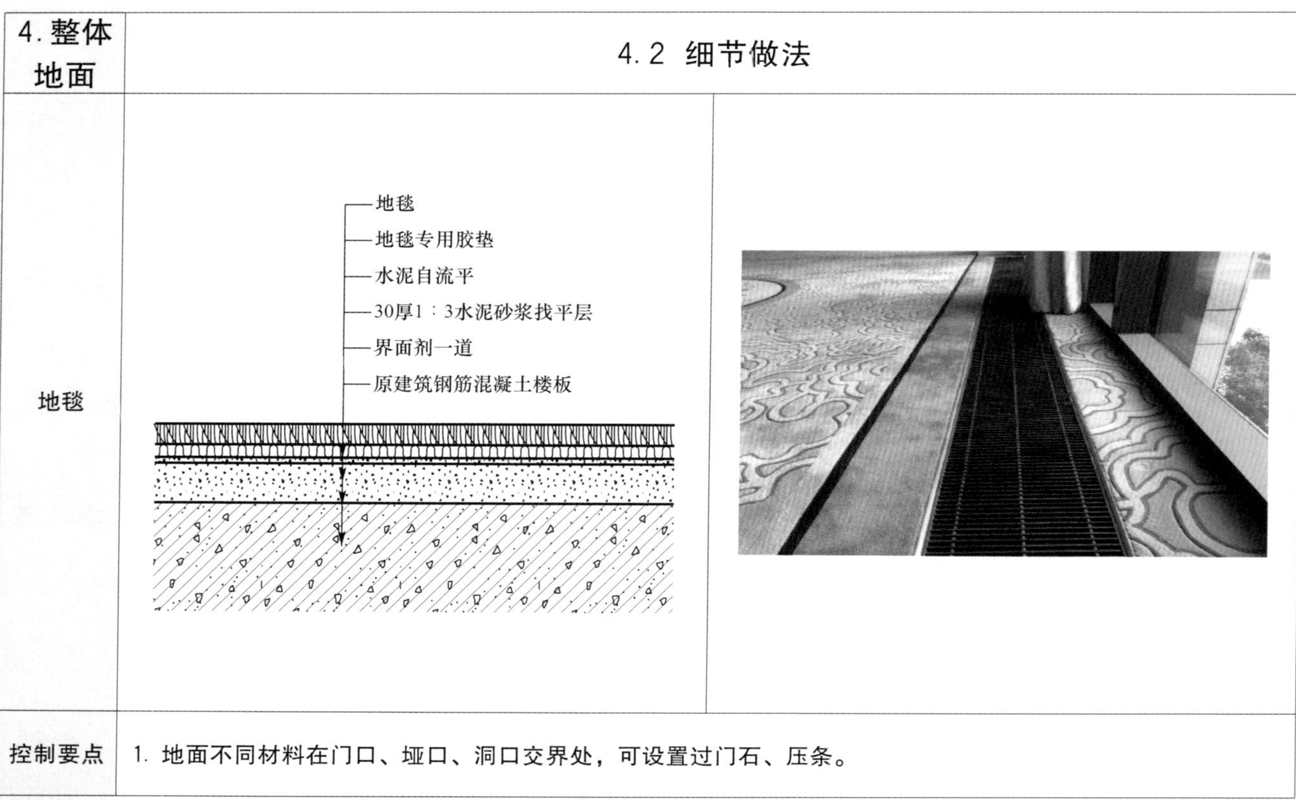
控制要点	1. 地面不同材料在门口、垭口、洞口交界处，可设置过门石、压条。

4. 整体地面	4.2 细节做法
地毯	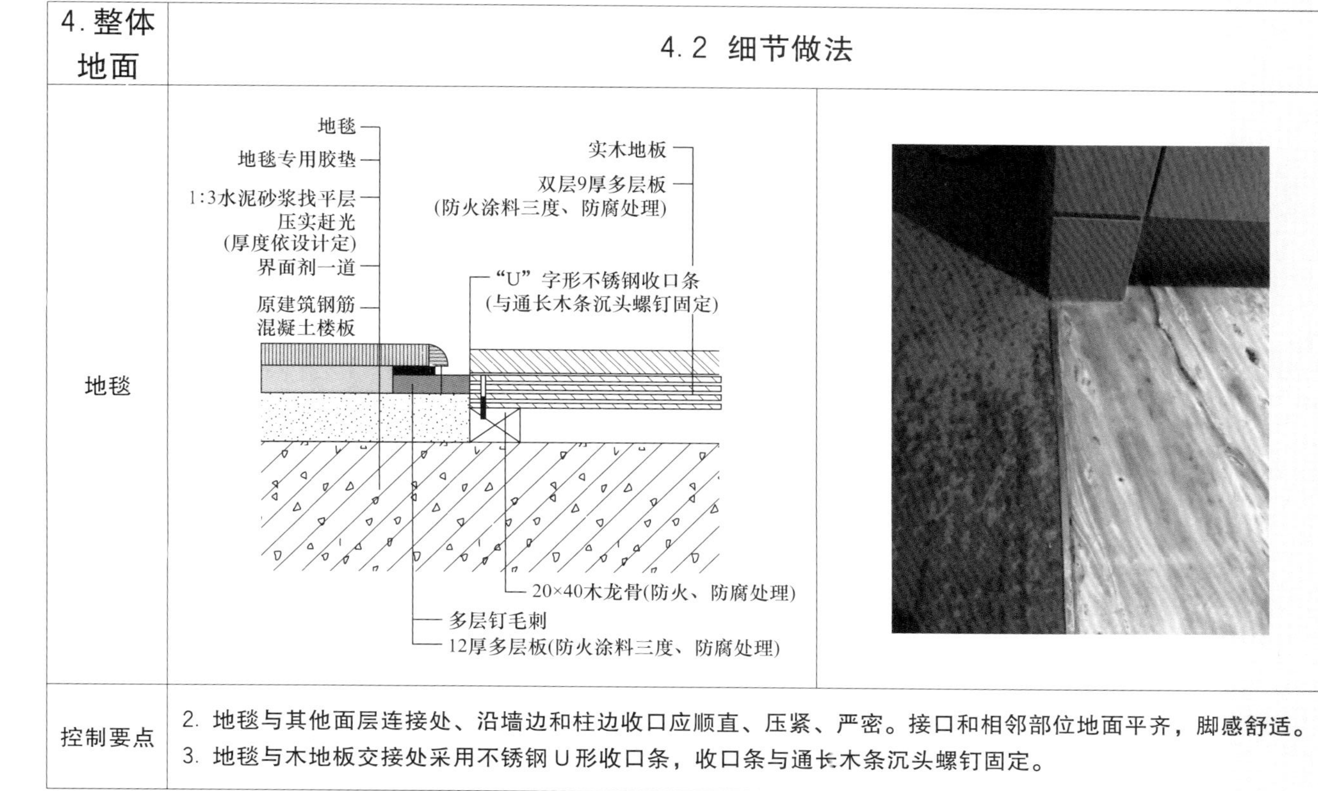
控制要点	2. 地毯与其他面层连接处、沿墙边和柱边收口应顺直、压紧、严密。接口和相邻部位地面平齐，脚感舒适。 3. 地毯与木地板交接处采用不锈钢U形收口条，收口条与通长木条沉头螺钉固定。

4. 整体地面	4.2 细节做法
地毯铺装	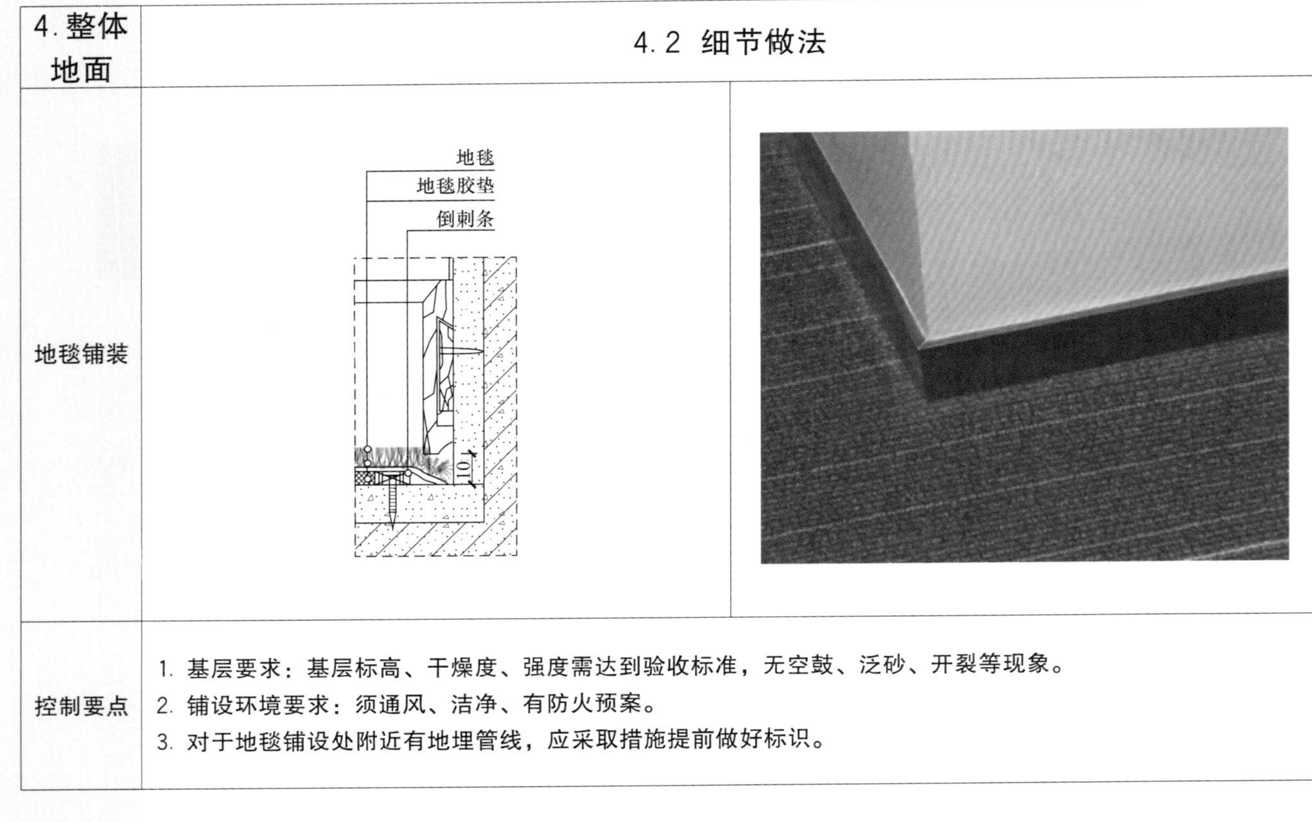
控制要点	1. 基层要求：基层标高、干燥度、强度需达到验收标准，无空鼓、泛砂、开裂等现象。 2. 铺设环境要求：须通风、洁净、有防火预案。 3. 对于地毯铺设处附近有地埋管线，应采取措施提前做好标识。

<table>
<tr><td>4. 整体地面</td><td>4.2 细节做法</td></tr>
<tr><td>地毯铺</td><td>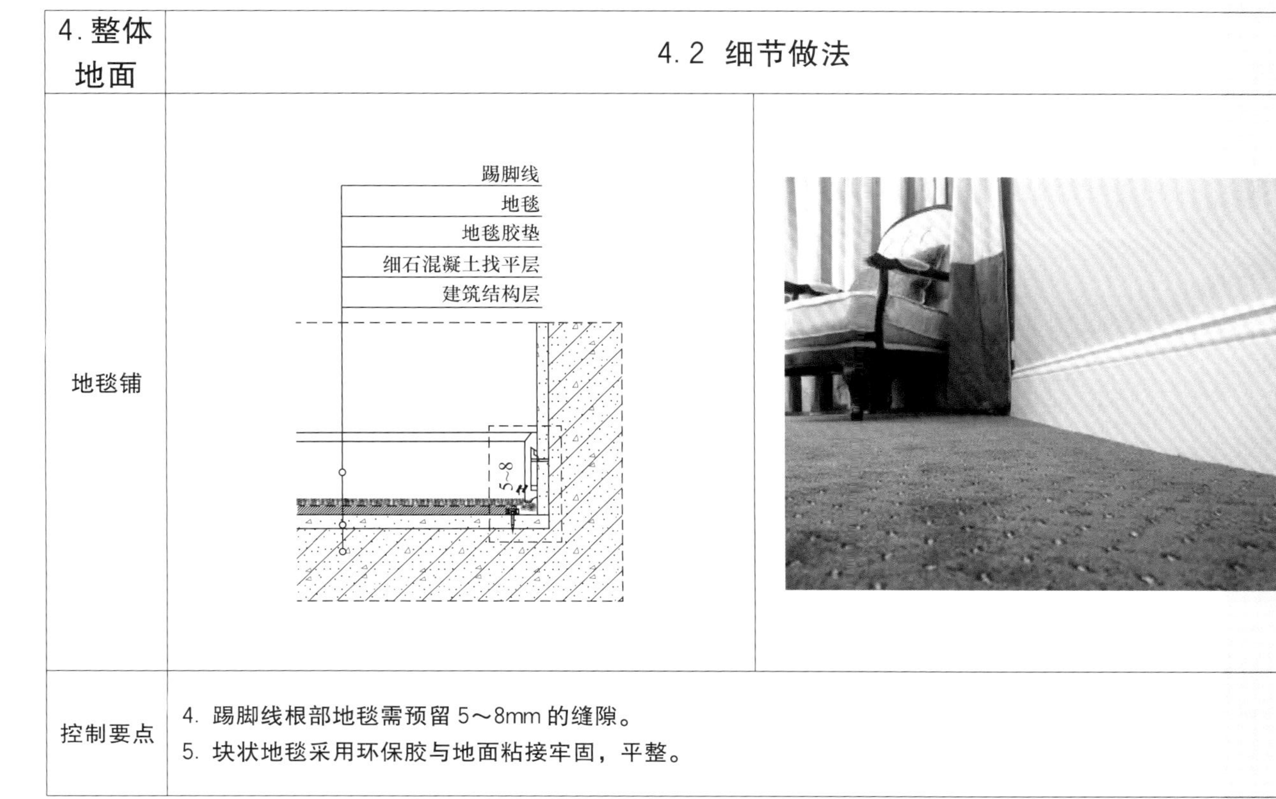
</td></tr>
<tr><td>控制要点</td><td>4. 踢脚线根部地毯需预留 5～8mm 的缝隙。
5. 块状地毯采用环保胶与地面粘接牢固，平整。</td></tr>
</table>

<table>
<tr><td>4. 整体地面</td><td colspan="2">4.3 架空地板</td></tr>
<tr><td>细节做法</td><td colspan="2">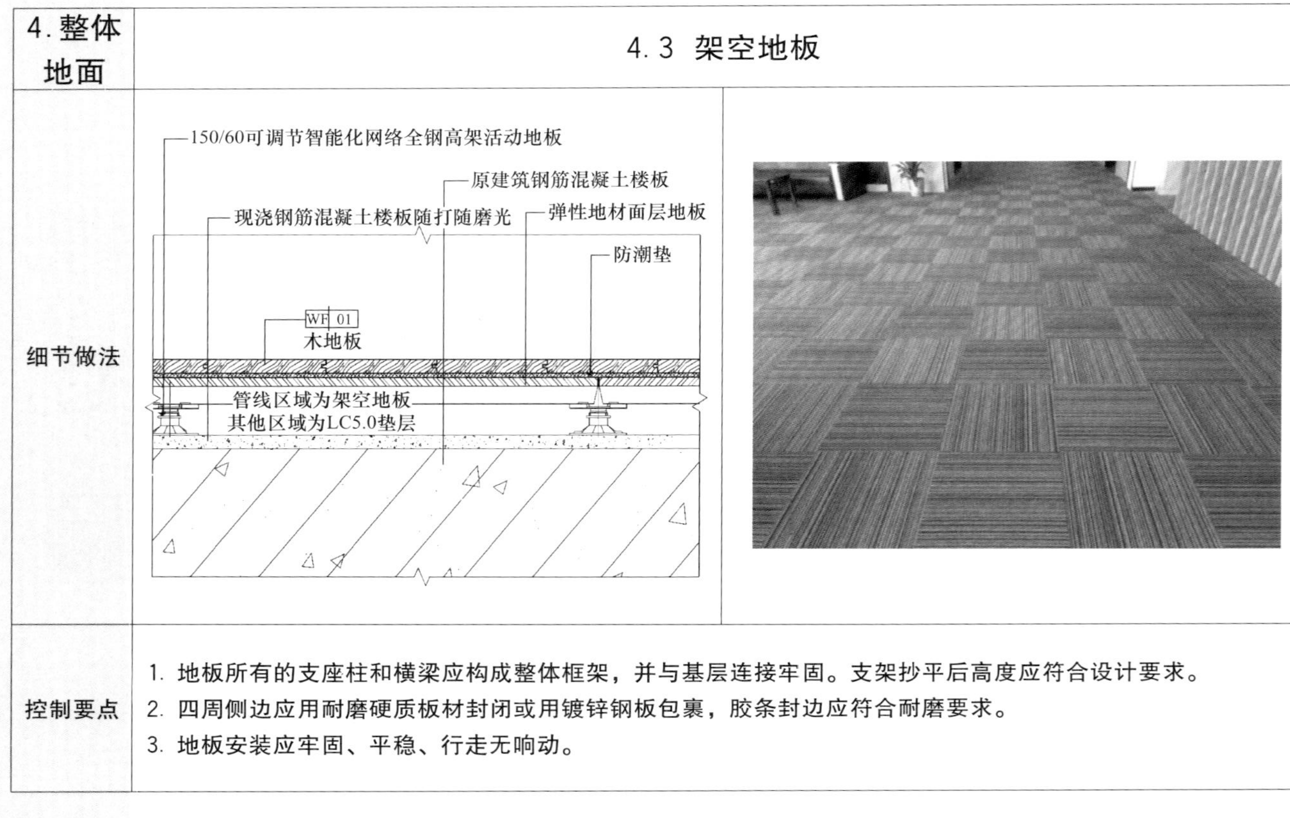
</td></tr>
<tr><td>控制要点</td><td colspan="2">1. 地板所有的支座柱和横梁应构成整体框架，并与基层连接牢固。支架抄平后高度应符合设计要求。
2. 四周侧边应用耐磨硬质板材封闭或用镀锌钢板包裹，胶条封边应符合耐磨要求。
3. 地板安装应牢固、平稳、行走无响动。</td></tr>
</table>

4. 整体地面	4.3 架空地板
细节做法	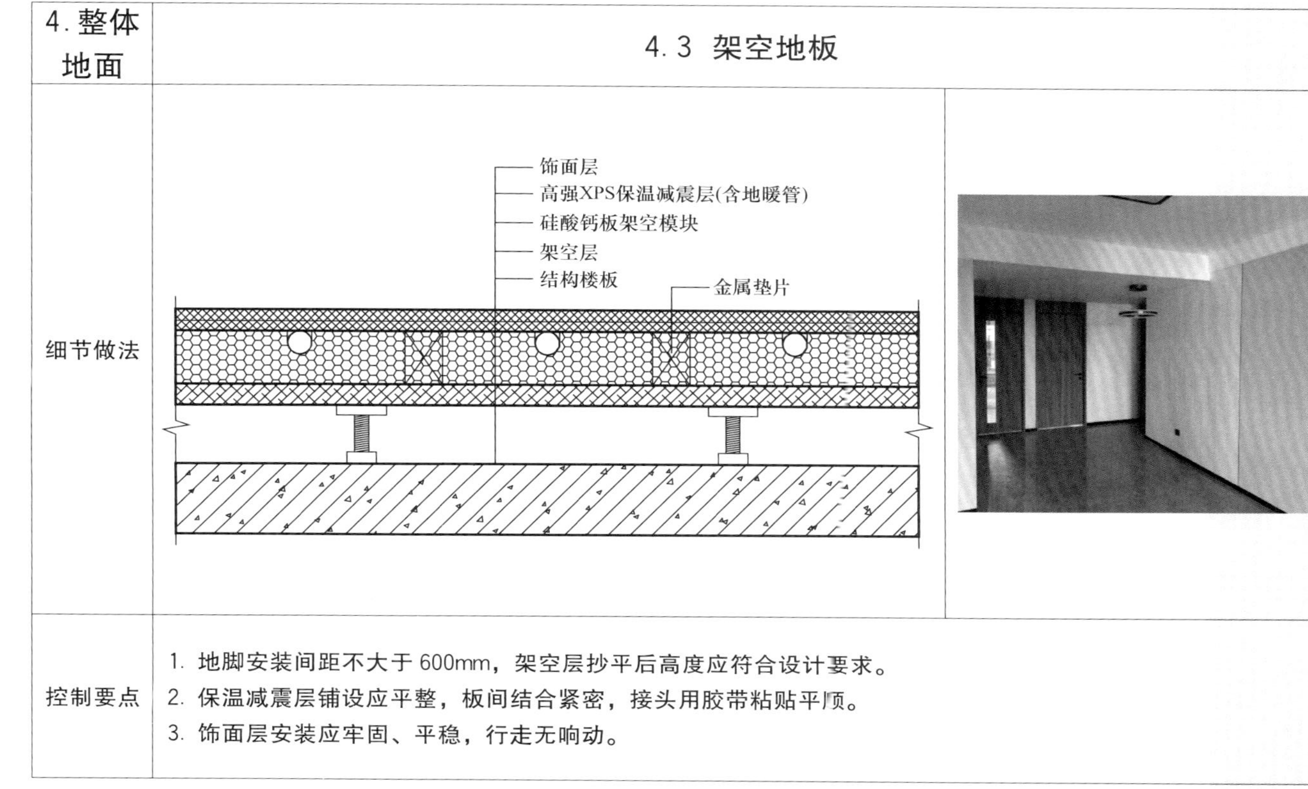
控制要点	1. 地脚安装间距不大于600mm，架空层抄平后高度应符合设计要求。 2. 保温减震层铺设应平整，板间结合紧密，接头用胶带粘贴平顺。 3. 饰面层安装应牢固、平稳，行走无响动。

4. 整体地面	4.4 PVC 地面
PVC 地面	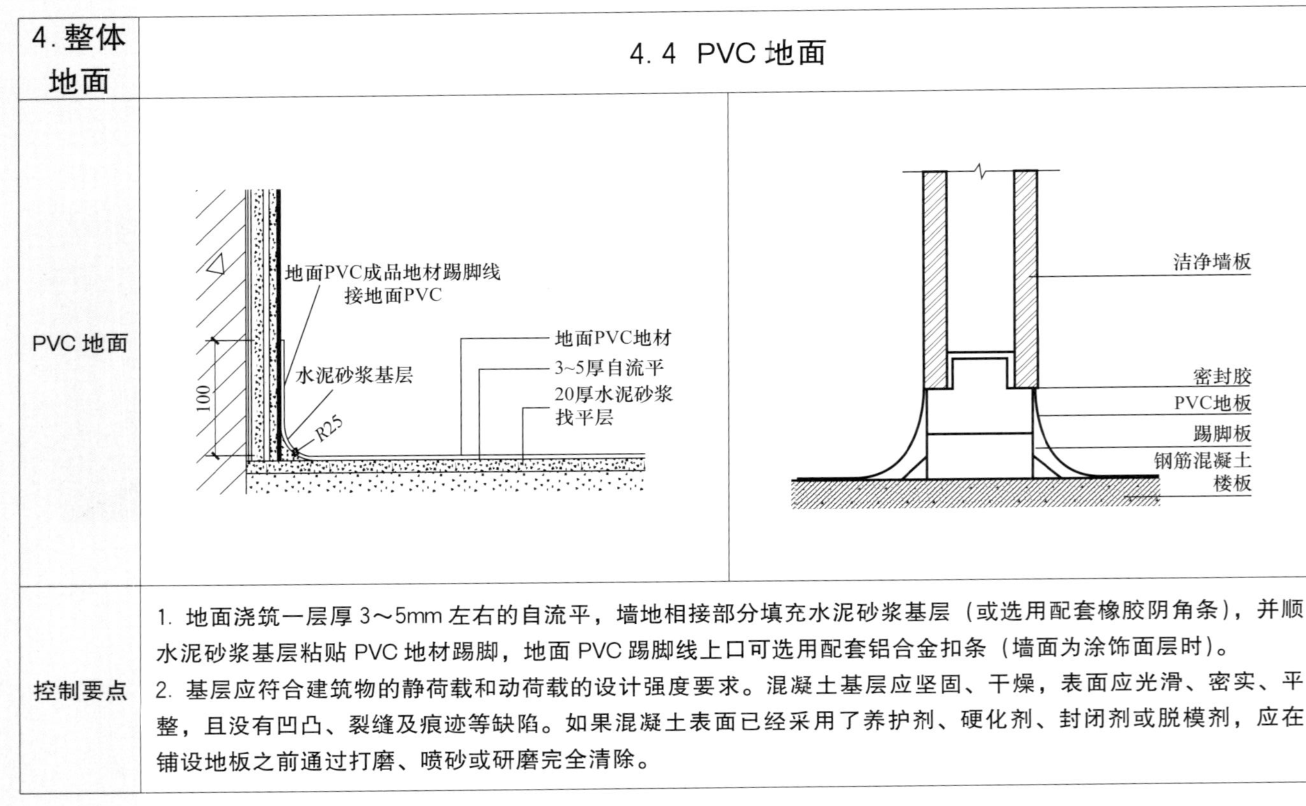
控制要点	1. 地面浇筑一层厚 3～5mm 左右的自流平，墙地相接部分填充水泥砂浆基层（或选用配套橡胶阴角条），并顺水泥砂浆基层粘贴 PVC 地材踢脚，地面 PVC 踢脚线上口可选用配套铝合金扣条（墙面为涂饰面层时）。 2. 基层应符合建筑物的静荷载和动荷载的设计强度要求。混凝土基层应坚固、干燥，表面应光滑、密实、平整，且没有凹凸、裂缝及痕迹等缺陷。如果混凝土表面已经采用了养护剂、硬化剂、封闭剂或脱模剂，应在铺设地板之前通过打磨、喷砂或研磨完全清除。

4. 整体地面	4.4 PVC 地面
PVC 地面	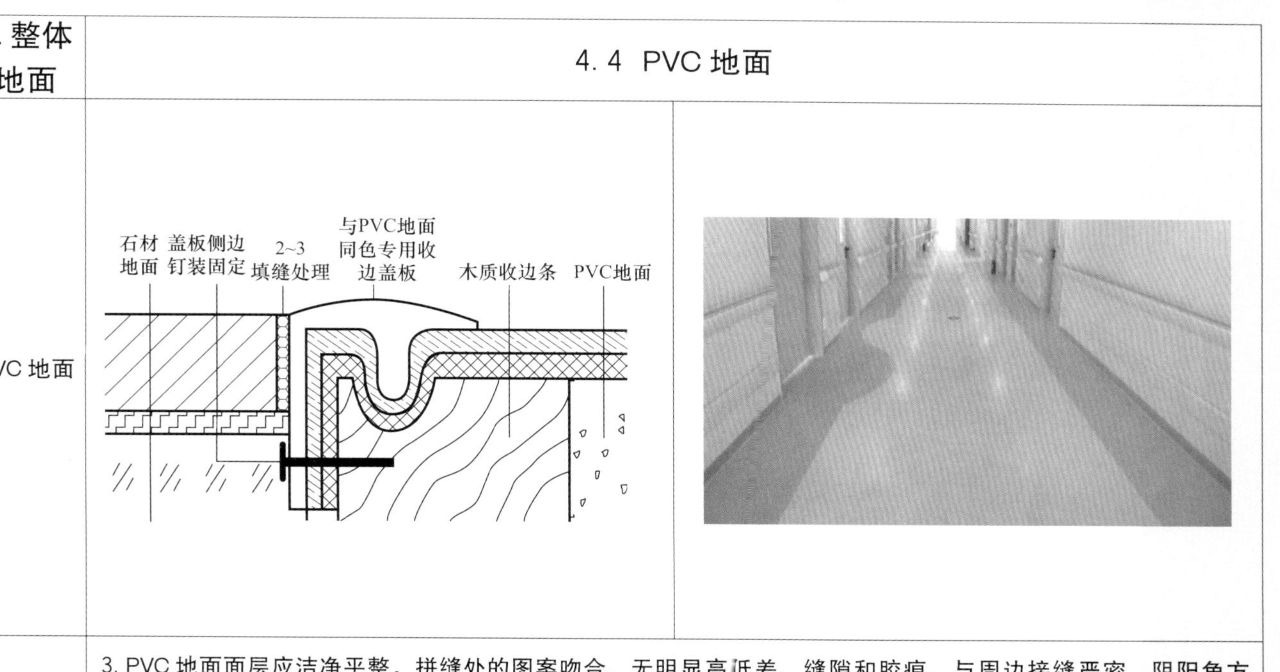
控制要点	3. PVC 地面面层应洁净平整，拼缝处的图案吻合，无明显高低差、缝隙和胶痕。与周边接缝严密，阴阳角方正，收边整齐。 4. 与不同材料交接时，应做到分割清晰顺直，采用配套同色专用收边盖板进行收边处理，PVC 在距边界 8～10mm 处应做伸缩余量处理并与收边条可靠连接，收边盖板侧边与石材侧边留置 2～3mm 缝隙做填缝。

4. 整体地面	4.5 装配式整体地面
	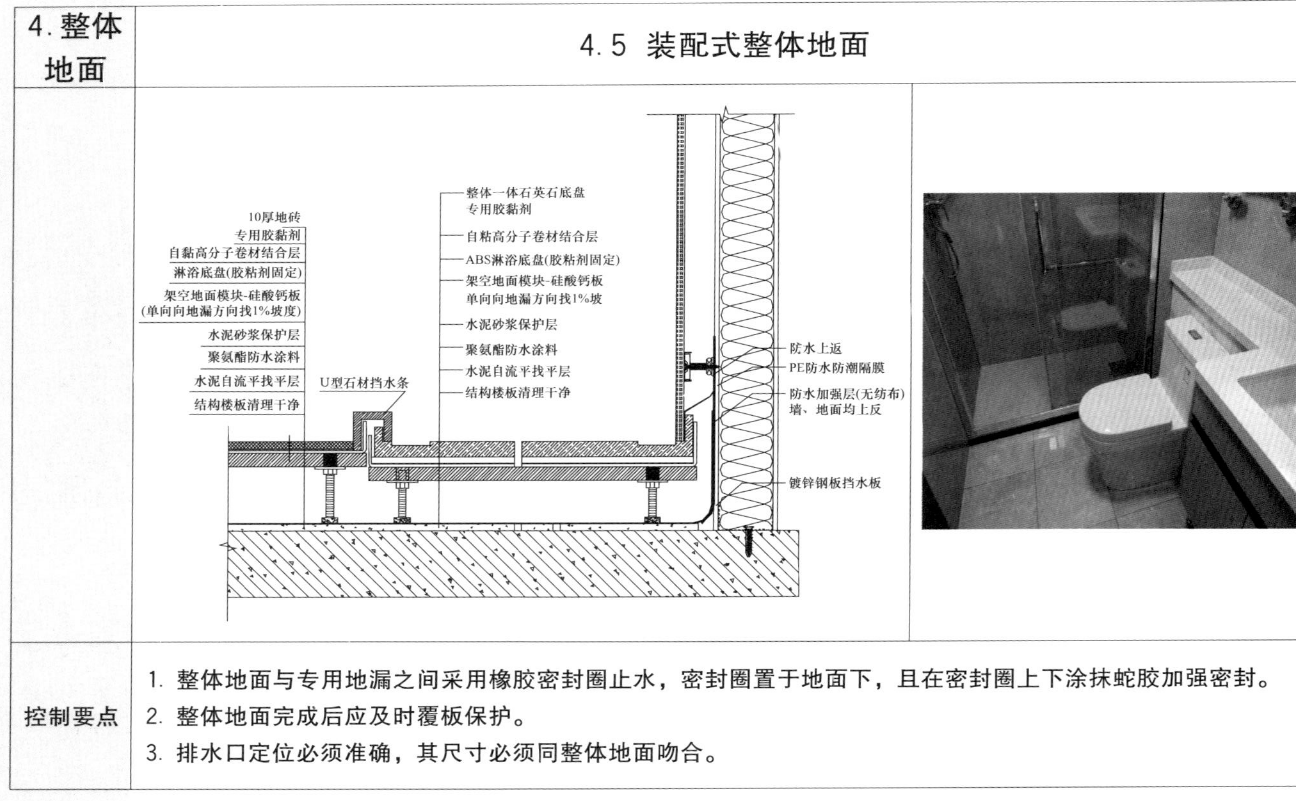
控制要点	1. 整体地面与专用地漏之间采用橡胶密封圈止水，密封圈置于地面下，且在密封圈上下涂抹蛇胶加强密封。 2. 整体地面完成后应及时覆板保护。 3. 排水口定位必须准确，其尺寸必须同整体地面吻合。

5. 精装吊顶	5.1 总体要求
	1. 吊顶标高、尺寸、起拱和造型应符合设计要求。 2. 饰面材料的材质、品种、规格、图案和颜色应符合设计要求。 3. 吊杆、龙骨的材质、规格、安装间距及连接方式应符合设计要求，按要求进行防腐、防火处理。吊顶用吊杆严禁挪做机电管道、线路吊挂用。 4. 石膏板、水泥纤维板等板材的接缝应按其施工工艺标准进行板缝处理，安装双层板时，面层与基层板的接缝应错开，并不得在同一根龙骨接缝上。 5. 吊杆距主龙骨端部距离不得大于 300mm，大于 300mm 时，应增加吊杆。当吊杆长度大于 1.5m 时，应设置反支撑，大于 2.5m 时设置钢结构转换层。 6. 重量大于 3kg 的灯具、电扇及其他重型设备，应另设吊挂件与结构连接。 7. 面板的安装应稳固严密，面板与龙骨的搭接宽度应大于龙骨受力面宽度的 2/3；当面板为玻璃时，应使用安全玻璃并采取可靠的安全措施。 8. 饰面材料表面应洁净、色泽一致，不得有翘曲、裂缝及缺损。压条应平直、宽窄一致。 9. 饰面板上的灯具、烟感器、喷淋头、风口箅子等设备的位置应合理、美观，与饰面板的交接应吻合、严密。 10. 金属吊杆、龙骨的接缝应均匀一致，角缝应吻合，表面应平整，无翘曲、锤印。木质吊杆、龙骨应顺直，无劈裂、变形。 11. 吊顶内填充吸声材料的品种和铺设厚度应符合设计要求，并应有防散落措施。

5.精装吊顶	5.2 综合排布
	1. 由总承包单位牵头组织，各专业配合对施工图纸进行相应的“叠图”工作，根据情况调整末端点位，调整管线位置，最终将所有的专业在顶棚上的末端点位，合理整合在一起，最终指导各专业施工。 2. 吊顶标高、尺寸、起拱、伸缩缝、分格缝及造型应符合设计要求。吊顶中各类终端设备口排列应达到整体规划，居中对称，间距均匀，成行成线的观感效果，并且罩面板应交接严密。 3. 块材吊顶材料，施工时应做到墙、地、顶面对缝。走道吊顶应奇数排板，确保喷淋头、灯具、烟感、风口居中成线排列；当材料规格限制不能做到奇数整块排板时，可采用吊顶两侧加条板处理，避免整板切割。 4. 格栅间距均匀、端部整齐，末端设备排列合理。格栅吊顶应安装牢固、接缝顺直，网格均匀，美观大气。 5. 软膜吊顶内的灯光均匀，分格、分缝符合设计要求，对称美观，边缘整齐，排列顺直、方正。扣边安装整齐、美观，软膜表面无破损、皱褶、明显划伤。

<table>
<tr><td>5. 精装吊顶</td><td colspan="2">5.3 细节做法</td></tr>
<tr><td>综合吊顶</td><td>3600 675 1200 1200 1800 1800 2400 795 165 550 185 550 265 550 550 300 600 300 1200 2400 2700 1250
○ 喷淋头 ⊕ 单头筒灯 摄像头 无线AP
消防烟感 双头筒灯 出风口 回风口</td><td> </td></tr>
<tr><td>控制要点</td><td colspan="2">1. 灯具、烟感、喷淋、风口等应居中对称，成行成线，分布均匀，提前绘制综合吊顶图。
2. 成排成线，间距合理，饰面衔接严密平顺。灯具安装位置准确，牢固端正，排列整齐，清洁干净。
3. 成排安装灯具的中心线偏差小于 5mm。灯具安装位置与消防喷淋、消防广播、消防探测器、摄像头、通风口等其他器具、洞口位置统筹考虑，保证布置合理、间距均匀。</td></tr>
</table>

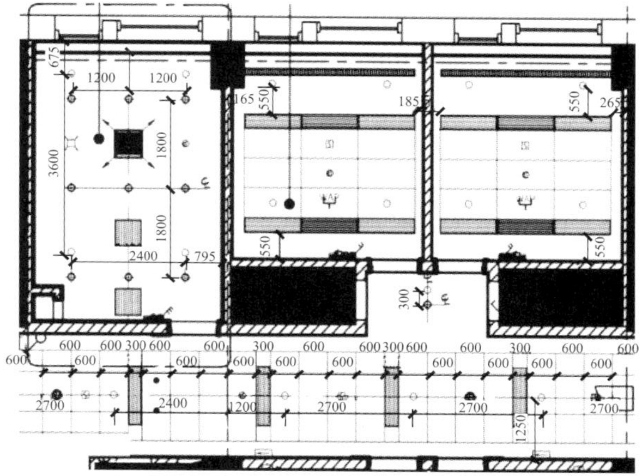

5. 精装吊顶	5.3 细节做法
综合吊顶	
控制要点	4. 安装在天棚上的探测器边缘与下列设施的边缘水平间距宜保持：与照明灯具的水平净距不应小于 0.2m；感温探测器距高温光源灯具（如碘钨灯、容量大于 100W 的白炽灯等）的净距不应小于 0.5m；距电风扇的净距不应小于 1.5m；距不突出的扬声器净距不应小于 0.1m；与各种自动喷水灭火喷头净距不应小于 0.3m；距多孔送风顶棚孔口的净距不应小于 0.5m；与防火门、防火卷帘的间距，一般在 1～2m 的适当位置。喷头溅水盘距常规灯具、送排风口的平面距离不宜小于 0.3m。

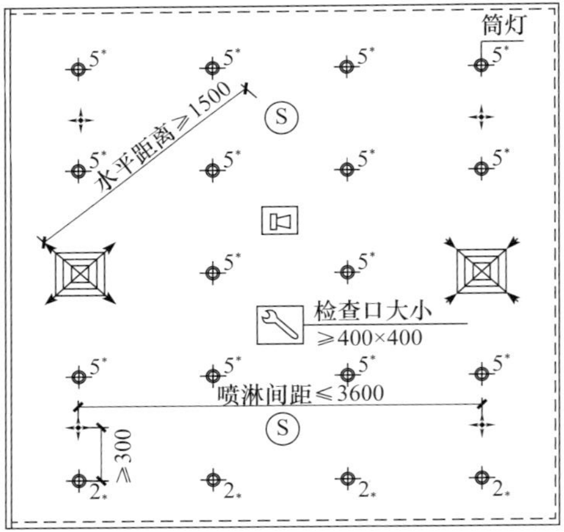

5. 精装吊顶	5.3 细节做法	
伸缩缝	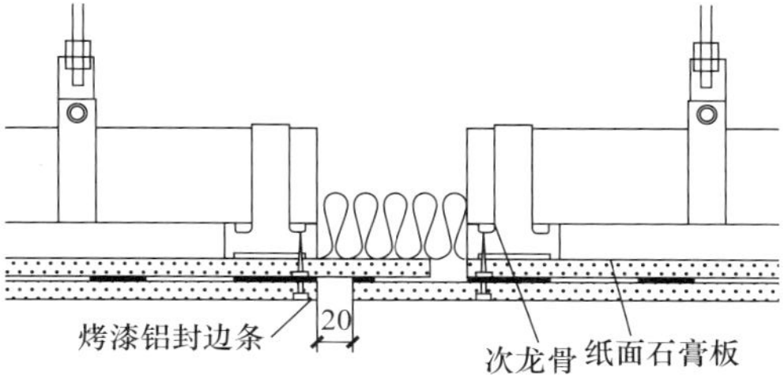 烤漆铝封边条 20 次龙骨 纸面石膏板	盖缝条 12 次龙骨 纸面石膏板
控制要点	1. 当纸面石膏板吊顶长度达到 12m（含）以上或遇到建筑结构变形缝时，必须设置伸缩缝。伸缩缝宽度 20mm、宽度允许偏差小于等于 1mm。 2. 伸缩缝主龙骨、饰面层均应断开。	

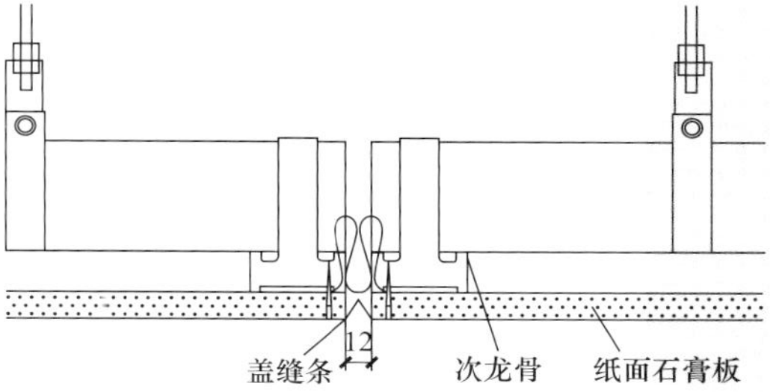

5. 精装 吊顶	5.3 细节做法
吊顶与墙柱交接处	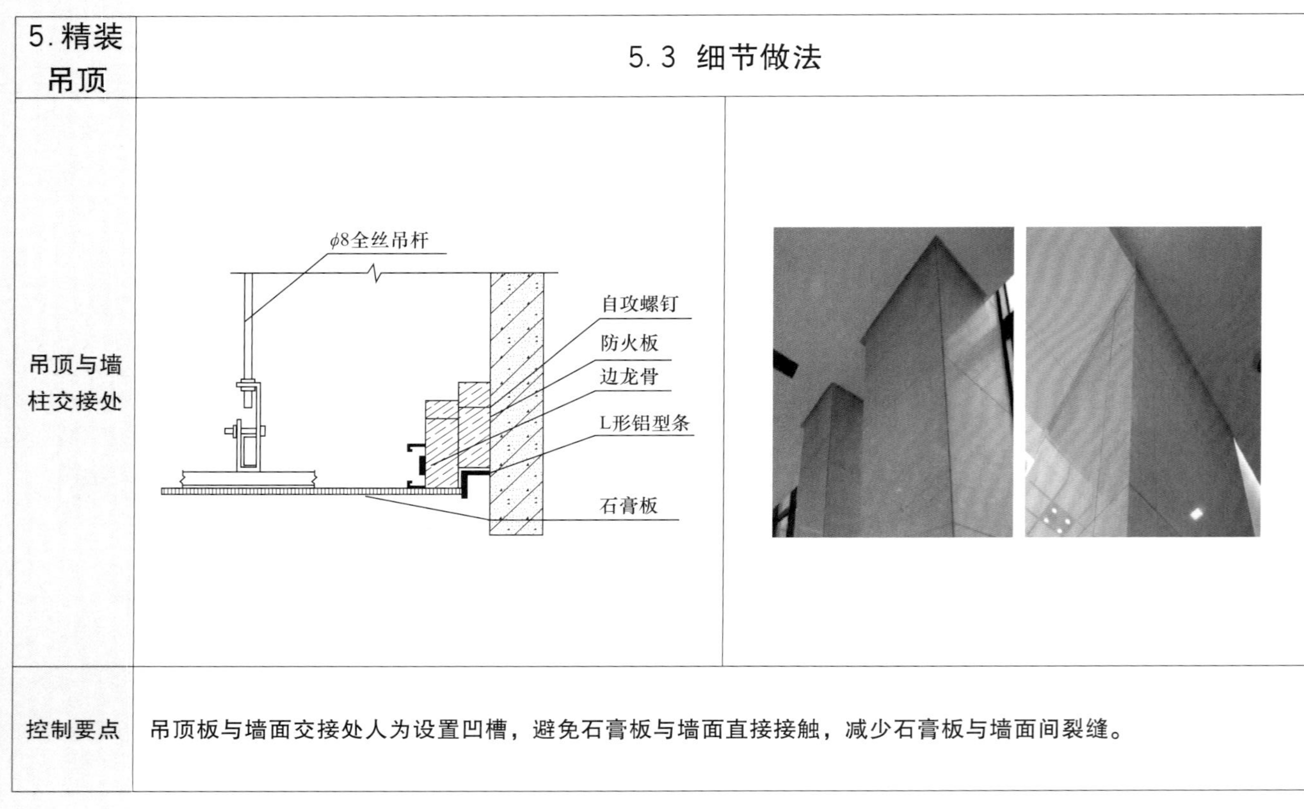
控制要点	吊顶板与墙面交接处人为设置凹槽，避免石膏板与墙面直接接触，减少石膏板与墙面间裂缝。

<table>
<tr><td>5. 精装吊顶</td><td colspan="2">5.3 细节做法</td></tr>
<tr><td>石膏板叠级吊顶</td><td colspan="2">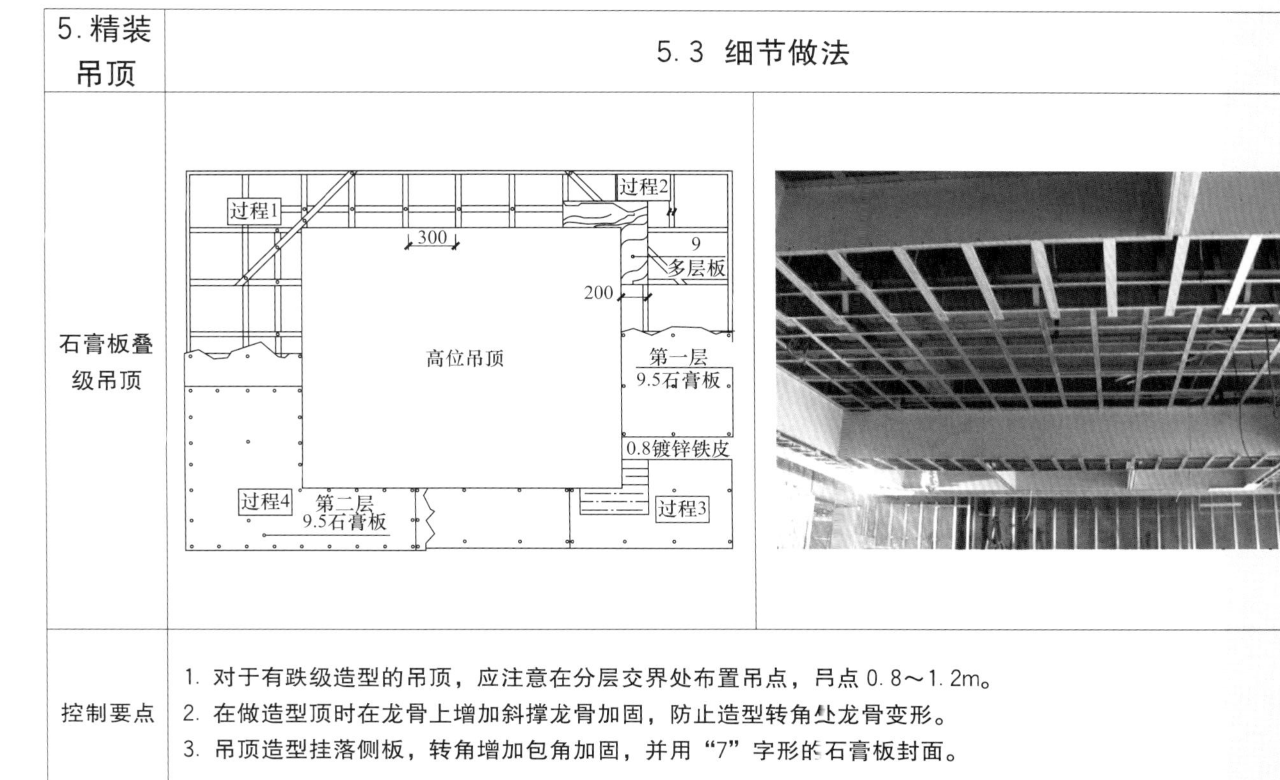</td></tr>
<tr><td>控制要点</td><td colspan="2">1. 对于有跌级造型的吊顶，应注意在分层交界处布置吊点，吊点 0.8～1.2m。
2. 在做造型顶时在龙骨上增加斜撑龙骨加固，防止造型转角处龙骨变形。
3. 吊顶造型挂落侧板，转角增加包角加固，并用“7”字形的石膏板封面。</td></tr>
</table>

5. 精装吊顶	5.3 细节做法
矿棉板吊顶	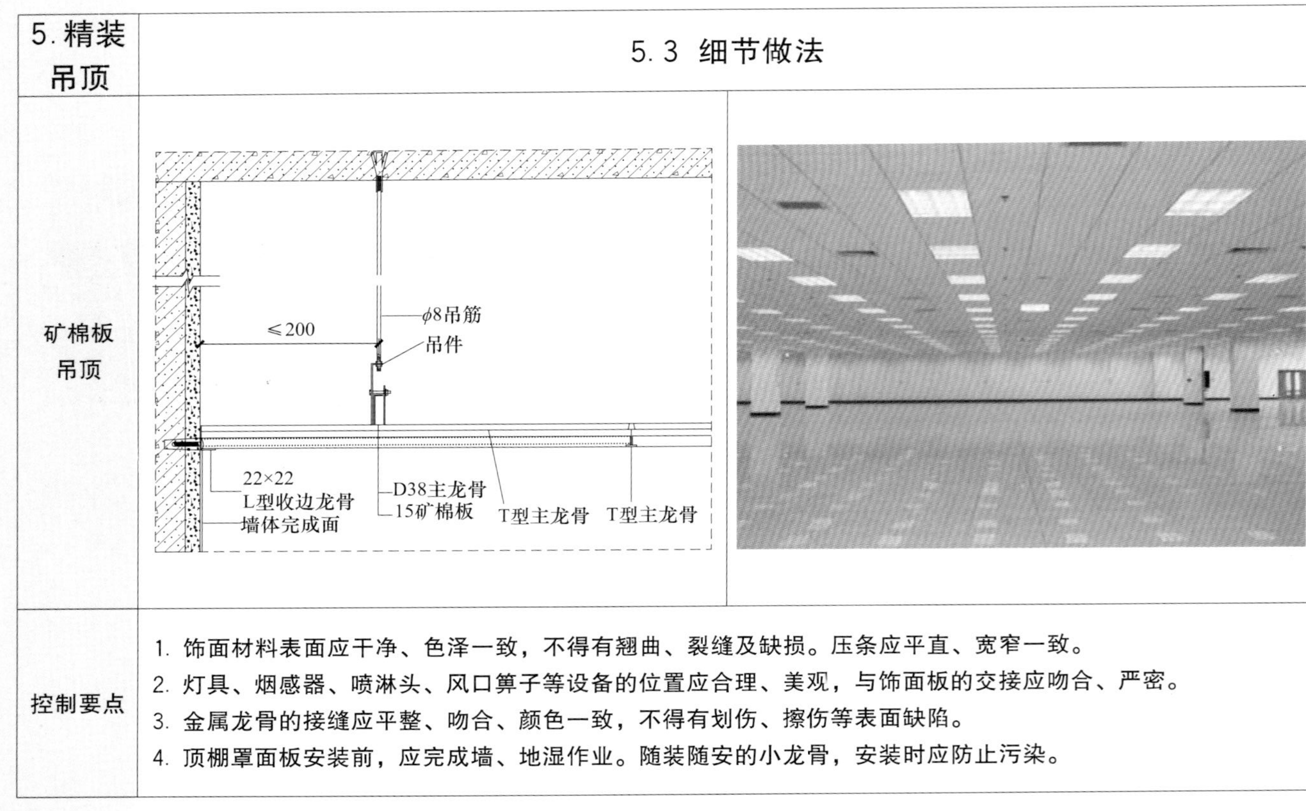
控制要点	1. 饰面材料表面应干净、色泽一致，不得有翘曲、裂缝及缺损。压条应平直、宽窄一致。 2. 灯具、烟感器、喷淋头、风口箅子等设备的位置应合理、美观，与饰面板的交接应吻合、严密。 3. 金属龙骨的接缝应平整、吻合、颜色一致，不得有划伤、擦伤等表面缺陷。 4. 顶棚罩面板安装前，应完成墙、地湿作业。随装随安的小龙骨，安装时应防止污染。

<table>
<tr><td>5. 精装吊顶</td><td colspan="2">5.3 细节做法</td></tr>
<tr><td>铝扣板吊顶</td><td>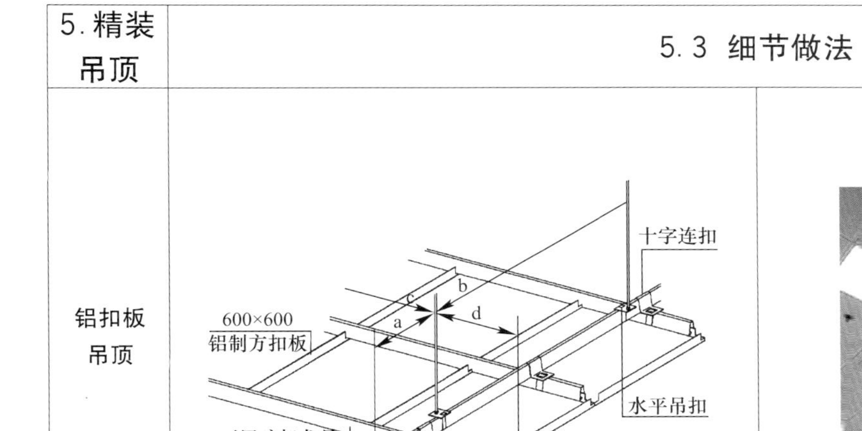
</td><td></td></tr>
<tr><td>控制要点</td><td colspan="2">1. 金属板的板面起拱度准确；表面平整；接缝、接口严密；条形板接口位置排列错开有序，板缝顺直，无错台错位，宽窄一致；阴阳角收边方正；装饰线肩角、割向正确，拼缝严密；异形板排放位置合理、美观。
2. 金属板表面整洁，无翘曲、碰伤，镀膜完好无划痕，颜色协调一致、美观。
3. 铝边条用快干免钉胶和防霉玻璃胶固定在墙砖上，如有缝隙可用同色防霉玻璃胶收口，阴阳角搭接下方边条切单边可 45°角。不能在墙砖上钻孔安装边条，以免损坏墙砖。</td></tr>
</table>

5. 精装吊顶	5.3 细节做法
铝单板吊顶	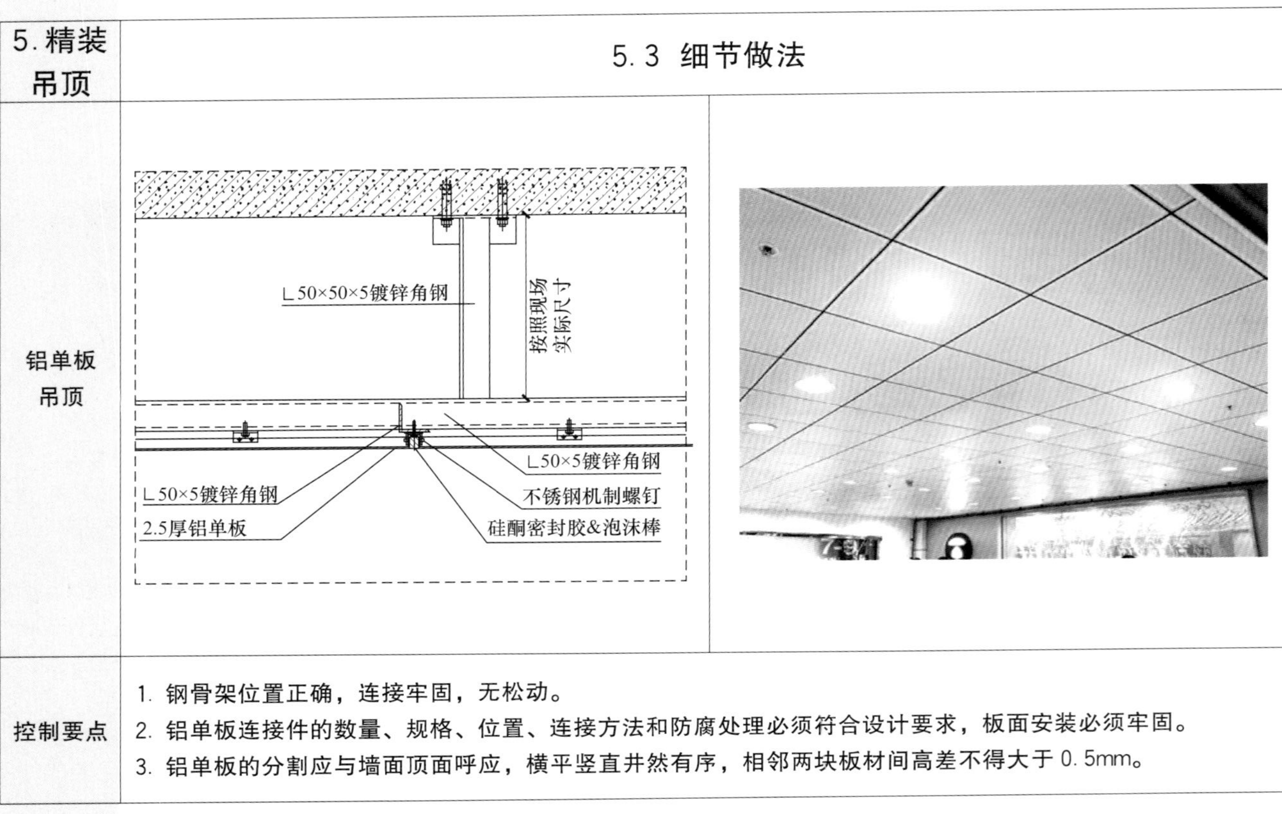
控制要点	1. 钢骨架位置正确，连接牢固，无松动。 2. 铝单板连接件的数量、规格、位置、连接方法和防腐处理必须符合设计要求，板面安装必须牢固。 3. 铝单板的分割应与墙面顶面呼应，横平竖直井然有序，相邻两块板材间高差不得大于 0.5mm。

5. 精装吊顶	5.3 细节做法
格栅吊顶	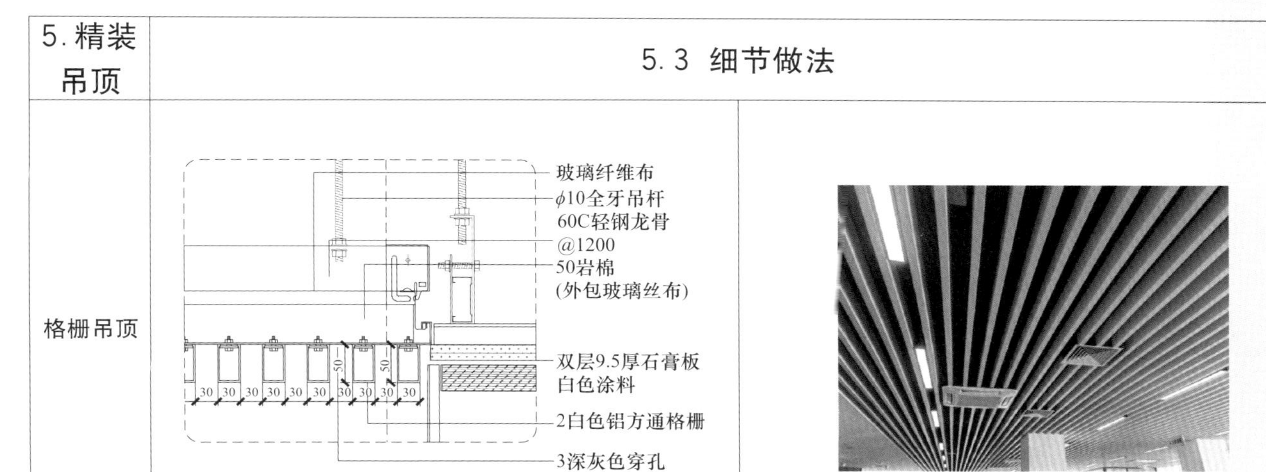
控制要点	1. 格栅表面应洁净、色泽一致、组条顺直、横竖成线、宽窄一致，边缘应整齐，接口应无错位、端头封堵。压条应平直、宽窄一致。 2. 吊顶的灯具、烟感器、喷淋头、风口和检修口等设备设施的位置应合理、美观，与格栅的套割交接处应吻合、严密。 3. 格栅安装整齐、平整，表面平整度偏差小于等于 1.5mm、高低差小于等于 0.5mm。条形格栅间距一致，线条清晰、顺直，平直度偏差小于等于 2mm。

5.精装吊顶	5.3 细节做法
透光膜吊顶	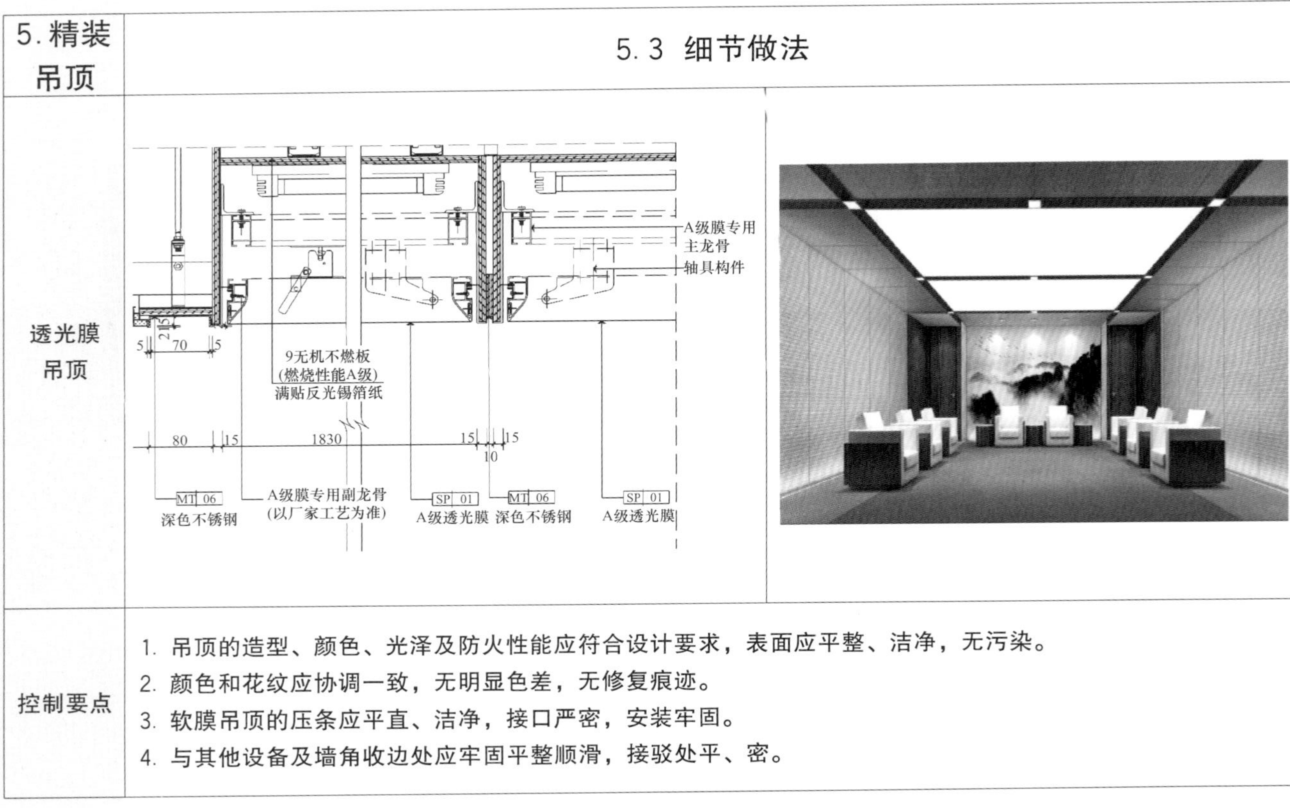
控制要点	1. 吊顶的造型、颜色、光泽及防火性能应符合设计要求，表面应平整、洁净，无污染。 2. 颜色和花纹应协调一致，无明显色差，无修复痕迹。 3. 软膜吊顶的压条应平直、洁净，接口严密，安装牢固。 4. 与其他设备及墙角收边处应牢固平整顺滑，接驳处平、密。

5. 精装吊顶	5.3 细节做法
编织网吊顶	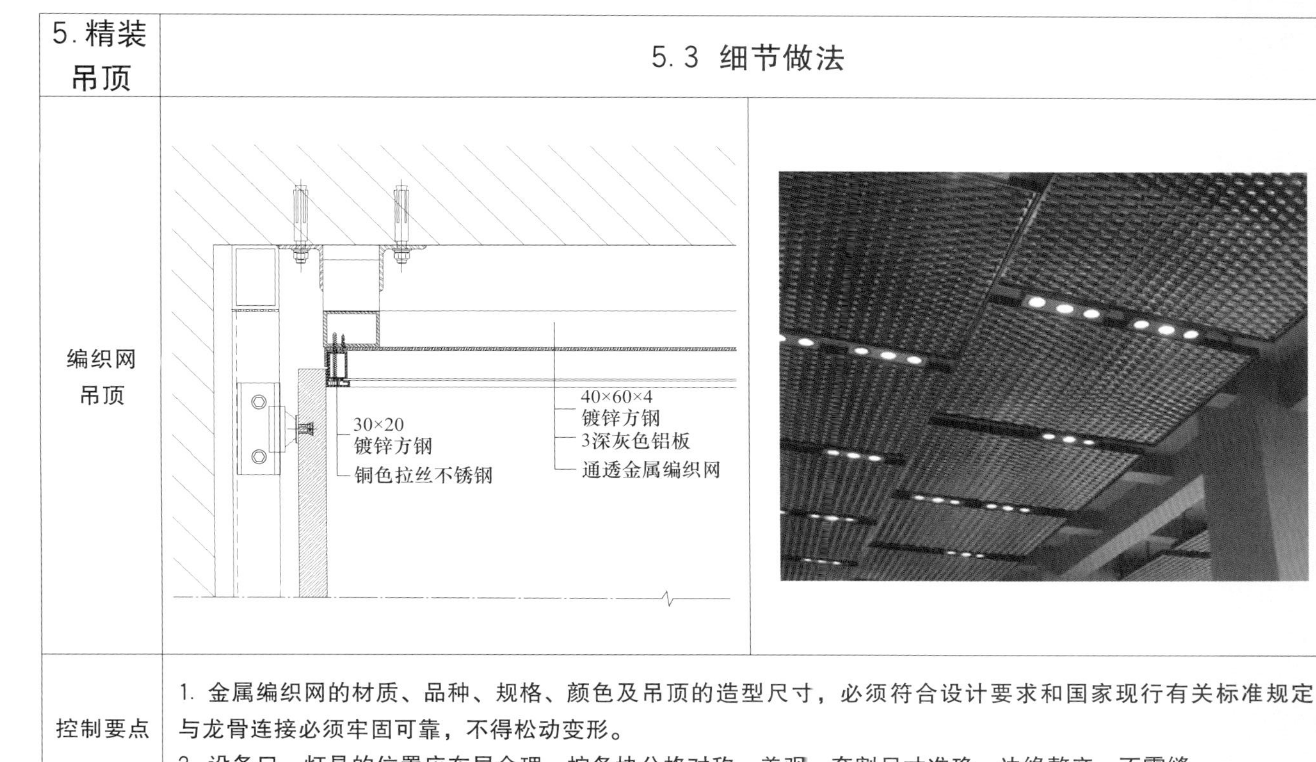
控制要点	1. 金属编织网的材质、品种、规格、颜色及吊顶的造型尺寸，必须符合设计要求和国家现行有关标准规定，与龙骨连接必须牢固可靠，不得松动变形。 2. 设备口、灯具的位置应布局合理，按条块分格对称、美观。套割尺寸准确，边缘整齐，不露缝。

5. 精装吊顶	5.3 细节做法
GRG 吊顶	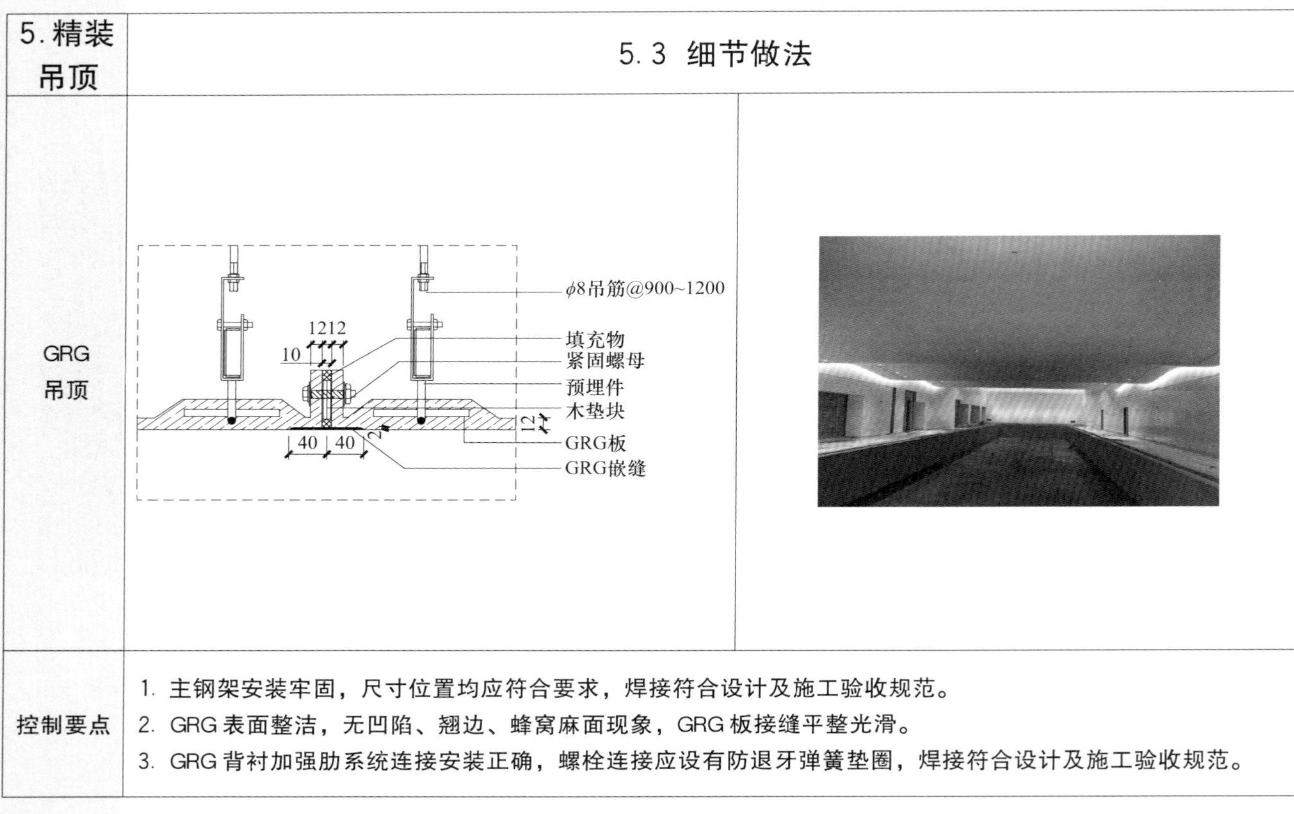
控制要点	1. 主钢架安装牢固，尺寸位置均应符合要求，焊接符合设计及施工验收规范。 2. GRG 表面整洁，无凹陷、翘边、蜂窝麻面现象，GRG 板接缝平整光滑。 3. GRG 背衬加强肋系统连接安装正确，螺栓连接应设有防退牙弹簧垫圈，焊接符合设计及施工验收规范。

6. 涂饰墙面	6.1 总体要求
	控制要点：色泽一致，涂饰均匀，界限清晰。 1. 墙面施工前应进行各专业综合排布。 2. 综合考虑门窗洞口、消火栓、设备间以及其他部位的交界做法。交界面应清晰，无污染。 3. 内墙抹灰前砌体的砌筑完成时间不宜少于 20d。内墙抹灰施二不少于两遍，每遍厚度宜为 7～8mm，不应超过 10mm；面层宜为 7～10mm，严禁一遍成活。

<table>
<tr><td>6. 涂饰墙面</td><td colspan="2">6.2 细节做法</td></tr>
<tr><td></td><td colspan="2">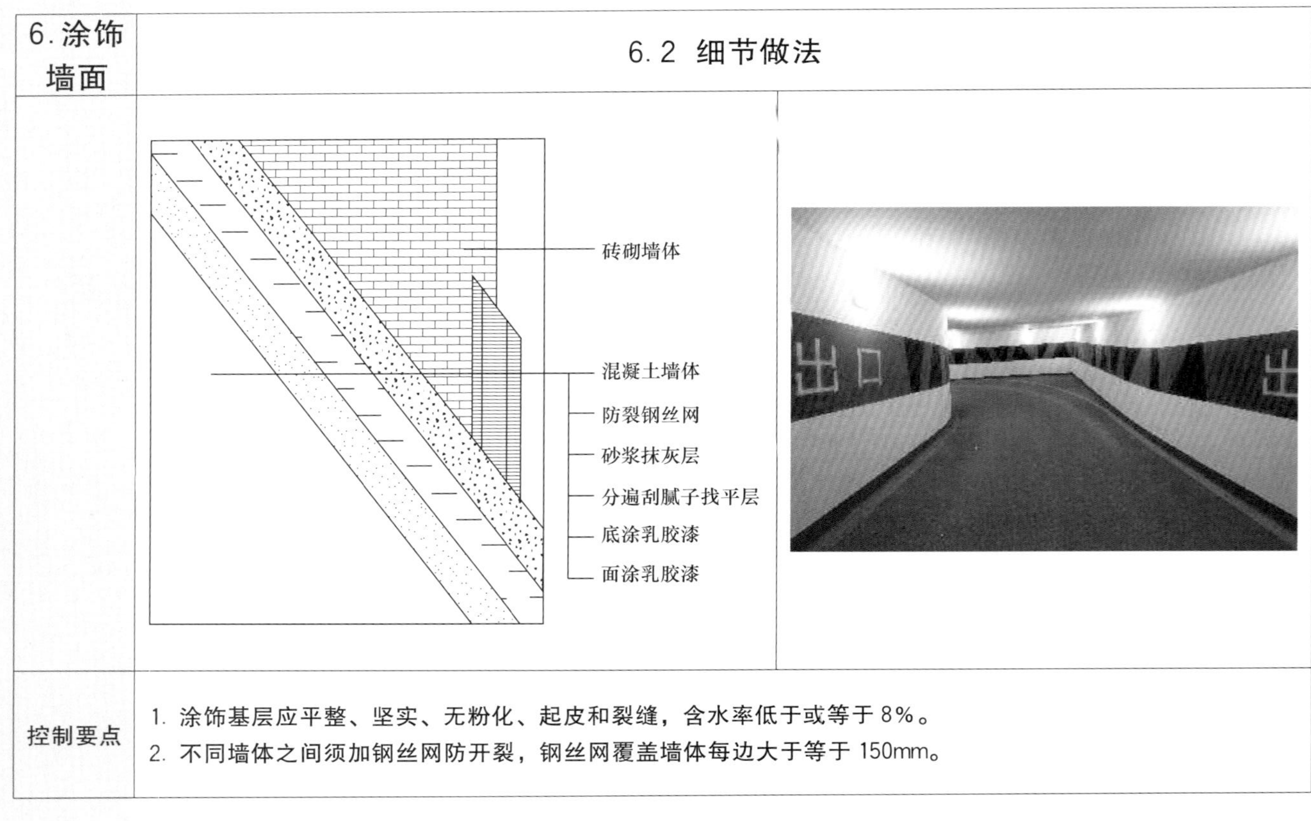
</td></tr>
<tr><td>控制要点</td><td colspan="2">1. 涂饰基层应平整、坚实、无粉化、起皮和裂缝，含水率低于或等于 8%。
2. 不同墙体之间须加钢丝网防开裂，钢丝网覆盖墙体每边大于等于 150mm。</td></tr>
</table>

<table>
<tr><td>6. 涂饰墙面</td><td colspan="2">6.2 细节做法</td></tr>
<tr><td></td><td>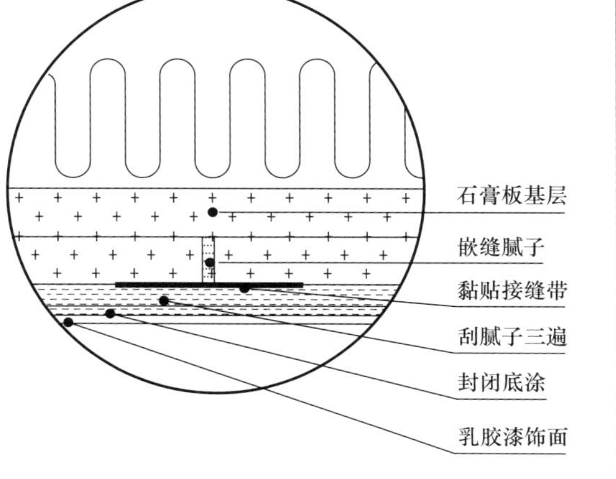</td><td></td></tr>
<tr><td>控制要点</td><td colspan="2">1. 涂料表面平整，允许偏差小于等于 2mm。
2. 立面垂直，允许偏差小于等于 2mm。
3. 涂饰墙面表面应光滑、洁净，颜色均匀，阴阳角方正。</td></tr>
</table>

6. 涂饰墙面	6.2 细节做法
	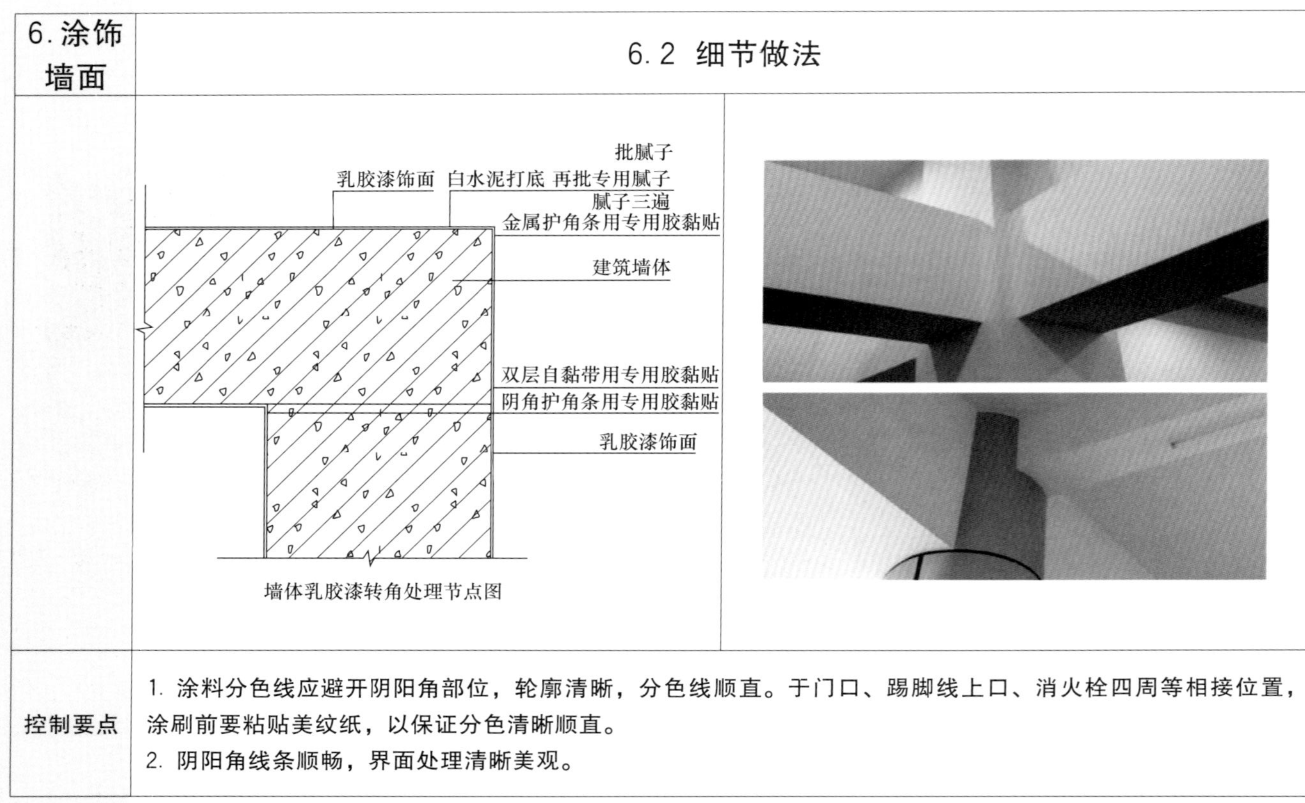 墙体乳胶漆转角处理节点图
控制要点	1. 涂料分色线应避开阴阳角部位，轮廓清晰，分色线顺直。于门口、踢脚线上口、消火栓四周等相接位置，涂刷前要粘贴美纹纸，以保证分色清晰顺直。 2. 阴阳角线条顺畅，界面处理清晰美观。

7. 板块墙面	7.1 总体要求
	1. 控制要点：安装牢固、分中对称、横竖通顺、交圈合理、平整洁净、花色一致、美观大方、饱满、密实、无污染。 2. 针对尺寸大于等于 800mm×800mm 的面砖上墙，宜采用干挂工艺，厚度应符合规范要求。大理石、花岗石饰面板应用不锈钢或铝合金挂件。干挂板材的单块面积不应大于 1.5m^2。石板上下边应各开两个短平槽，短平槽长度不应小于 100mm，在有效长度内槽深度不宜小于 15mm。开槽宽度宜为 6mm 或 7mm。不锈钢支撑板厚度不宜小于 3.0mm。 3. 采用湿做法的饰面板工程，饰面板与基体之间的灌注材料应饱满、密实，表面不应有泛碱等污染。表面平整，允许偏差小于等于 2mm，石材横向接缝隙顺直、拼接严密，墙地板块对缝。 4. 墙面砖要分缝，大面积的墙体要做横向或者竖向分缝（分缝深度达到抹灰基层）。一般不大于 1.2m 设一道分隔缝，防止热胀冷缩造成面砖空鼓脱落。分缝宽度一般控制在 5～20mm，可用铝条、铜条或 304 不锈钢做装饰压条，既美观又能取得理想的装饰效果。

7. 板块墙面	7.1 总体要求
	排布原则： 1. 墙、柱石材饰面策划应注意饰面石材的模数和建筑模数的配合，特别是墙面石材与门、窗、洞、雕刻石材等固定装饰物的周边与之间模数的关系，避免出现不足模数（1/2 窄条）的石材，保证洞口两侧对称。 2. 墙、柱同时选择石材饰面时应注意整体分块、分缝的协调统一，相同材质的墙、柱两者无论横向或竖向分缝都应保持基本相同的模数。 3. 墙面石材分缝排板应以阳角处为整块（完整模数），非整块（不足模数）应安排在阴角处。 4. 墙体门洞处的石材分缝排板，应将整块（完整模数）安排在门（窗）边。当洞口的高度和石材分块无法对应时，可将其不足之处作特殊处理，宜选用其他材料进行装饰。 5. 消火栓门的四周应与墙面石材的分缝通缝或有规律相接（门下沿若无踢脚线留 8～10mm）。 6. 墙面的水平拼缝应与窗台（台面）石材的上沿口通缝或有规律相接。 7. 墙、柱的转角方式分为两侧墙饰面板直接拼接和增加墙角线拼接两种。

<table>
<tr><td>7. 板块墙面</td><td colspan="2">7.2 细节做法</td></tr>
<tr><td></td><td colspan="2">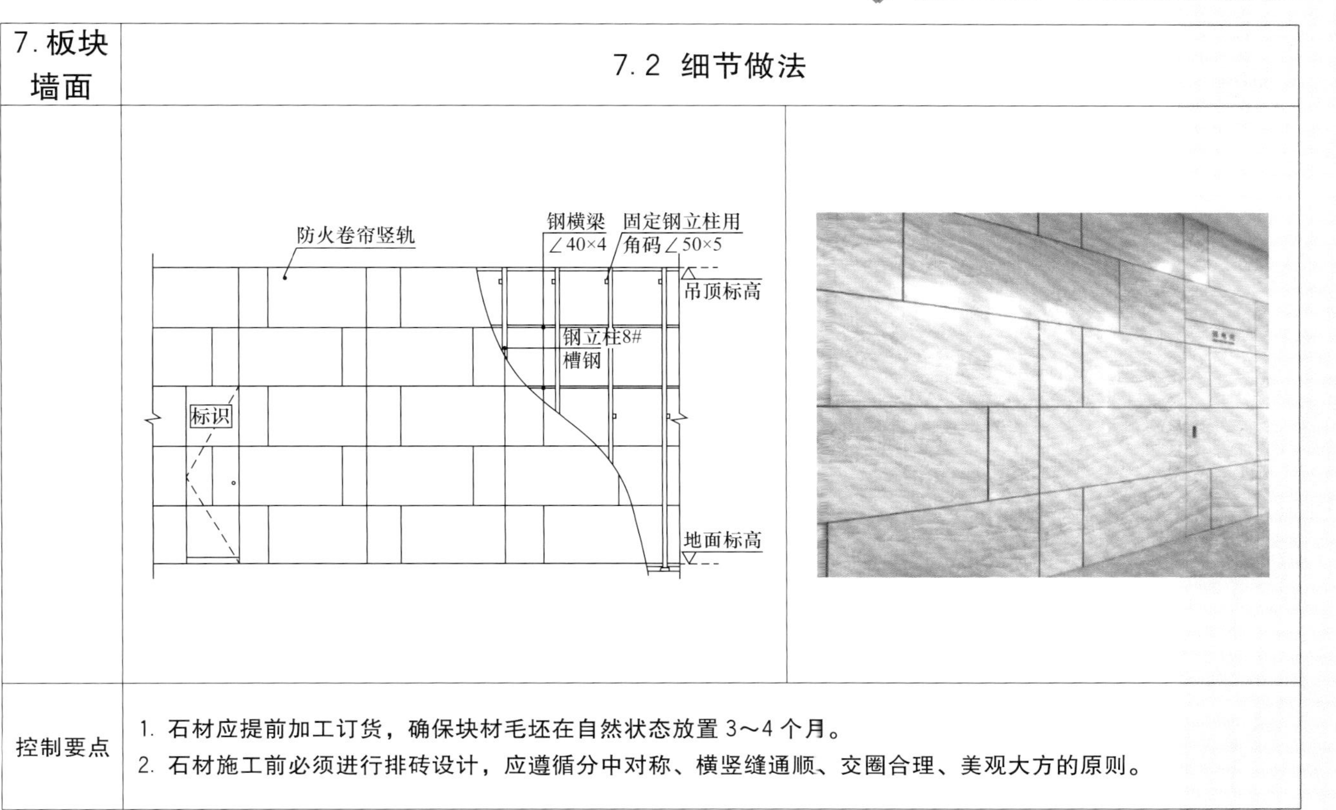
</td></tr>
<tr><td>控制要点</td><td colspan="2">1. 石材应提前加工订货，确保块材毛坯在自然状态放置 3～4 个月。
2. 石材施工前必须进行排砖设计，应遵循分中对称、横竖缝通顺、交圈合理、美观大方的原则。</td></tr>
</table>

7. 板块墙面	7.2 细节做法
阴阳角	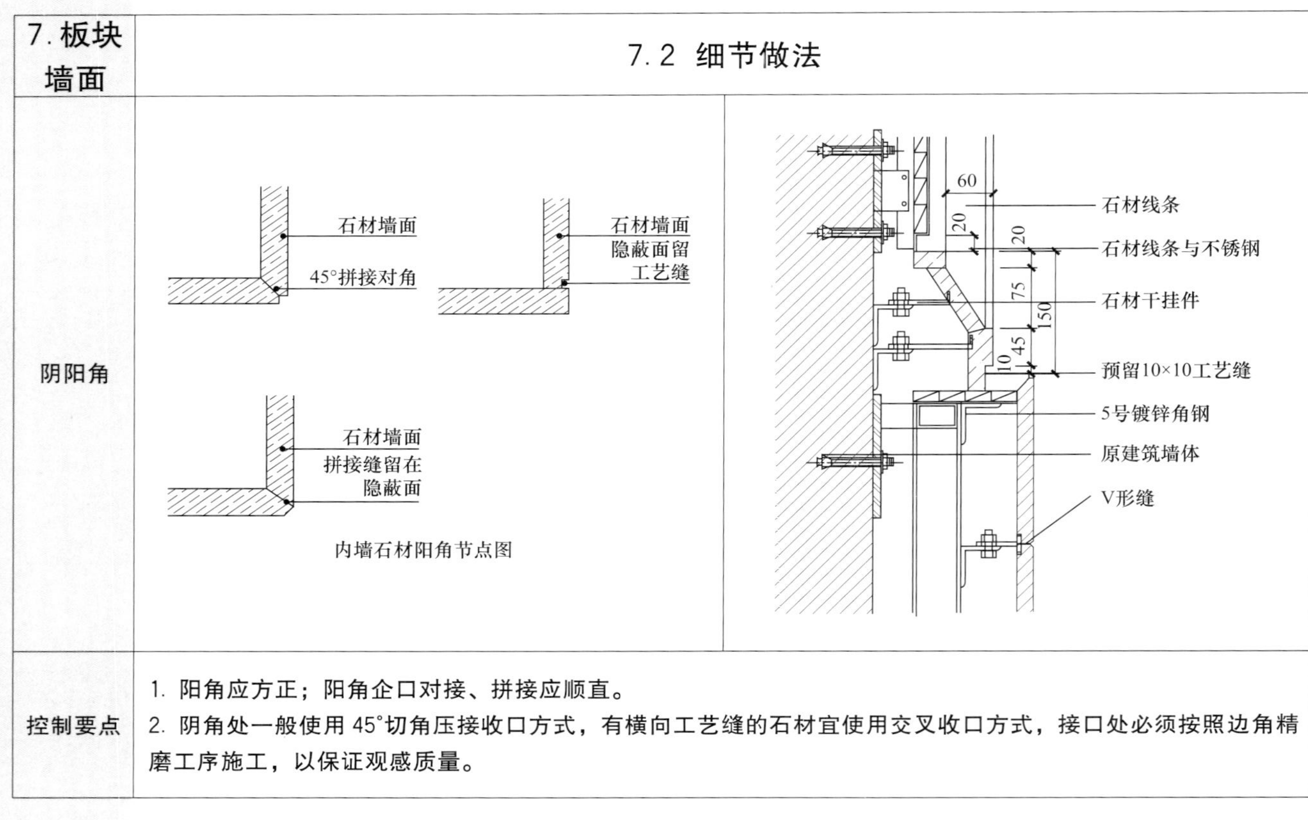
控制要点	1. 阳角应方正；阳角企口对接、拼接应顺直。 2. 阴角处一般使用 45°切角压接收口方式，有横向工艺缝的石材宜使用交叉收口方式，接口处必须按照边角精磨工序施工，以保证观感质量。

7. 板块墙面	7.2 细节做法
墙面整体排布	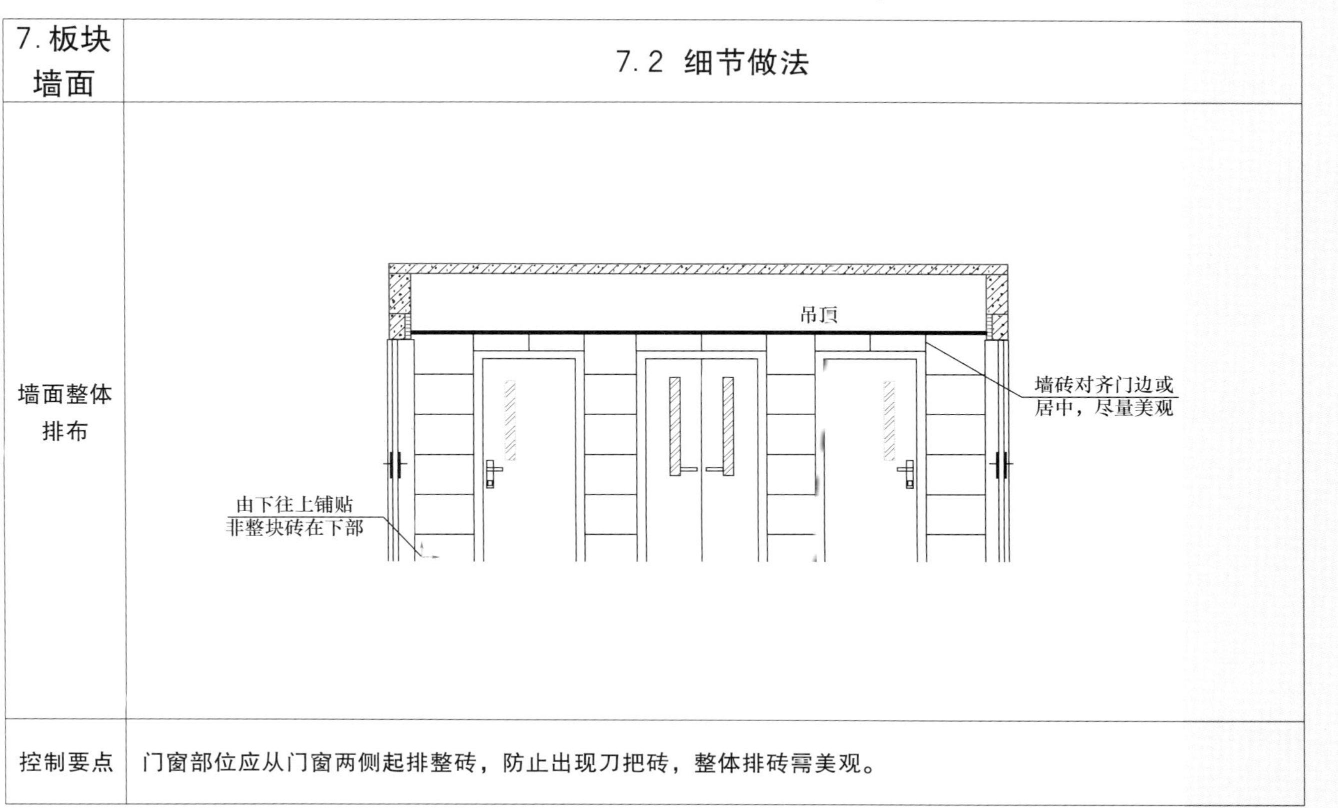
控制要点	门窗部位应从门窗两侧起排整砖，防止出现刀把砖，整体排砖需美观。

<table>
<tr><td>7. 板块墙面</td><td colspan="2">7.2 细节做法</td></tr>
<tr><td>干挂石材安装</td><td>10
大理石材
粘接10×80石材背板
80
80
石材侧面开槽灌环氧树脂胶固定石材
不锈钢石材干挂件
墙面干挂石材安装节点</td><td>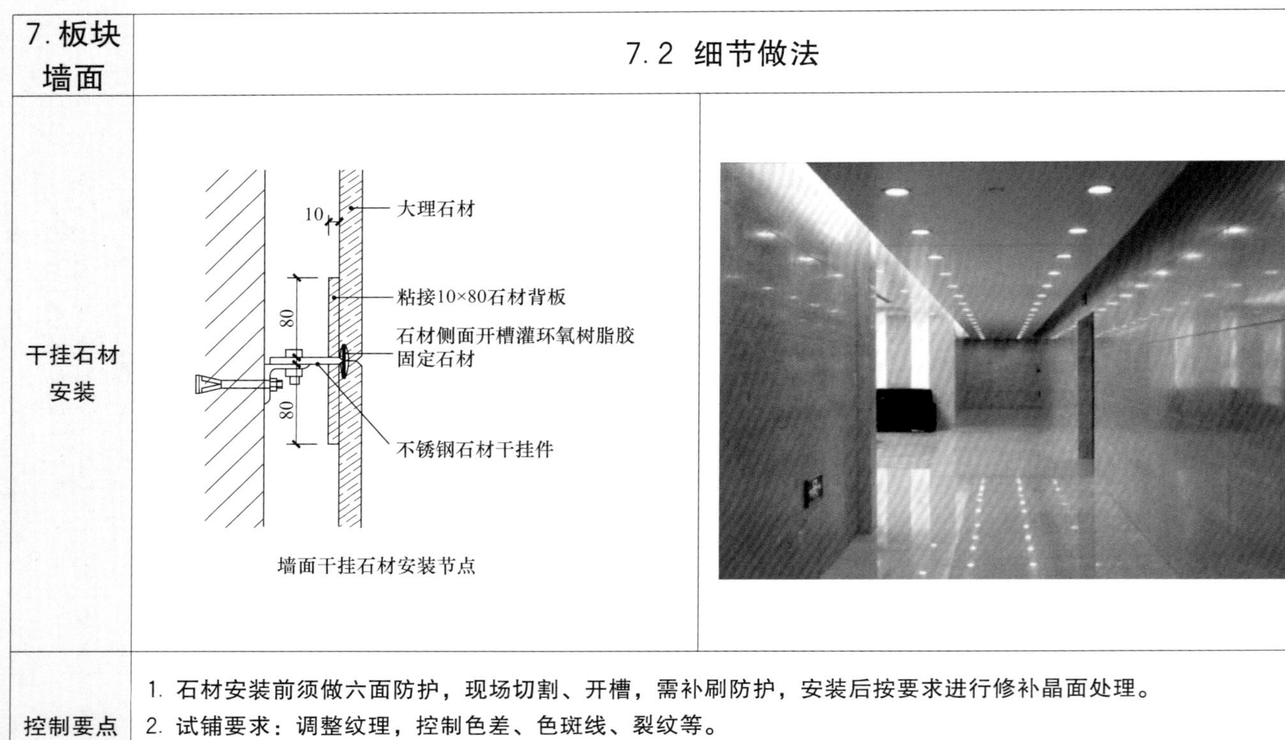</td></tr>
<tr><td>控制要点</td><td colspan="2">1. 石材安装前须做六面防护，现场切割、开槽，需补刷防护，安装后按要求进行修补晶面处理。
2. 试铺要求：调整纹理，控制色差、色斑线、裂纹等。
3. 背板石材应用饱和环氧结构胶黏结，界面打磨处理干净且干燥。</td></tr>
</table>

<table>
<tr><td>7. 板块墙面</td><td colspan="2">7.2 细节做法</td></tr>
<tr><td>干挂石材安装</td><td>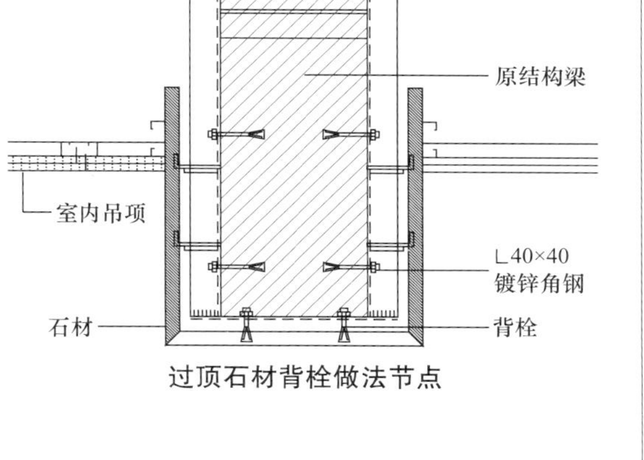

过顶石材背栓做法节点</td><td></td></tr>
<tr><td>控制要点</td><td colspan="2">3. 大理石线条及窗套线安装必须采用钢架焊接基层，不允许用木基层代替钢架施工。石材表面平整、洁净；拼花正确、纹理清晰通顺，颜色均匀一致；缝格均匀，板缝通顺，接缝填嵌密实，宽窄一致，无错台错位。石材与其他材料相接处，石材边缘裸露位置要进行抛光处理。</td></tr>
</table>

7. 板块墙面	7.2 细节做法
装配式装修墙面	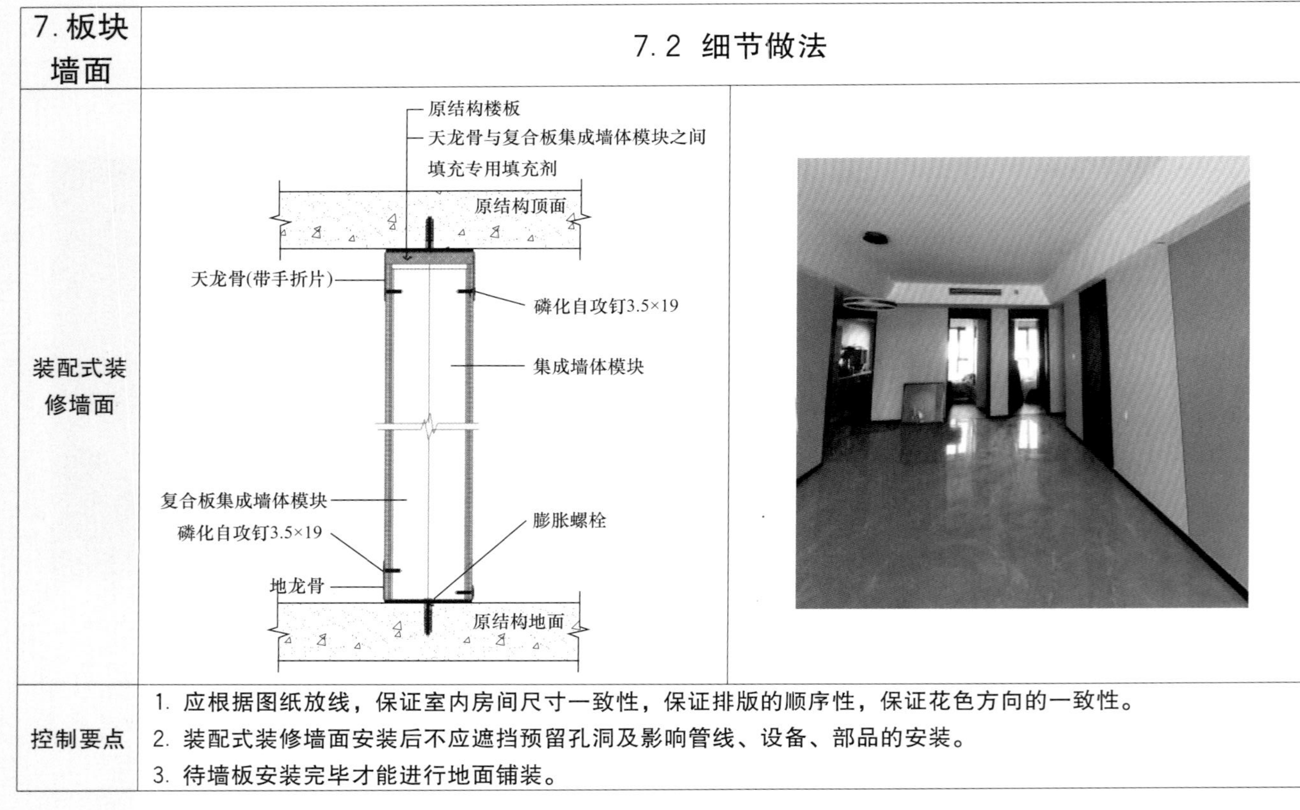
控制要点	1. 应根据图纸放线，保证室内房间尺寸一致性，保证排版的顺序性，保证花色方向的一致性。 2. 装配式装修墙面安装后不应遮挡预留孔洞及影响管线、设备、部品的安装。 3. 待墙板安装完毕才能进行地面铺装。

8. 木饰墙面	8.1 总体要求
	控制要点：防火防腐，环保无味，不裂不翘，平整光滑，颜色均匀，拼接准确，接缝顺直。 1. 木质饰面板基层处理应符合防火设计要求。阳角处可采用阳角条处理，也可采用一块板压接另一块板的形式完成。 2. 木质饰面板尽量按照标准板件尺寸来分割，余量尺寸通过微调板缝来消除，安装应遵循从阴角一侧往另一侧铺排的原则。 3. 木质饰面板应木纹一致，油漆颜色均匀细致，无色差。

<table>
<tr><td>8. 木饰墙面</td><td colspan="2">8.2 细节做法</td></tr>
<tr><td></td><td>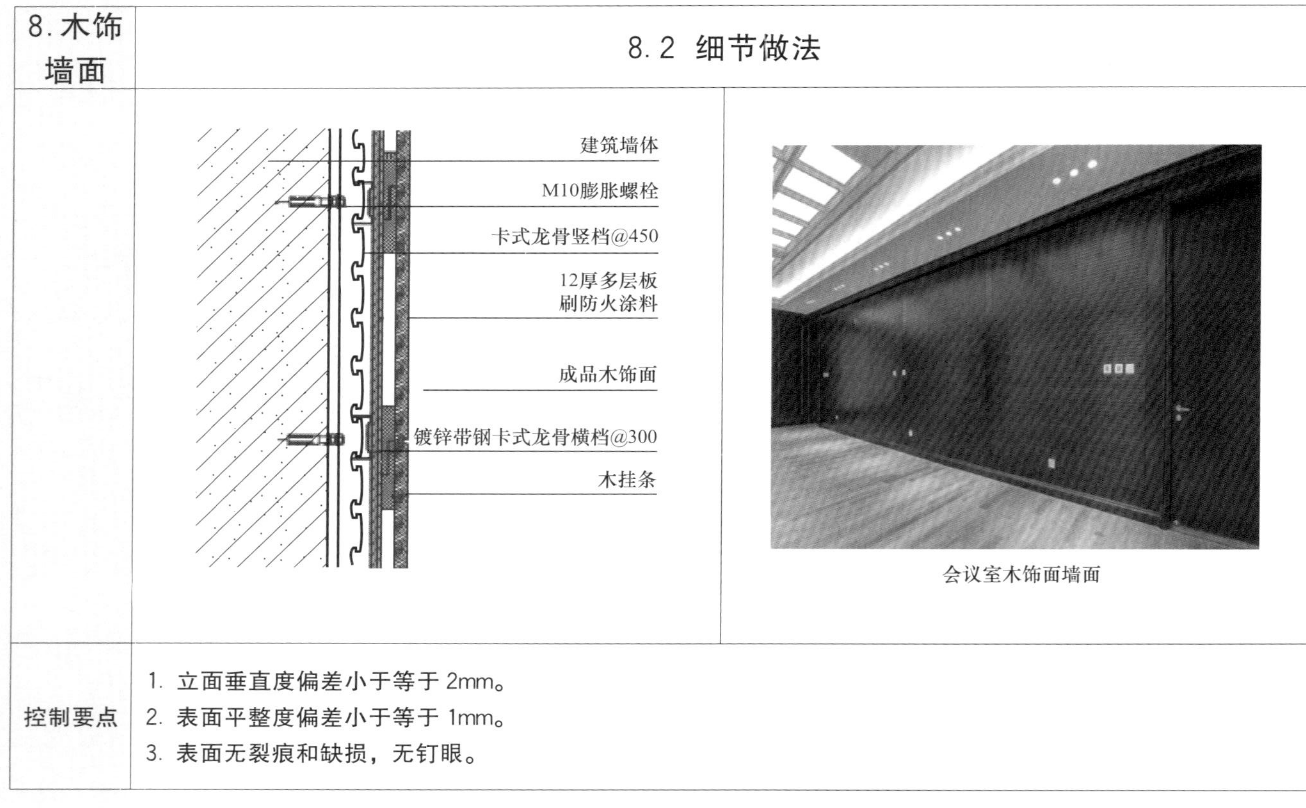
</td><td>会议室木饰面墙面</td></tr>
<tr><td>控制要点</td><td colspan="2">1. 立面垂直度偏差小于等于 2mm。
2. 表面平整度偏差小于等于 1mm。
3. 表面无裂痕和缺损，无钉眼。</td></tr>
</table>

8. 木饰墙面	8.2 细节做法	
	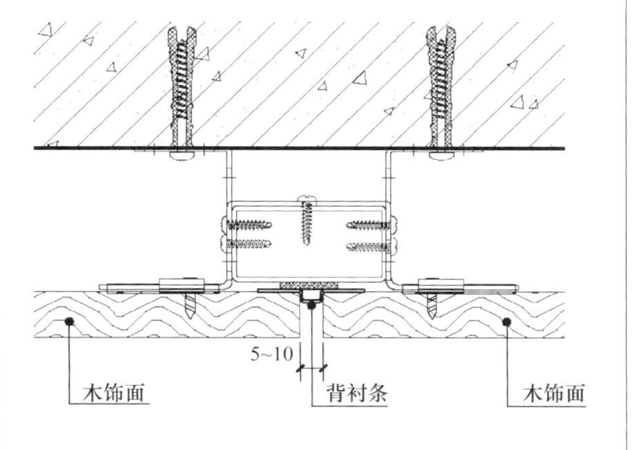	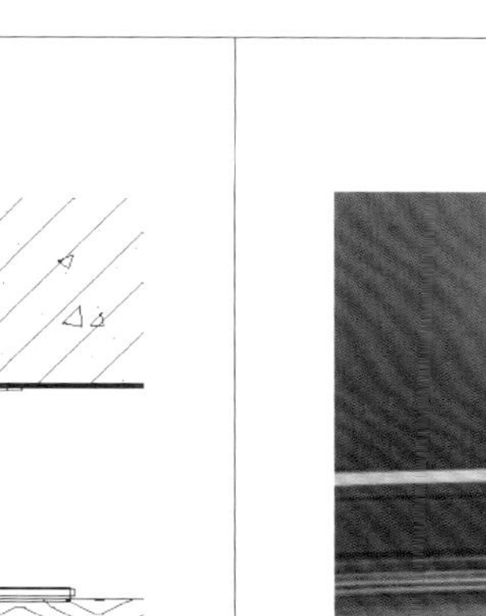 木饰面墙面节点
控制要点	1. 接缝宽度、高底差小于等于 1mm。 2. 接缝直线度小于等于 2mm。 3. 嵌缝密实、平直。	

8. 木饰墙面	8.2 细节做法
	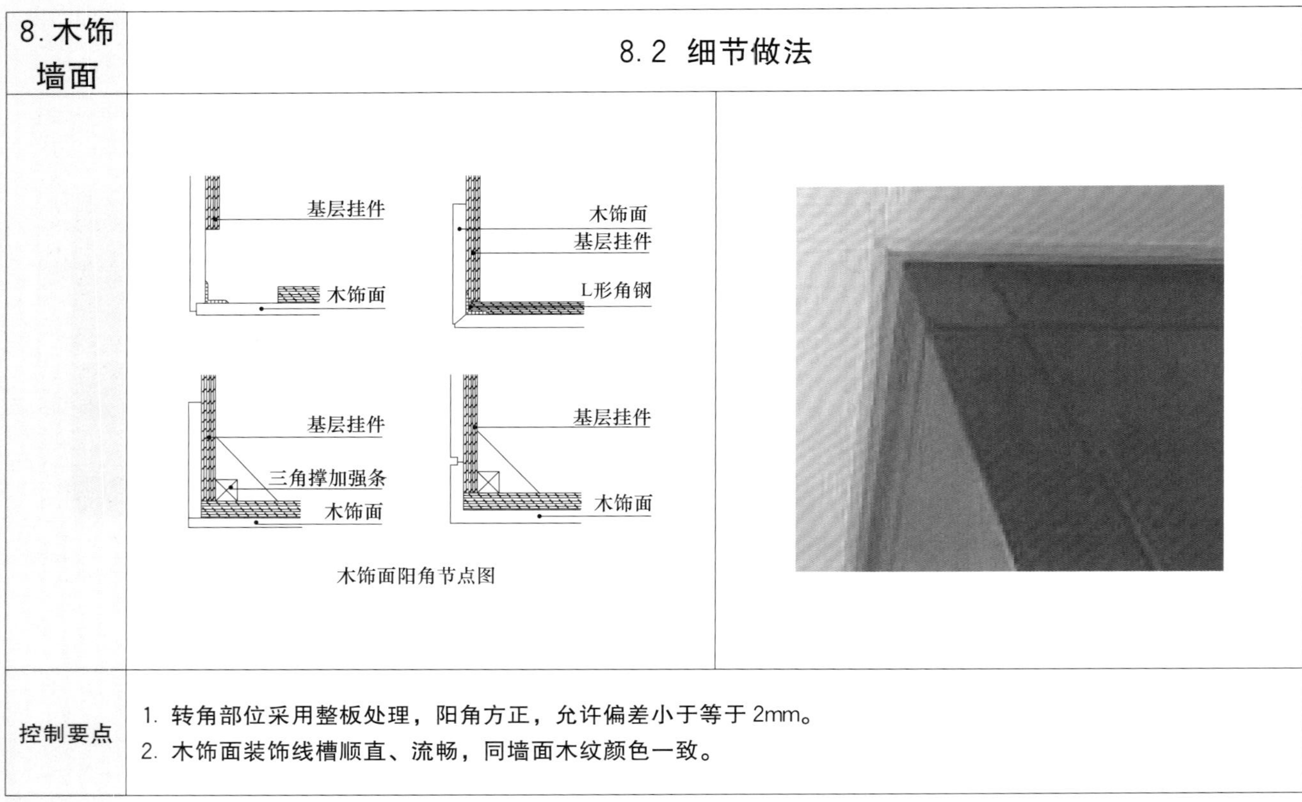 木饰面阳角节点图
控制要点	1. 转角部位采用整板处理，阳角方正，允许偏差小于等于 2mm。 2. 木饰面装饰线槽顺直、流畅，同墙面木纹颜色一致。

<table>
<tr><td>9. 软包、硬包</td><td colspan="2">9.1 细节做法</td></tr>
<tr><td></td><td colspan="2">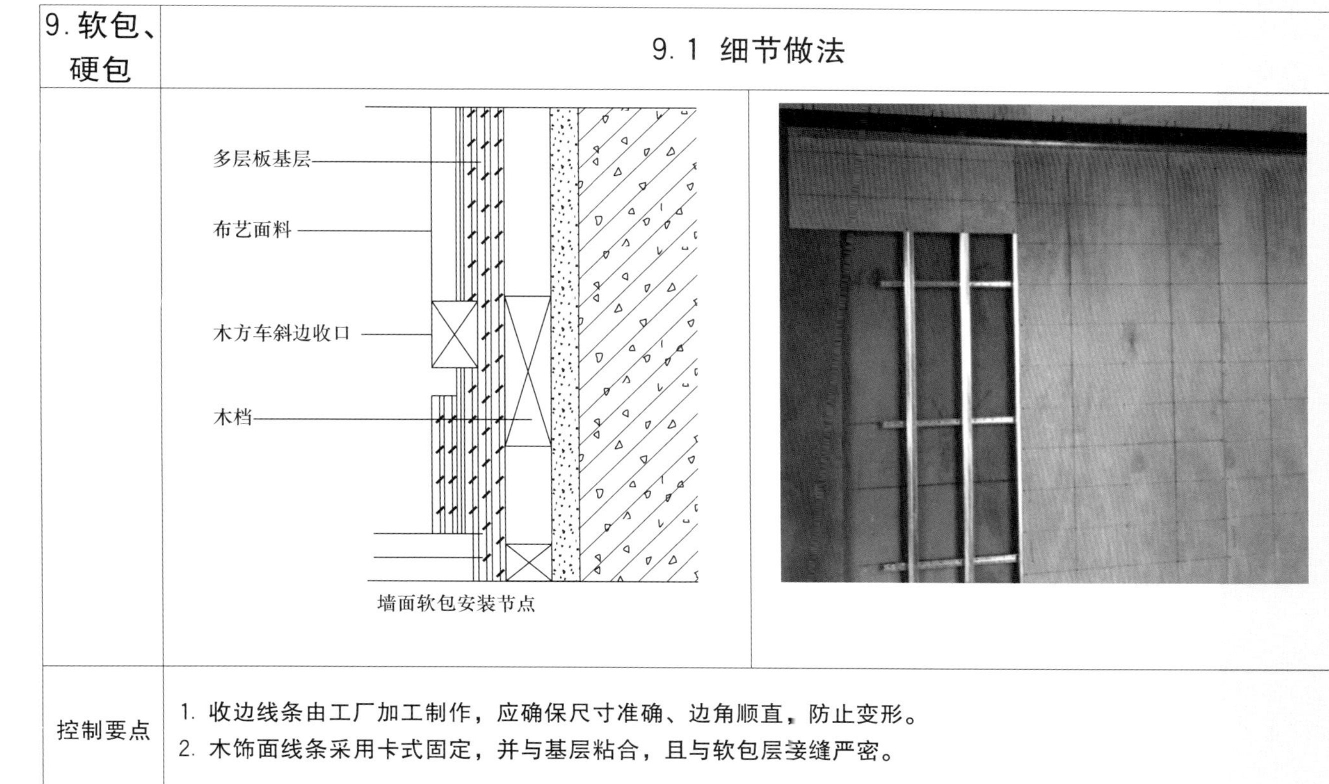

墙面软包安装节点</td></tr>
<tr><td>控制要点</td><td colspan="2">1. 收边线条由工厂加工制作，应确保尺寸准确、边角顺直，防止变形。
2. 木饰面线条采用卡式固定，并与基层粘合，且与软包层接缝严密。</td></tr>
</table>

9. 软包、硬包	9.1 细节做法
	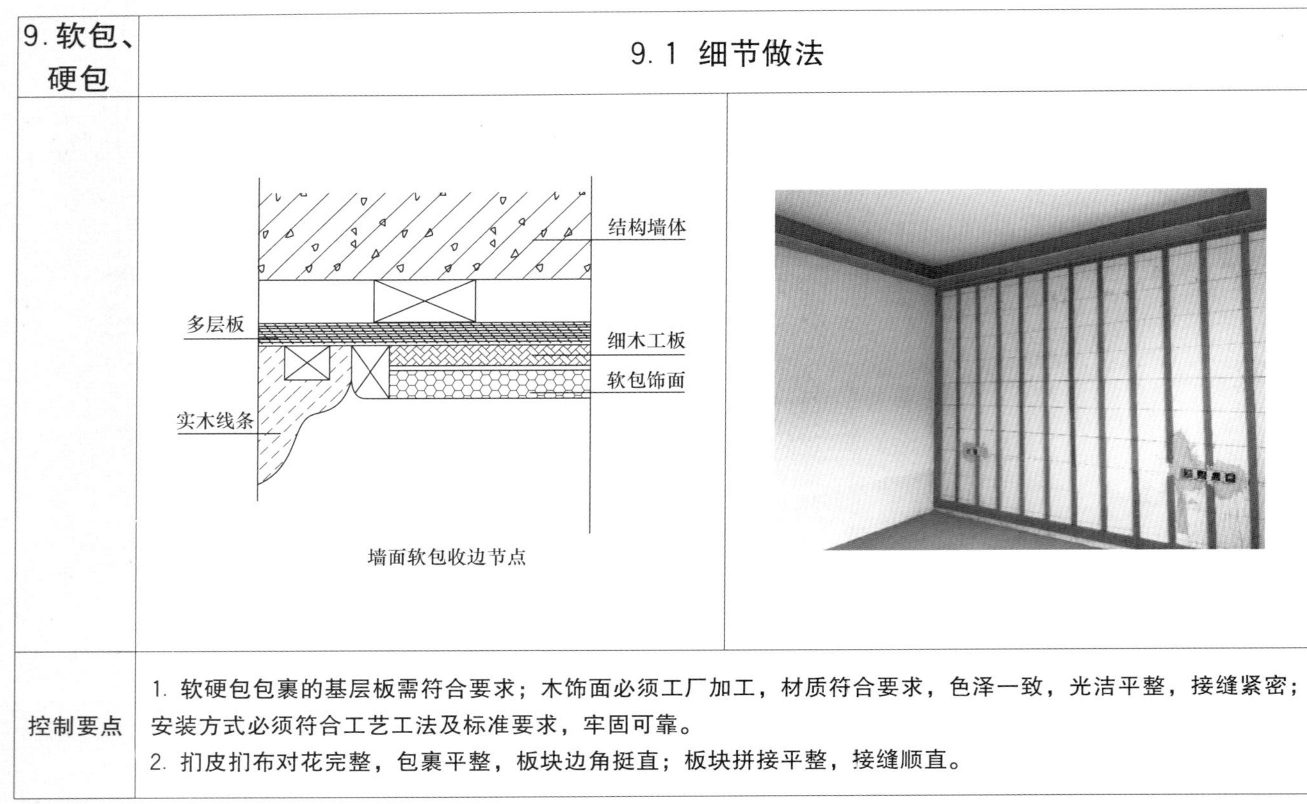 墙面软包收边节点
控制要点	1. 软硬包包裹的基层板需符合要求；木饰面必须工厂加工，材质符合要求，色泽一致，光洁平整，接缝紧密；安装方式必须符合工艺工法及标准要求，牢固可靠。 2. 扪皮扪布对花完整，包裹平整，板块边角挺直；板块拼接平整，接缝顺直。

10. 壁纸墙面	10.1 细节做法
	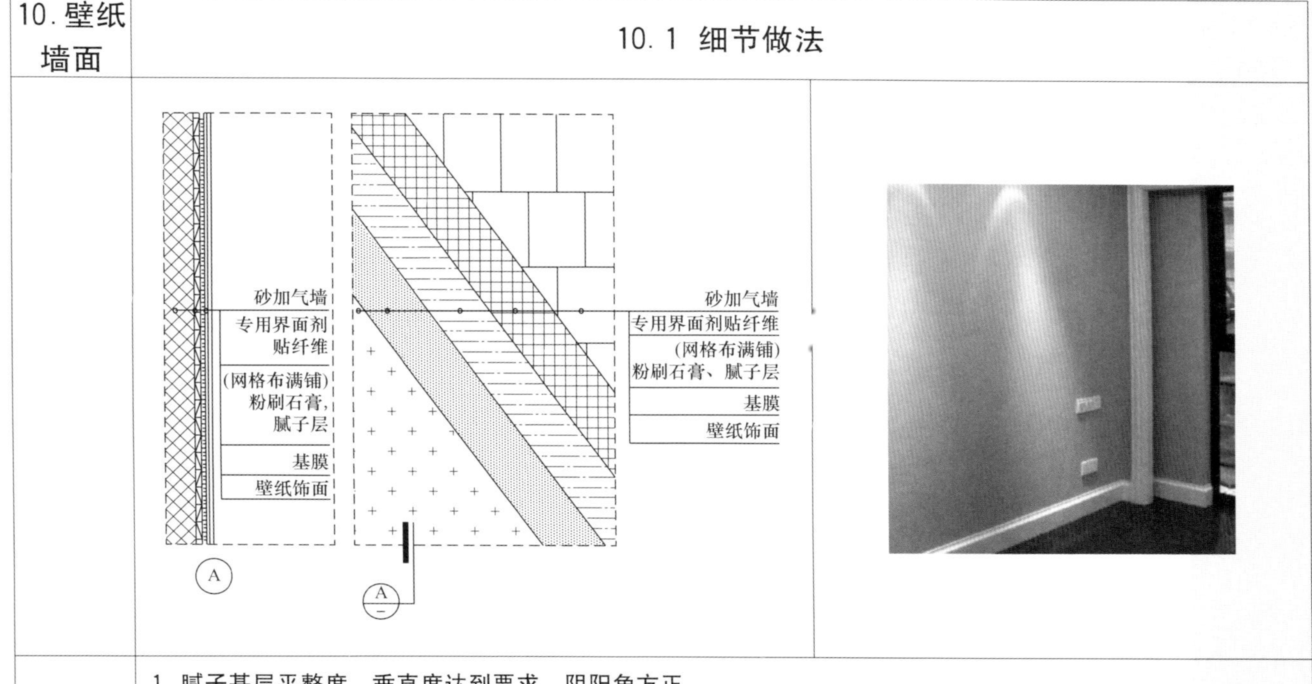
控制要点	1. 腻子基层平整度、垂直度达到要求，阴阳角方正。 2. 墙纸对花完整，无错位，墙纸接缝目测美观，距墙 1.5m，目测不见接缝。 3. 阴阳角、门窗口、开关面板及与不同材质交接处收口美观，无开胶及胶体污染。

<table>
<tr><td>11. 金属挂板墙面</td><td colspan="2">11.1 细节做法</td></tr>
<tr><td></td><td> 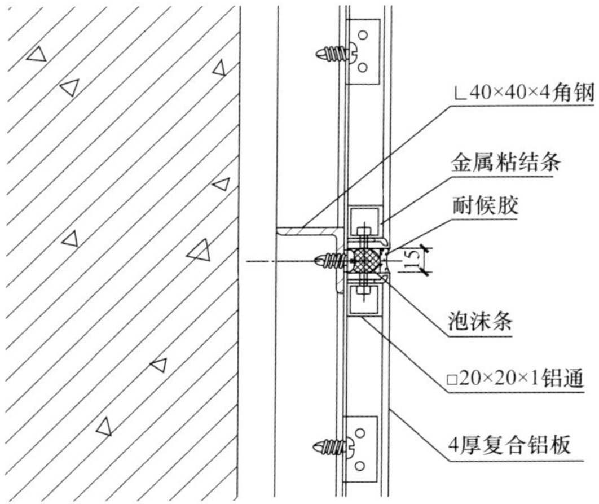L40×40×4角钢
金属粘结条
耐候胶
15
泡沫条
□20×20×1铝通
4厚复合铝板</td><td> </td></tr>
<tr><td>控制要点</td><td colspan="2">1. 金属板安装应牢固，表面应平整、洁净、色泽一致，接缝应平直，金属板上的孔洞应套割吻合，边缘应整齐。
2. 挂板立面垂直度偏差不超过 2mm，表面平整度不超过 3mm，阴阳角方正不超过 3mm，接缝直线度不超过 1mm，接缝宽度不超过 1mm。</td></tr>
</table>

12. 精装细部	12.1 总体要求
	1. 安装所用材料的品种、规格、颜色、图案以及镶贴方法应符合设计要求。 2. 饰面表面整饬，颜色一致，不得有翘曲、污点、破损、裂纹、缺棱掉角及显著的色泽受损现象。 3. 木材的焚烧性能等级和含水率、花岗石的放射性、人造木板的甲醛含量、安全玻璃的使用应合乎设计要求及国家现行规范的有关规定。 4. 所有需用硅胶收口部位，必须采用与周边同色（或按设计要求）中性防霉硅胶或耐候胶。 5. 所有型钢规格符合国家标准，热镀锌处理；钢架焊接部位须作二度以上防锈处理。 6. 吊顶要求采用成品检修孔，规格满足检修要求。 7. 抗震缝、伸缩缝、沉降缝等部位的处理应保证缝的使用功能和饰面的完整性。 8. 窗帘盒与吊顶、收口条与吊顶交接平整、清晰，阴阳角方工，水平度不大于 1mm。吊顶与窗帘盒交接部位线条应顺直，窗帘盒内应阴角方正、涂饰均匀。

12. 精装细部	12. 2 细部做法
12. 2. 1 检修口	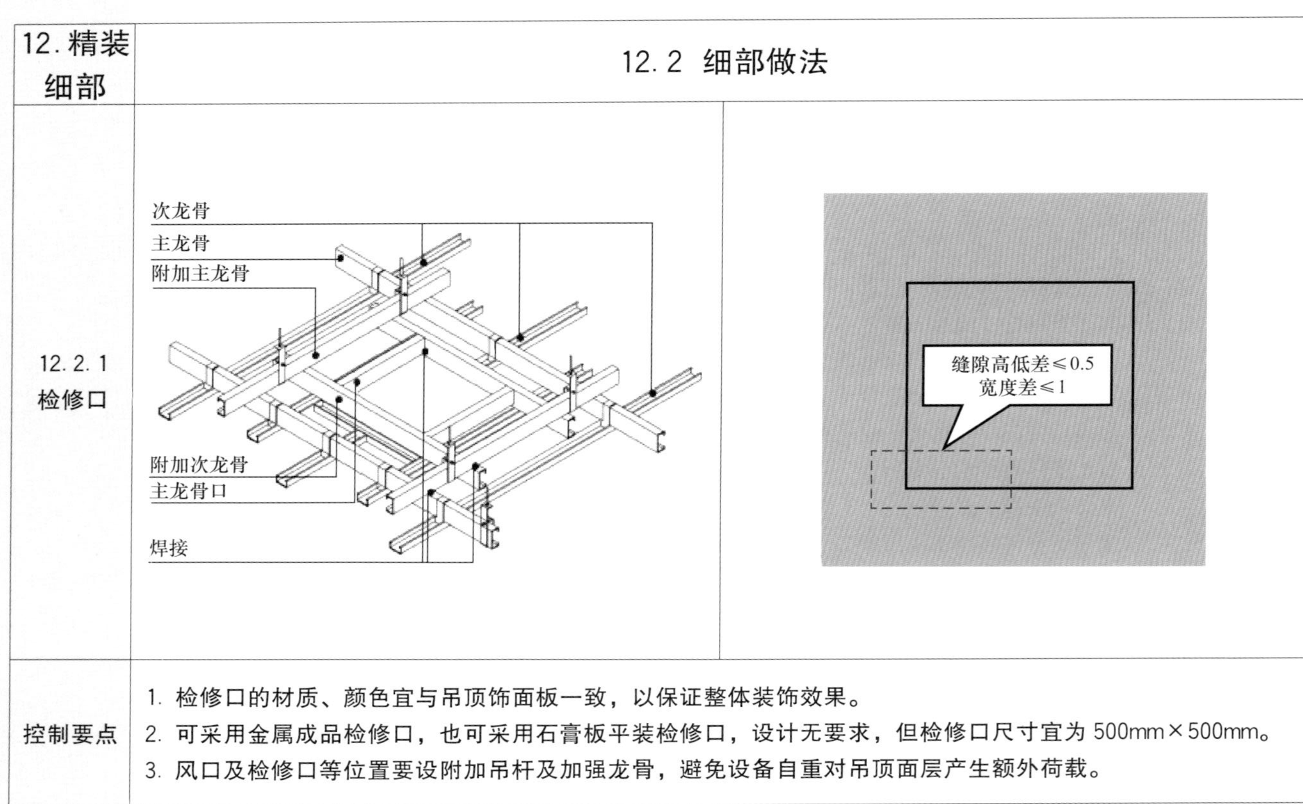
控制要点	1. 检修口的材质、颜色宜与吊顶饰面板一致，以保证整体装饰效果。 2. 可采用金属成品检修口，也可采用石膏板平装检修口，设计无要求，但检修口尺寸宜为 500mm×500mm。 3. 风口及检修口等位置要设附加吊杆及加强龙骨，避免设备自重对吊顶面层产生额外荷载。

12. 精装细部	12.2 细部做法
12.2.2 窗帘盒	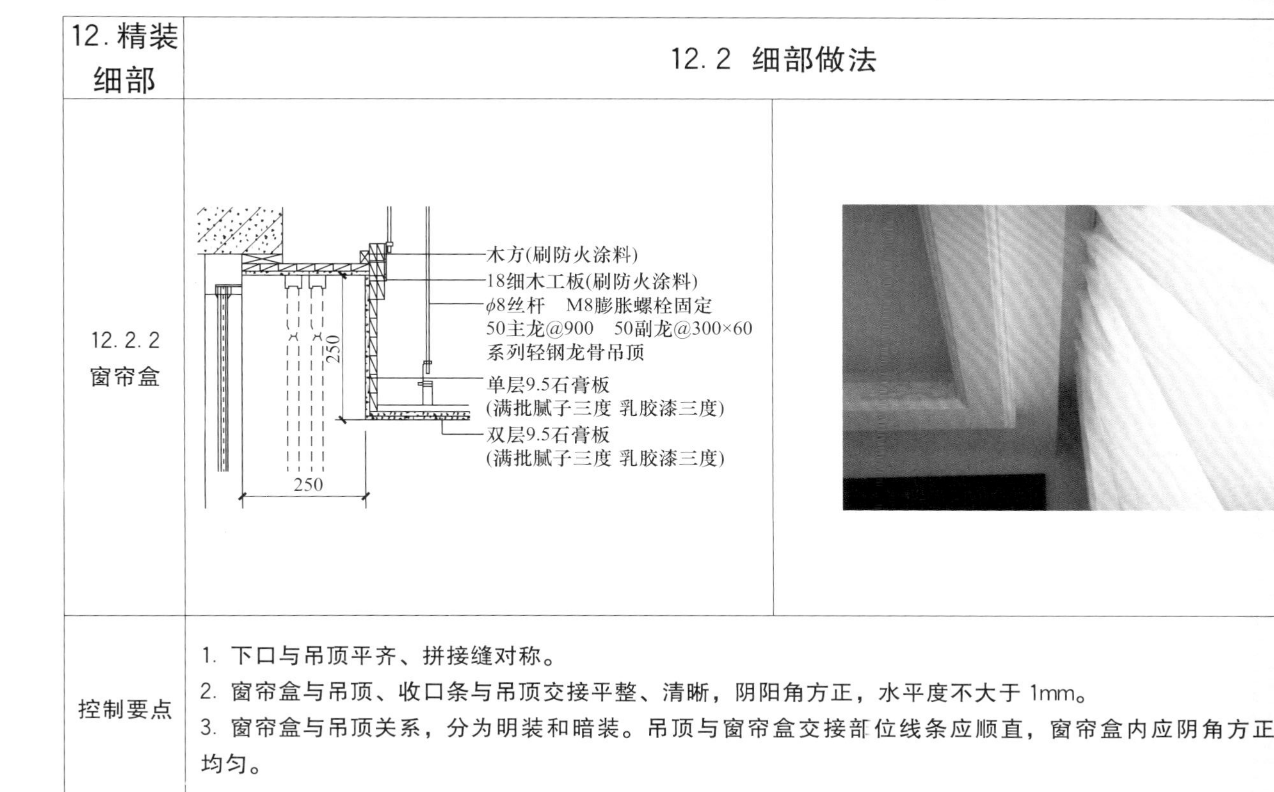
控制要点	1. 下口与吊顶平齐、拼接缝对称。 2. 窗帘盒与吊顶、收口条与吊顶交接平整、清晰，阴阳角方正，水平度不大于 1mm。 3. 窗帘盒与吊顶关系，分为明装和暗装。吊顶与窗帘盒交接部位线条应顺直，窗帘盒内应阴角方正、涂饰均匀。

12. 精装细部	12.2 细部做法
12.2.3 栏板	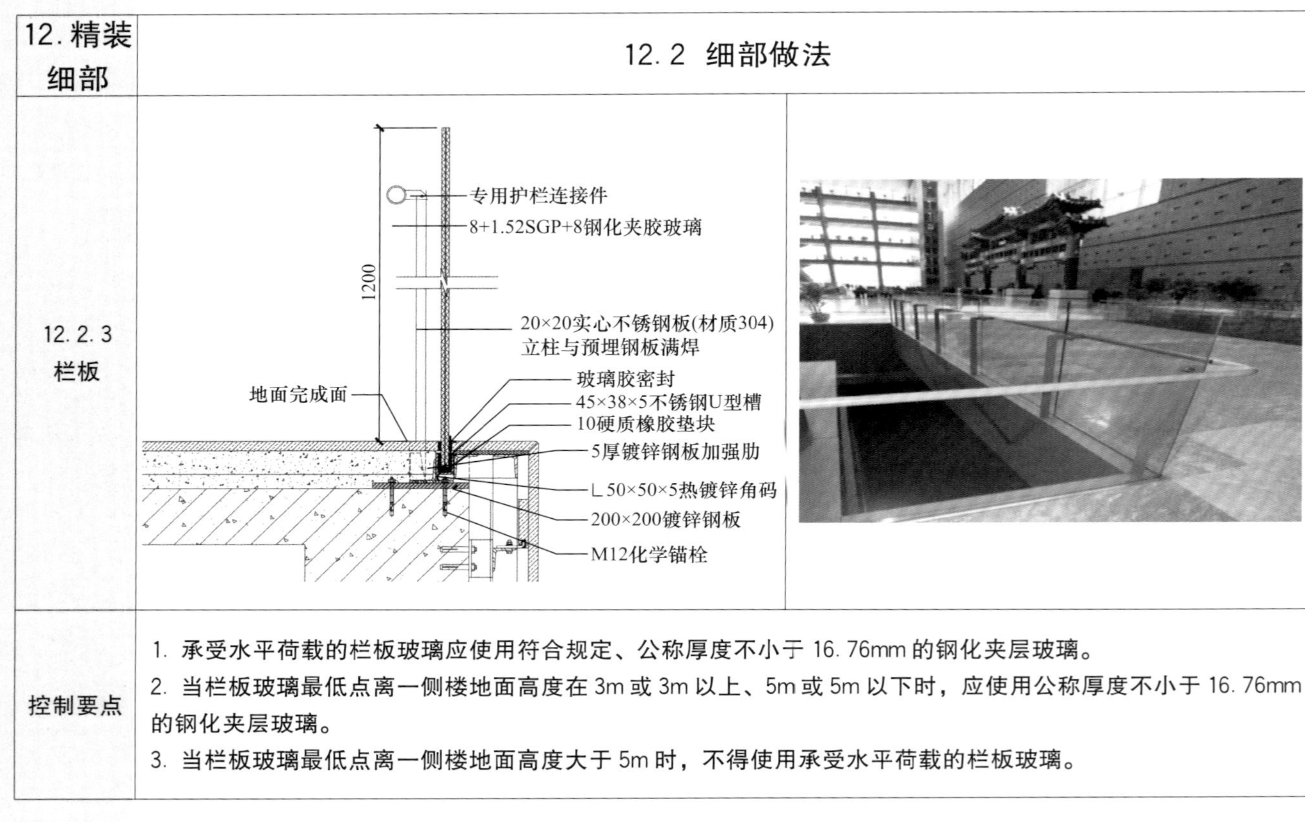
控制要点	1. 承受水平荷载的栏板玻璃应使用符合规定、公称厚度不小于 16.76mm 的钢化夹层玻璃。 2. 当栏板玻璃最低点离一侧楼地面高度在 3m 或 3m 以上、5m 或 5m 以下时，应使用公称厚度不小于 16.76mm 的钢化夹层玻璃。 3. 当栏板玻璃最低点离一侧楼地面高度大于 5m 时，不得使用承受水平荷载的栏板玻璃。

12. 精装细部	12.2 细部做法
12.2.4 栏杆	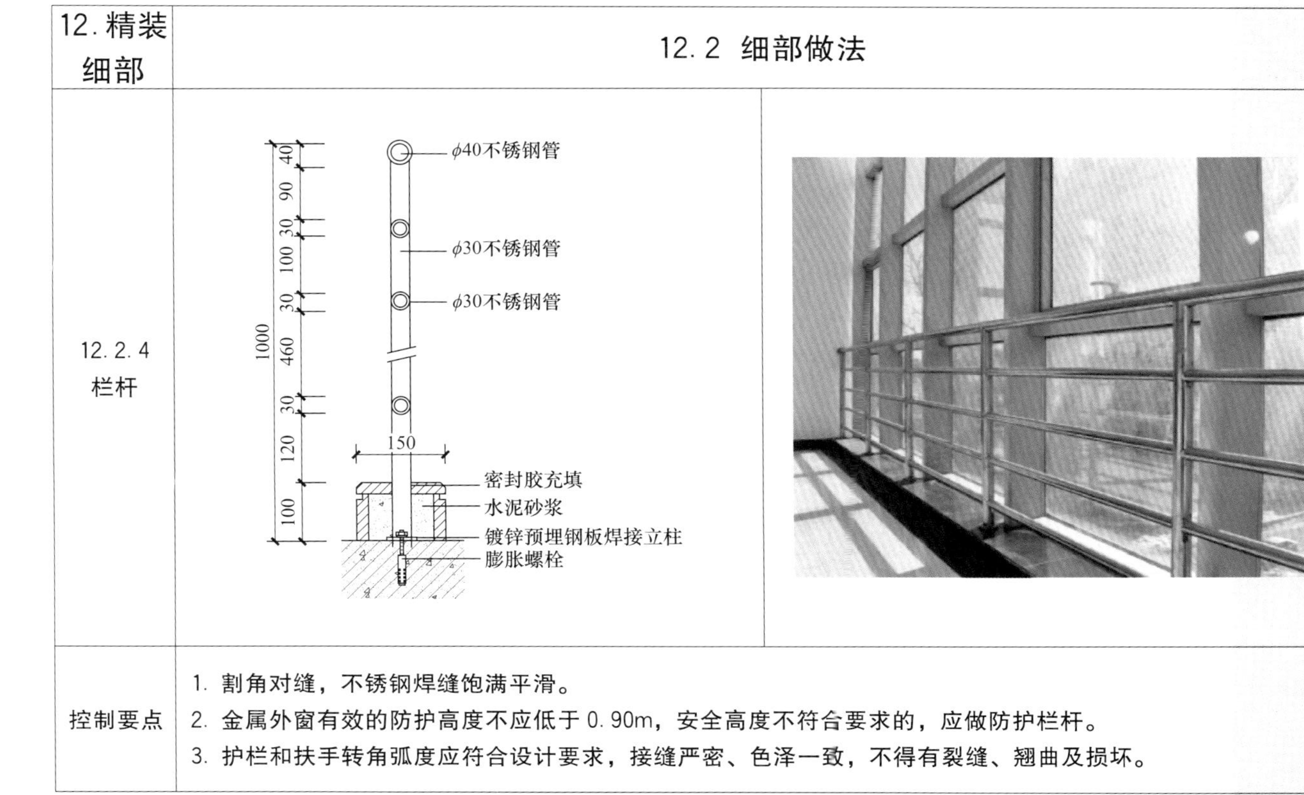
控制要点	1. 割角对缝，不锈钢焊缝饱满平滑。 2. 金属外窗有效的防护高度不应低于0.90m，安全高度不符合要求的，应做防护栏杆。 3. 护栏和扶手转角弧度应符合设计要求，接缝严密、色泽一致，不得有裂缝、翘曲及损坏。

<table>
<tr><td>12. 精装细部</td><td colspan="2">12. 2 细部做法</td></tr>
<tr><td>12. 2. 5 室内消火栓箱</td><td colspan="2">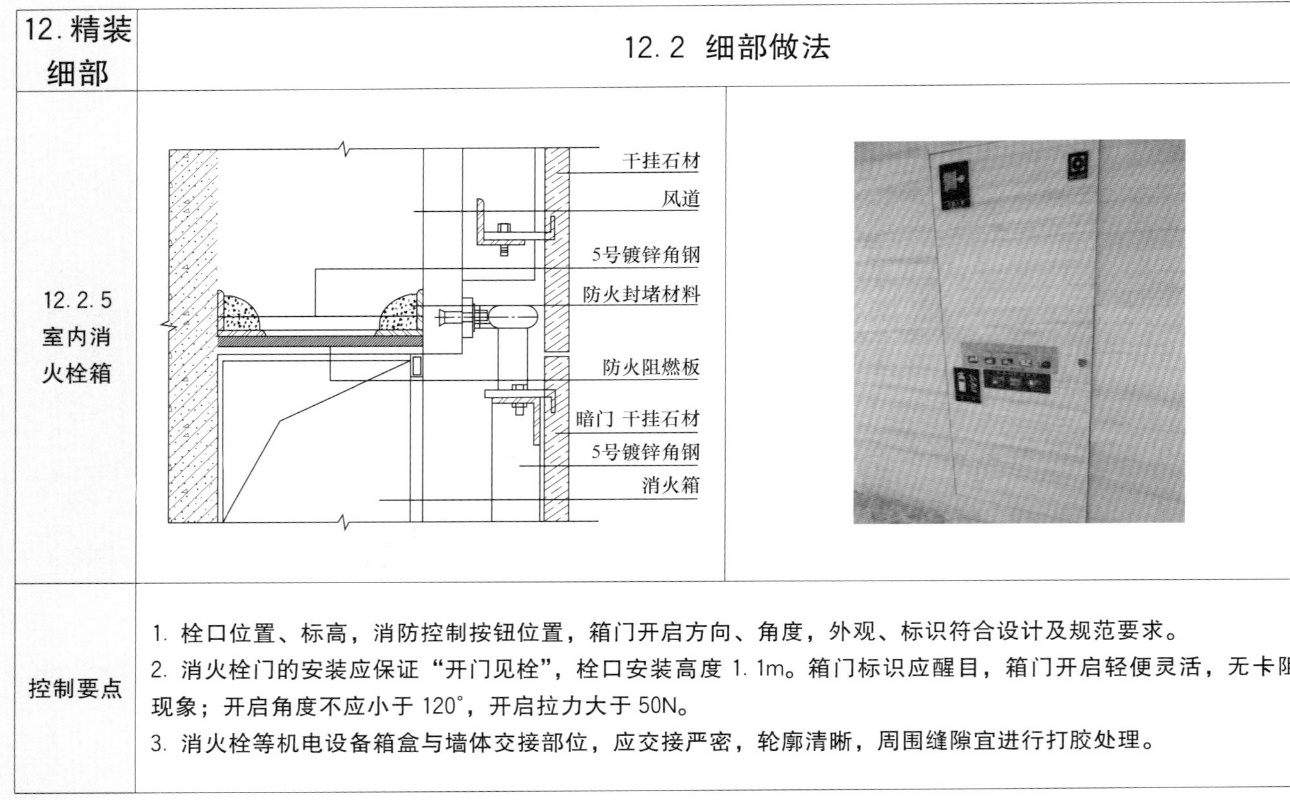
</td></tr>
<tr><td>控制要点</td><td colspan="2">1. 栓口位置、标高，消防控制按钮位置，箱门开启方向、角度，外观、标识符合设计及规范要求。
2. 消火栓门的安装应保证“开门见栓”，栓口安装高度 1. 1m。箱门标识应醒目，箱门开启轻便灵活，无卡阻现象；开启角度不应小于 120°，开启拉力大于 50N。
3. 消火栓等机电设备箱盒与墙体交接部位，应交接严密，轮廓清晰，周围缝隙宜进行打胶处理。</td></tr>
</table>

<table>
<tr><td>12. 精装细部</td><td colspan="2">12. 2 细部做法</td></tr>
<tr><td>12. 2. 5 室内消火栓箱</td><td colspan="2">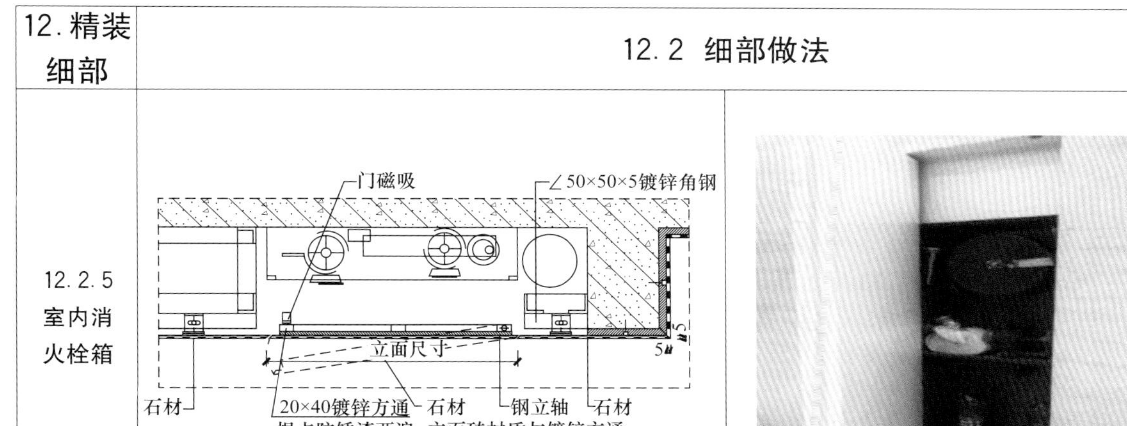</td></tr>
<tr><td>控制要点</td><td colspan="2">4. 当墙面有设备检修门时，应对检修门的背部骨架、设备与墙体四周的空隙进行封闭处理。
5. 石材干挂或安装、门边、框边切割面需抛光处理，门石材两边磨斜角，钢架面处理美观、整齐，门与框之间安装限位链或隐形嵌入开关五金。
6. 石材暗门采用热镀锌角钢内框骨架，角钢及滚珠轴承型号依门体自重选定，焊接部位作防锈处理，保证门的钢架与墙架连接牢固，预留洞口尺寸精确。</td></tr>
</table>

<table>
<tr><td>12. 精装细部</td><td colspan="2">12. 2 细部做法</td></tr>
<tr><td>12. 2. 6
台盆安装</td><td> 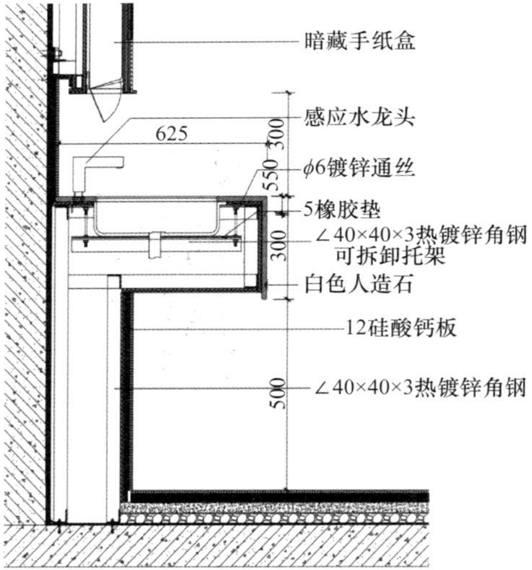暗藏手纸盒
感应水龙头
625
300
550
φ6镀锌通丝
5橡胶垫
300
∠40×40×3热镀锌角钢
可拆卸托架
白色人造石
12硅酸钙板
500
∠40×40×3热镀锌角钢</td><td></td></tr>
<tr><td>控制要点</td><td colspan="2">1. 台盆钢架须采用国标镀锌角钢，焊接处做防锈处理，安装后整体强度、刚度达到设计要求。
2. 为便于台盆拆卸检修，台盆由镀锌钢构件固定并加橡皮垫，固定构件与石材垫块用不锈钢（或镀锌）螺栓固定，石材垫块及石材台面用大理石胶固定，台面与加厚边为同一块石材，其厚度及强度满足要求。
3. 台下盆：石材台面开孔准确，精磨孔周边，盆与台面下沿口用耐候胶密封，盆底部应设可拆卸金属托架并加橡皮垫。
4. 石材须做六面防护两边，石材台面整体单元由厂家加工安装，安装后维修晶面处理。</td></tr>
</table>

12. 精装细部	12.2 细部做法	
12.2.7 浴缸安装	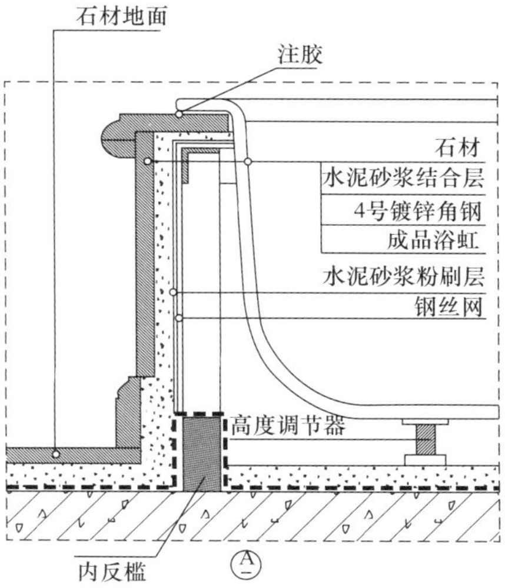 石材地面 注胶 石材 水泥砂浆结合层 4号镀锌角钢 成品浴缸 水泥砂浆粉刷层 钢丝网 高度调节器 内反槛 A	
控制要点	1. 按设计选定的浴缸品牌、型号和台面石材样板，进行现场测量，深化排板图，根据浴缸尺寸对石材切孔修边，石材与浴缸缝注耐候胶收口，石材须做六面防护两道，对浴缸区域防水层进行闭水实验，检查下水管排水情况与浴缸下水口位置是否相符（浴缸防水坎）。 2. 悬挑式安装（柜底无腿支撑），柜体内部及安装点须进行加固。 3. 浴室柜体强度、防水性、使用功能及安装方式的牢固程度满足石材台面及浴缸的安装要求及设计和规范要求。	

第六部分　楼梯间

1. 总体要求	楼梯间
	1. 楼梯平台上部及下部过道处的净高不应小于 2. 0m，梯段净高不应小于 2. 2m。 2. 楼梯应至少于一侧设扶手，梯段净宽达三股人流时应两侧设扶手，达四股人流时宜加设中间扶手。 3. 室内楼梯扶手高度自踏步前缘线量起不宜小于 0. 9m。楼梯水平栏杆或栏板长度大于 0. 5m 时，其高度不应小于 1. 05m，下部增设挡台。 4. 住宅、托儿所、幼儿园、中小学及其他少年儿童专用活动场所采用垂直杆件做栏杆时，其杆件净间距不应大于 0. 11m。

<table>
<tr><td>2. 空间尺寸</td><td colspan="2">2.1 净空要求</td></tr>
<tr><td></td><td colspan="2">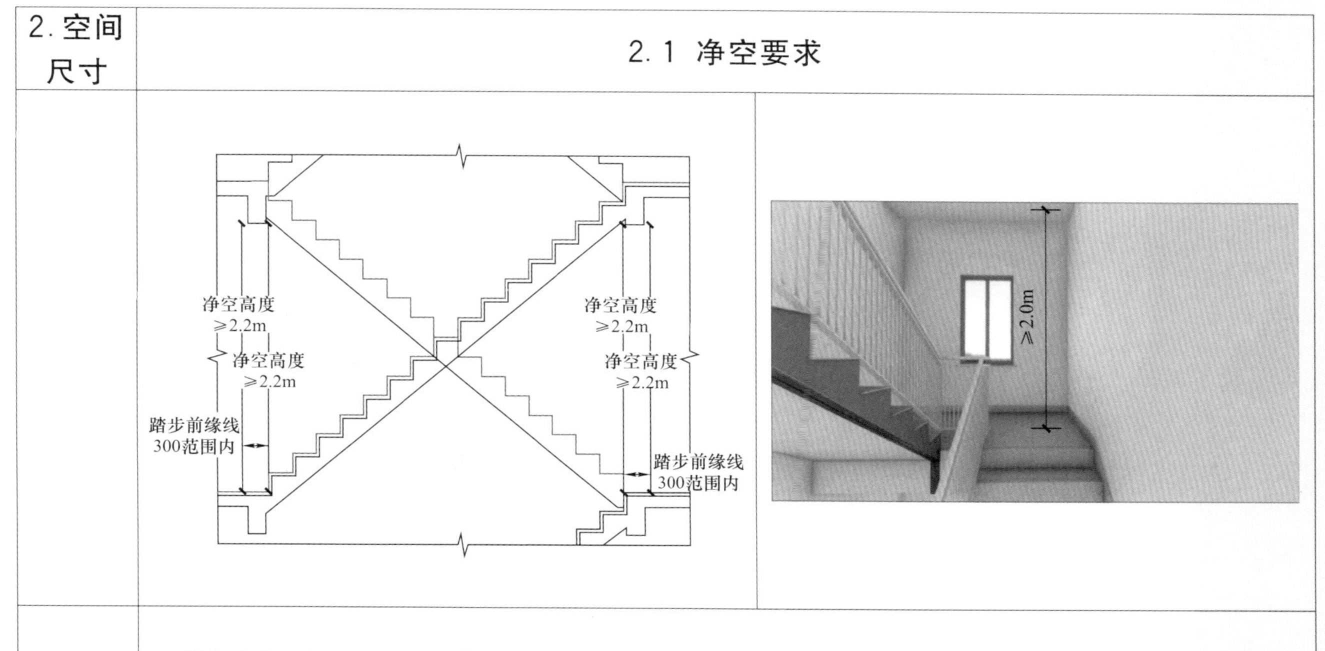
</td></tr>
<tr><td>控制要点</td><td colspan="2">1. 梯段净高不得少于 2.2m。[注梯段净高为自踏步前缘（包括每个梯段最低和最高一级踏步前缘线以外 0.3m 范围内）量至上方突出物下缘间的垂直高度]
2. 楼梯平台上部及下部过道处的净高不应小于 2.0m。</td></tr>
</table>

<table>
<tr><td>2. 空间尺寸</td><td colspan="2">2.2 休息平台宽度要求</td></tr>
<tr><td></td><td>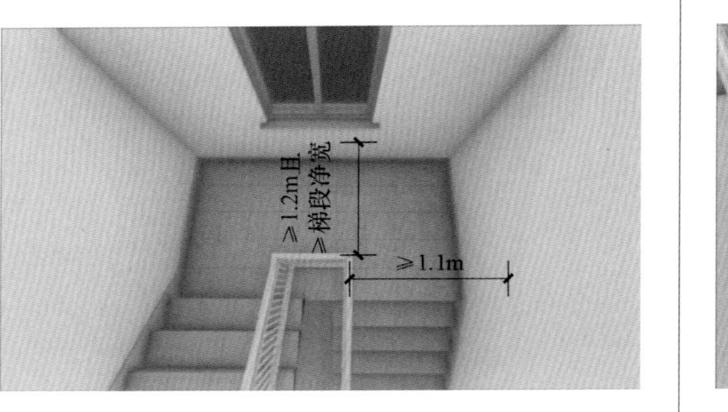
</td><td>
</td></tr>
<tr><td>控制要点</td><td colspan="2">1. 楼梯间梯段净宽不少于 1. 1m。当梯段改变方向时，扶手转向处的平台最小宽度不应小于梯段净宽，并不得小于 1. 2m。
2. 直跑楼梯的中间平台宽度不应小于 0. 9m。</td></tr>
</table>

<table>
<tr><td>3. 块材面层</td><td colspan="2">3.1 整体排布</td></tr>
<tr><td></td><td></td><td></td></tr>
<tr><td>控制要点</td><td colspan="2">1. 瓷砖面层排布均匀、对称，踏步、休息平台、踢脚砖缝对齐。
2. 排布原则：整砖在踏步与休息平台对称排布，非整砖留在休息平台与梯井延长线位置。尺寸不合适时增设单边或双边波打线。</td></tr>
</table>

3. 块材面层	3.2 踏步防滑槽
	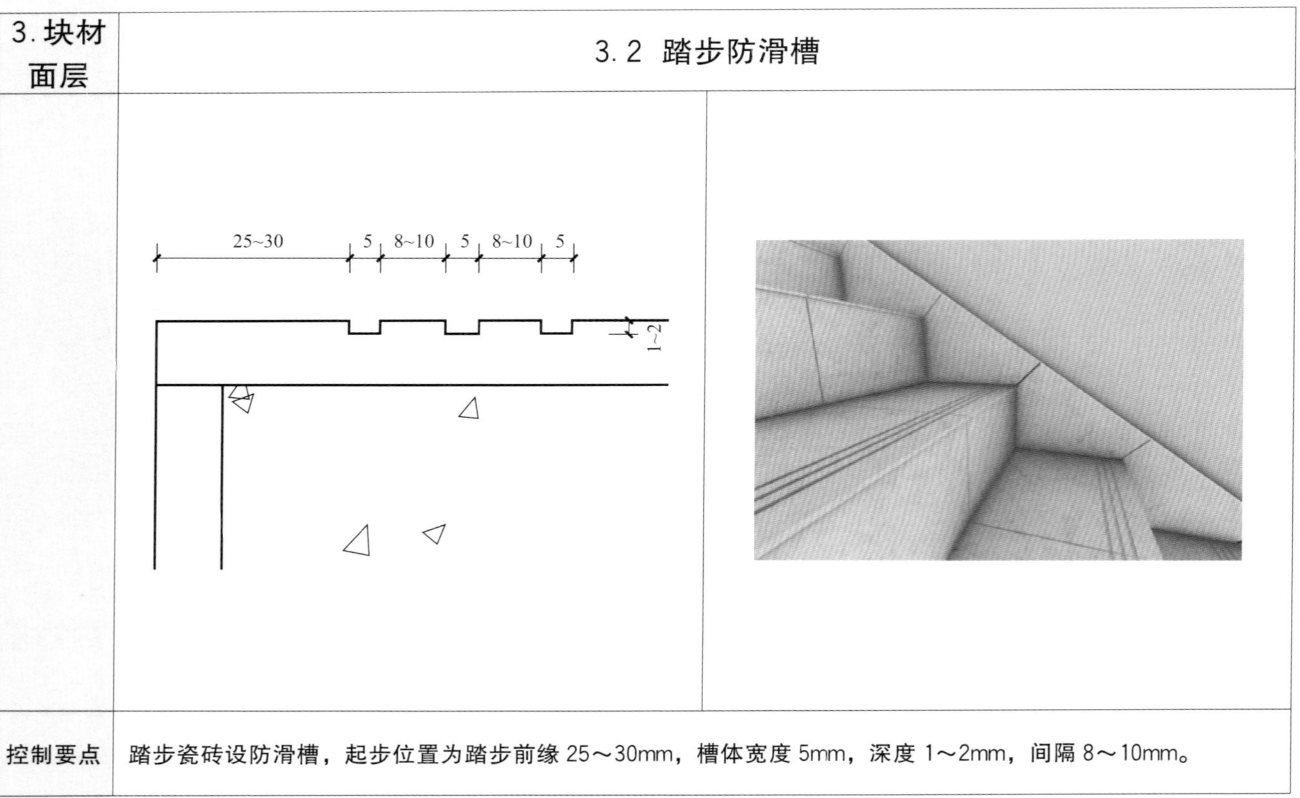
控制要点	踏步瓷砖设防滑槽，起步位置为踏步前缘 25～30mm，槽体宽度 5mm，深度 1～2mm，间隔 8～10mm。

3. 块材面层	3.3 踢脚排布
	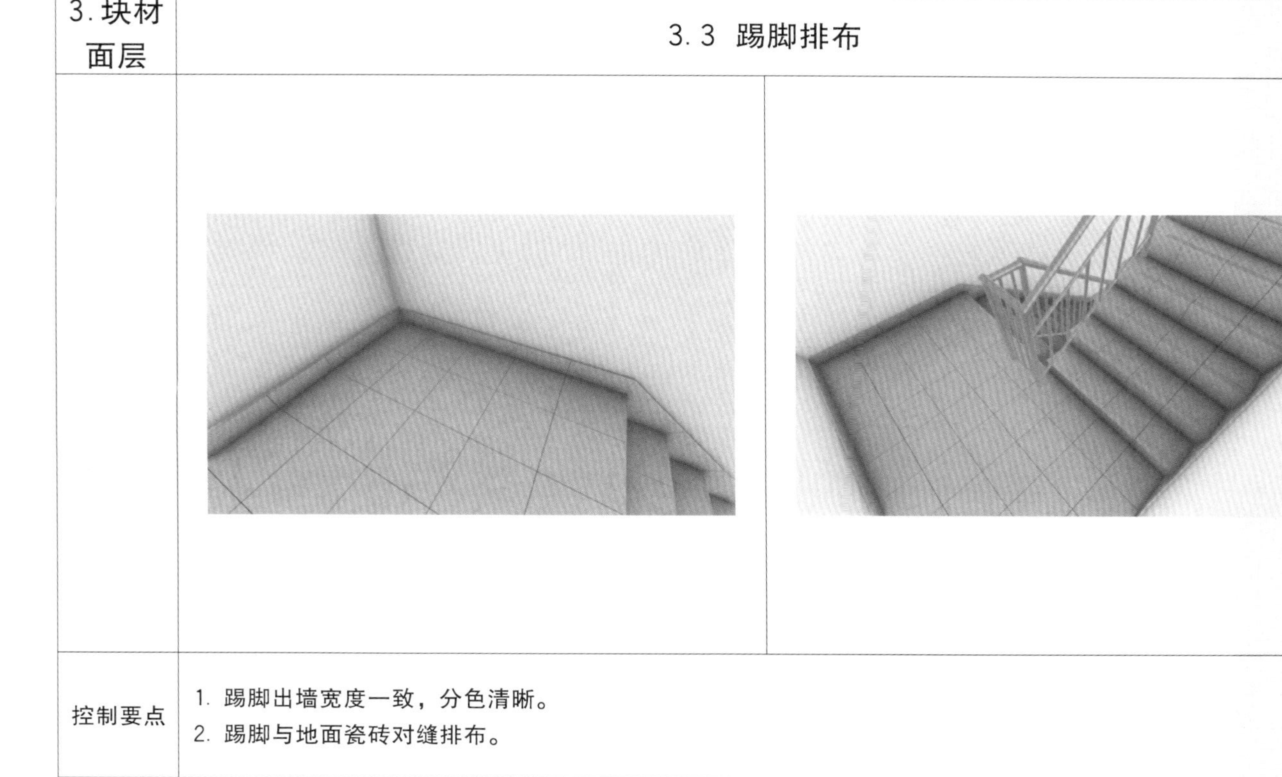
控制要点	1. 踢脚出墙宽度一致，分色清晰。 2. 踢脚与地面瓷砖对缝排布。

3.块材面层	3.4 踢脚裁切
	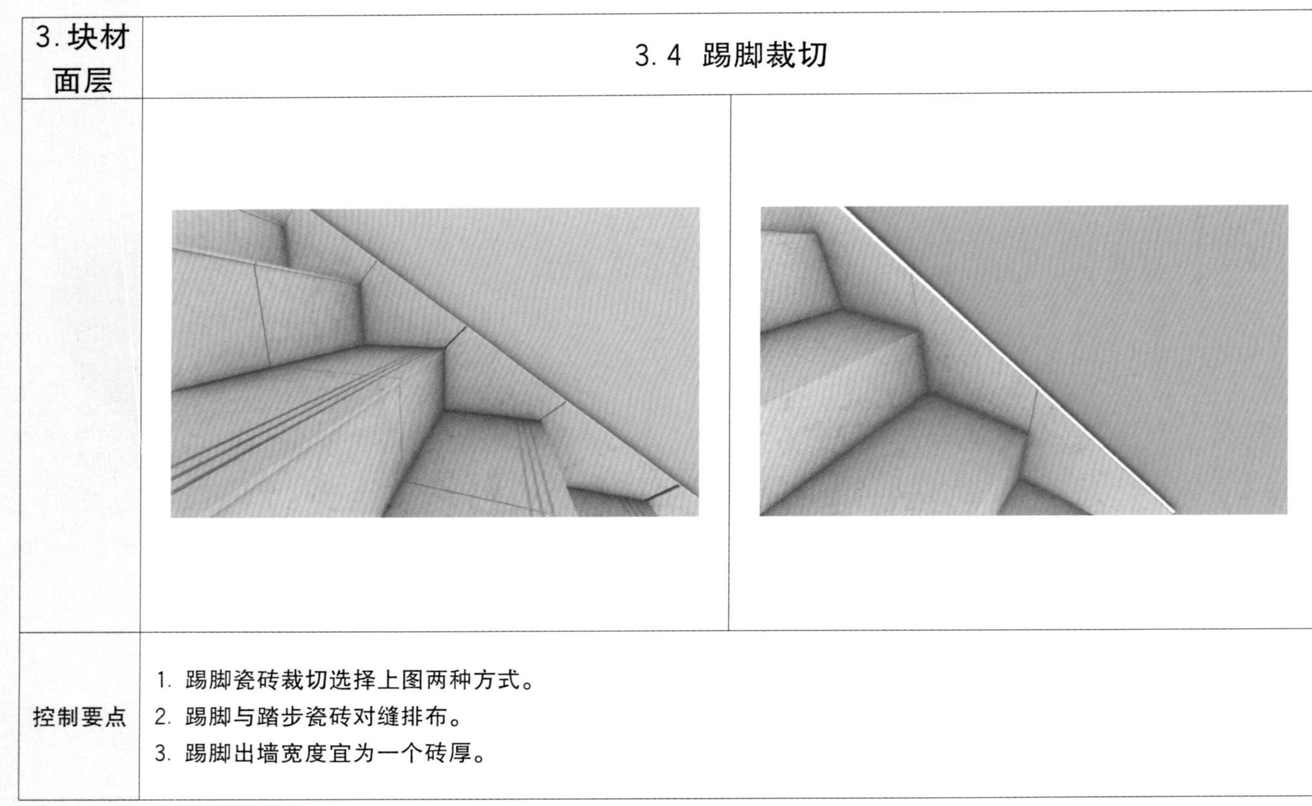
控制要点	1. 踢脚瓷砖裁切选择上图两种方式。 2. 踢脚与踏步瓷砖对缝排布。 3. 踢脚出墙宽度宜为一个砖厚。

<table>
<tr><td>3. 块材面层</td><td colspan="2">3.5 梯段侧帮</td></tr>
<tr><td></td><td>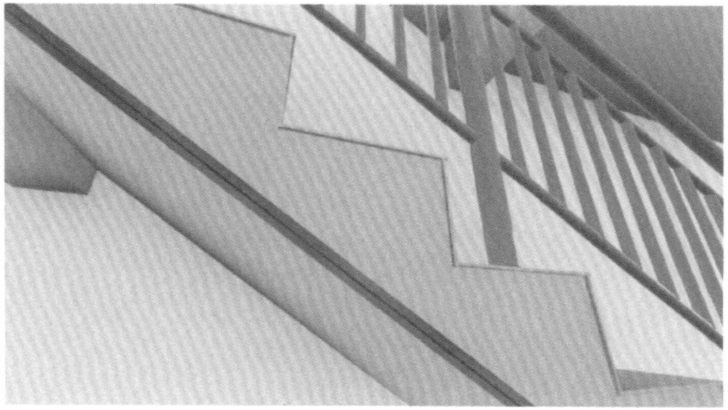</td><td>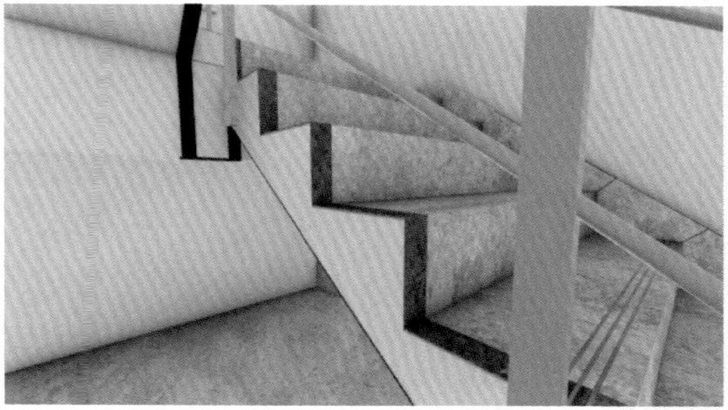</td></tr>
<tr><td>控制要点</td><td colspan="2">楼梯侧帮凹进 5mm。</td></tr>
</table>

3. 块材面层	3.6 石材踏步
	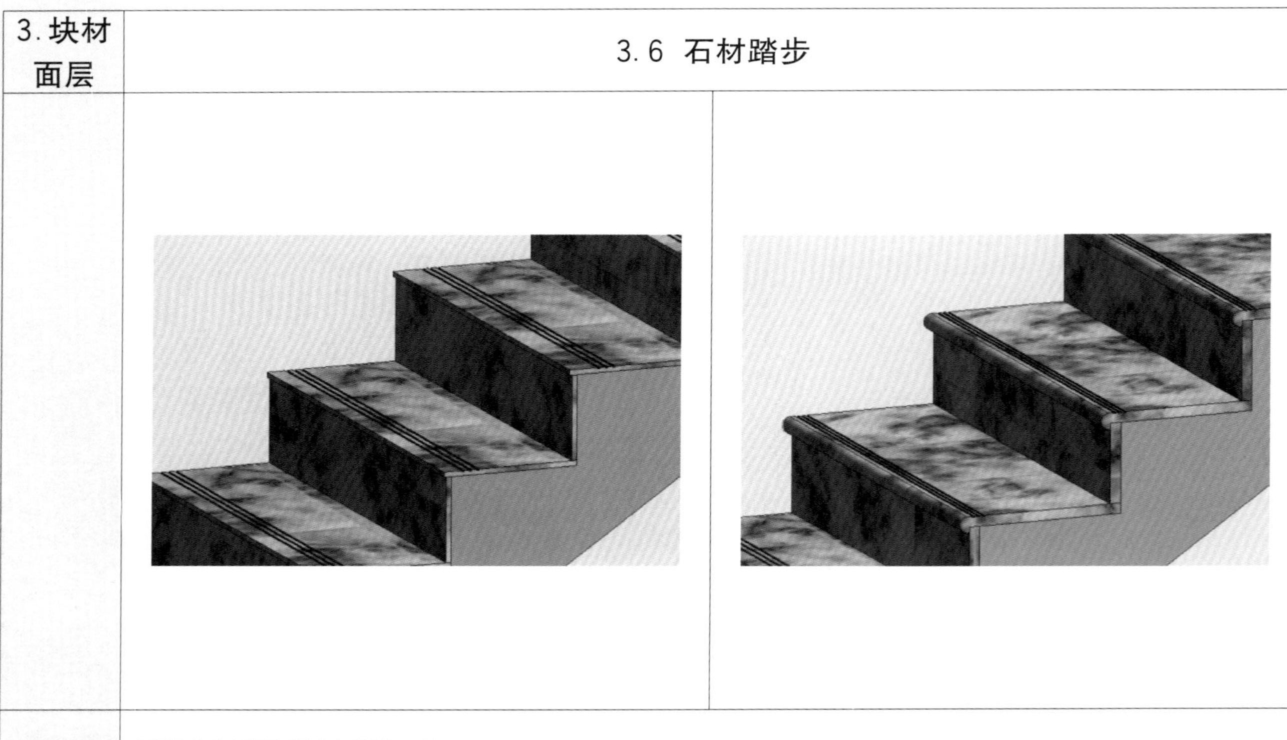
控制要点	石材踏步平面超过立面 5～10mm。

4. 水泥面层	4. 1 整体要求	

控制要点	1. 水泥踏步高度、宽度均匀一致，颜色均匀统一。 2. 水泥踢脚分色清晰，出墙宽度一致（8～10mm）。	

4. 水泥面层	4.2 瓷砖踏步护角	

控制要点	1. 踏步护角起保护与防滑作用，贴砖完成后与踏步水泥面层齐平。 2. 瓷砖护角设防滑槽，防滑槽尺寸与瓷砖防滑槽要求一致。	

<table>
<tr><td>4. 水泥面层</td><td colspan="2">4.3 金属踏步护角</td></tr>
<tr><td></td><td> 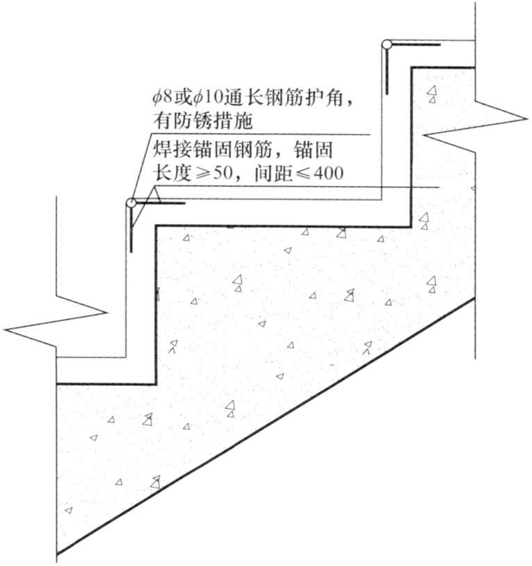</td><td> 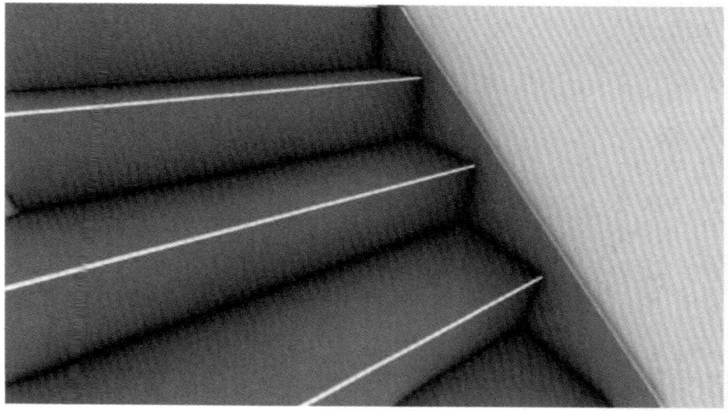</td></tr>
<tr><td>控制要点</td><td colspan="2">角钢、圆钢护角须有防锈措施。</td></tr>
</table>

5. 细部节点	5.1 混凝土挡水台
	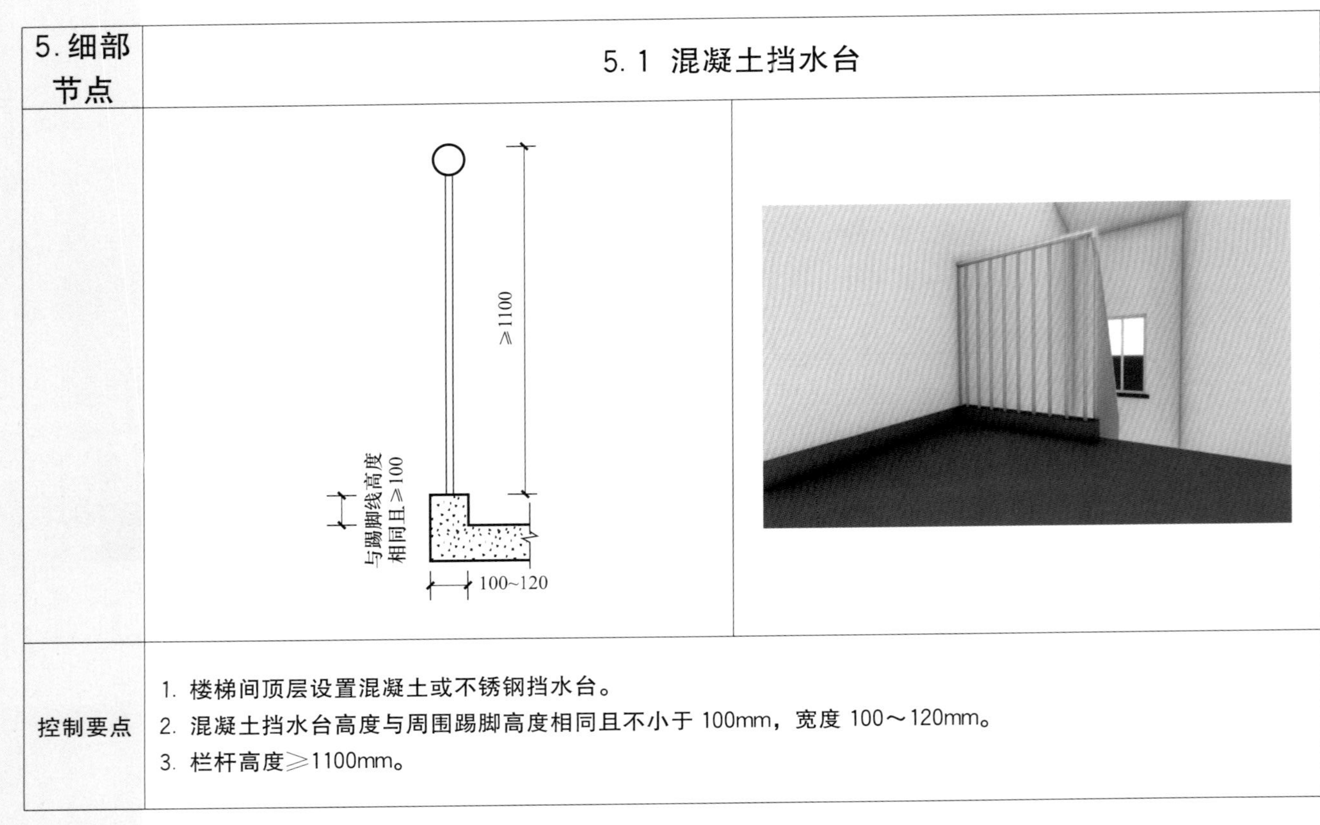
控制要点	1. 楼梯间顶层设置混凝土或不锈钢挡水台。 2. 混凝土挡水台高度与周围踢脚高度相同且不小于 100mm，宽度 100～120mm。 3. 栏杆高度≥1100mm。

5. 细部节点	5.2 不锈钢挡水台	
	与踢脚线高度相同且≥100 ≥1100 不锈钢板	
控制要点	1. 楼梯间顶层设置混凝土或不锈钢挡水台。 2. 不锈钢板挡水台厚度大于等于 4mm，高度不小于 100mm。 3. 栏杆高度大于等于 1100mm。	

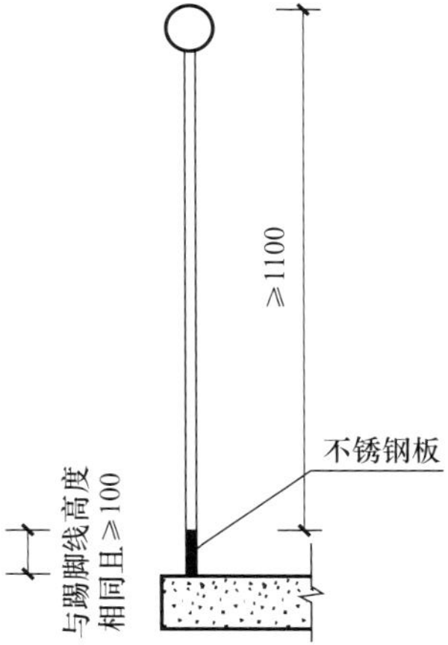

<table>
<tr><td>5. 细部节点</td><td colspan="2">5.3 扶手</td></tr>
<tr><td></td><td colspan="2">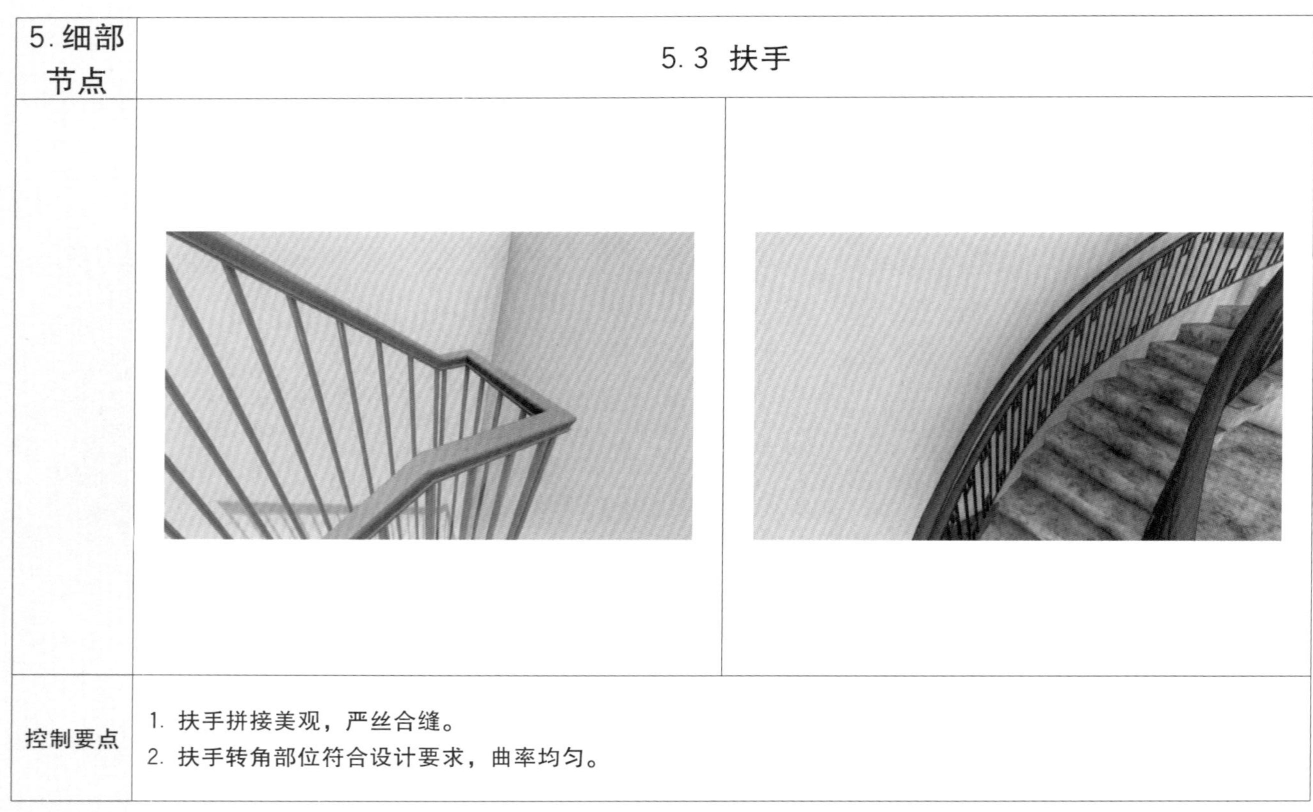</td></tr>
<tr><td>控制要点</td><td colspan="2">1. 扶手拼接美观，严丝合缝。
2. 扶手转角部位符合设计要求，曲率均匀。</td></tr>
</table>

5. 细部节点	5.4 抹灰成型滴水线
	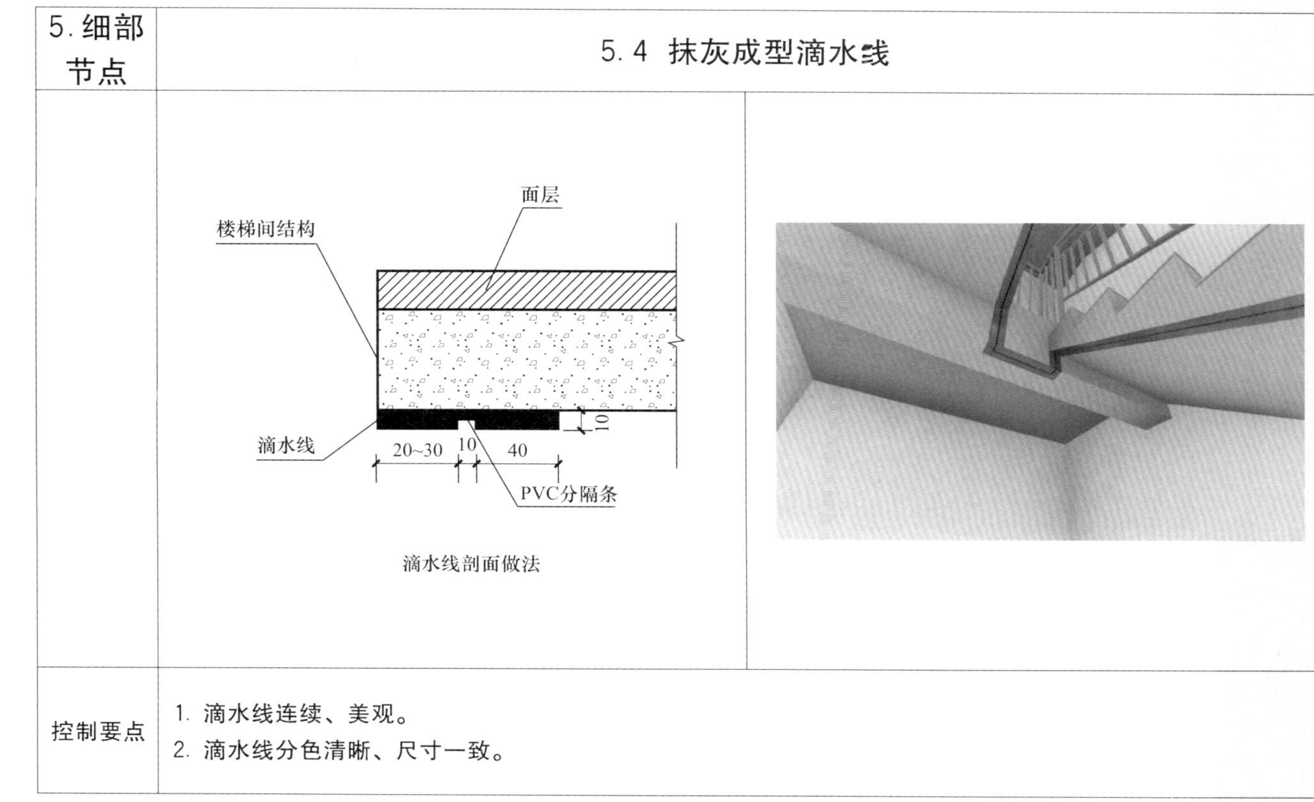 滴水线剖面做法
控制要点	1. 滴水线连续、美观。 2. 滴水线分色清晰、尺寸一致。

5. 细部节点	5.5 成品滴水线
	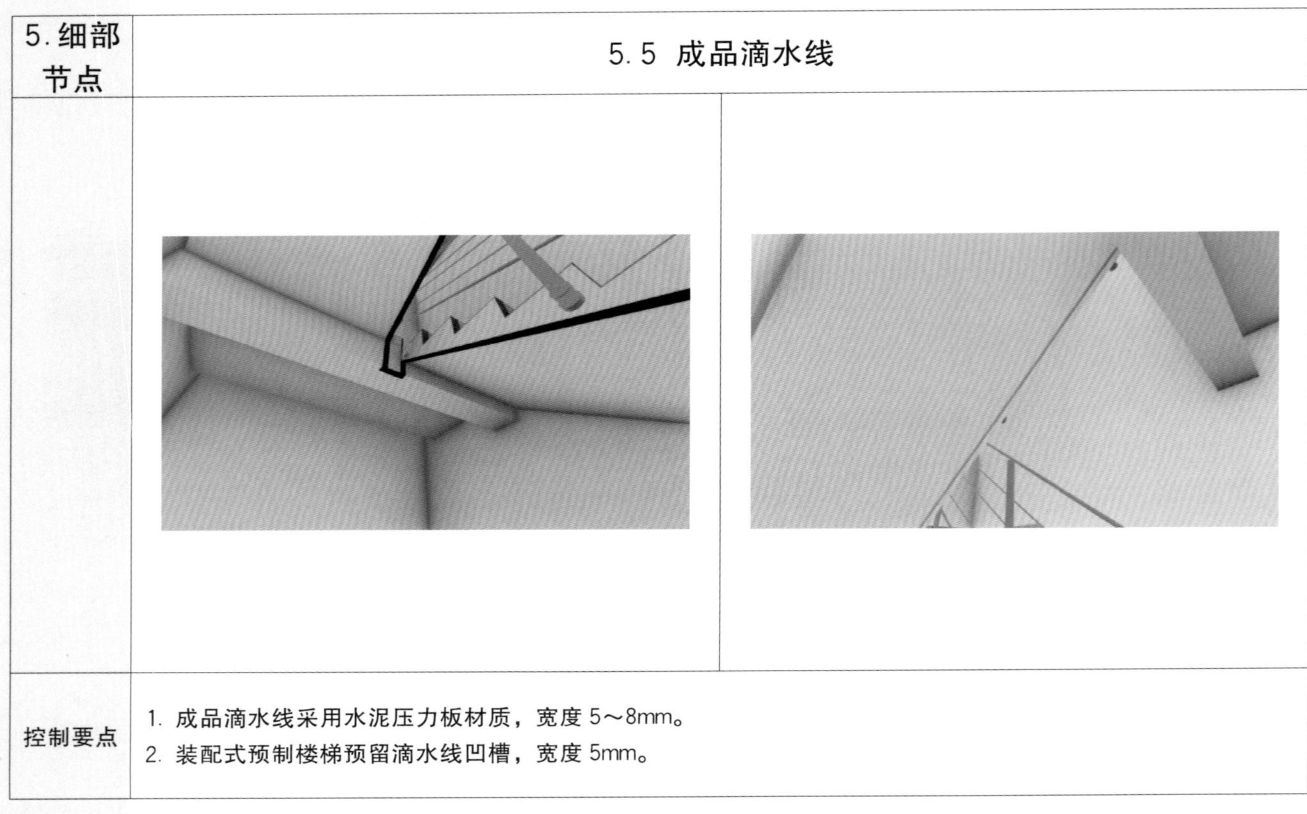
控制要点	1. 成品滴水线采用水泥压力板材质，宽度 5～8mm。 2. 装配式预制楼梯预留滴水线凹槽，宽度 5mm。

第七部分 卫生间

1. 总体要求	卫生间
	1. 卫生间深化设计在主体结构施工中即着手进行，隔墙、洞口位置应综合考虑墙、顶、地排版做法及洁具安装等因素。 2. 结合建筑尺寸和各专业系统末端点位等进行深化设计，相关专业根据排版图确定专业末端尺寸和位置，做到地漏、洁具、开关插座、灯具、风口等位置合理，块材拼缝模数与墙厚、墙砖模数一致或对应，排版合理，宜墙地对缝；不同材料交接处构造做法美观，并与各设备末端协调。 3. 防水层严禁渗漏，坡向应正确、排水通畅。 4. 饰面砖粘贴必须牢固。饰面砖表面应平顺、色泽一致，无污染、无裂纹、无缺棱掉角；砖缝应宽度均匀，平直顺畅、擦缝清晰、光滑，纵横交接处无明显错台错位，坎缝连续密实，宽度、深度一致；各种套割镶嵌精细。 5. 非整砖应排在阴角处或不明显处；石材应根据现场尺寸均分整块排列。

<table>
<tr><td>2. 细部做法</td><td colspan="2">2. 1 地砖做法</td></tr>
<tr><td>2. 1. 1
地砖节点</td><td>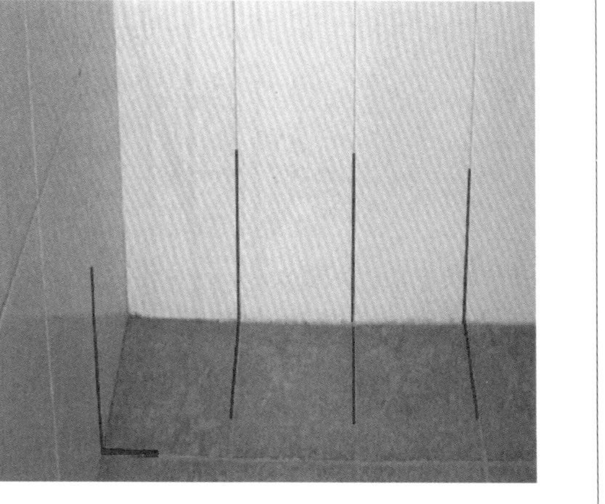</td><td></td></tr>
<tr><td>控制要点</td><td colspan="2">1. 砖缝宽一般为 1～2mm，严禁采用无缝粘贴法。表面光洁、平整、坚实，图案清晰，接缝均匀、顺直，无裂纹、掉角和掉瓷。
2. 砖缝应用与砖颜色协调的专用填缝剂嵌填。
3. 地砖与墙砖规格为同一模数时应做到一一对缝或间隔对缝。</td></tr>
</table>

2. 细部做法	2.1 地砖做法
2.1.2 地台节点	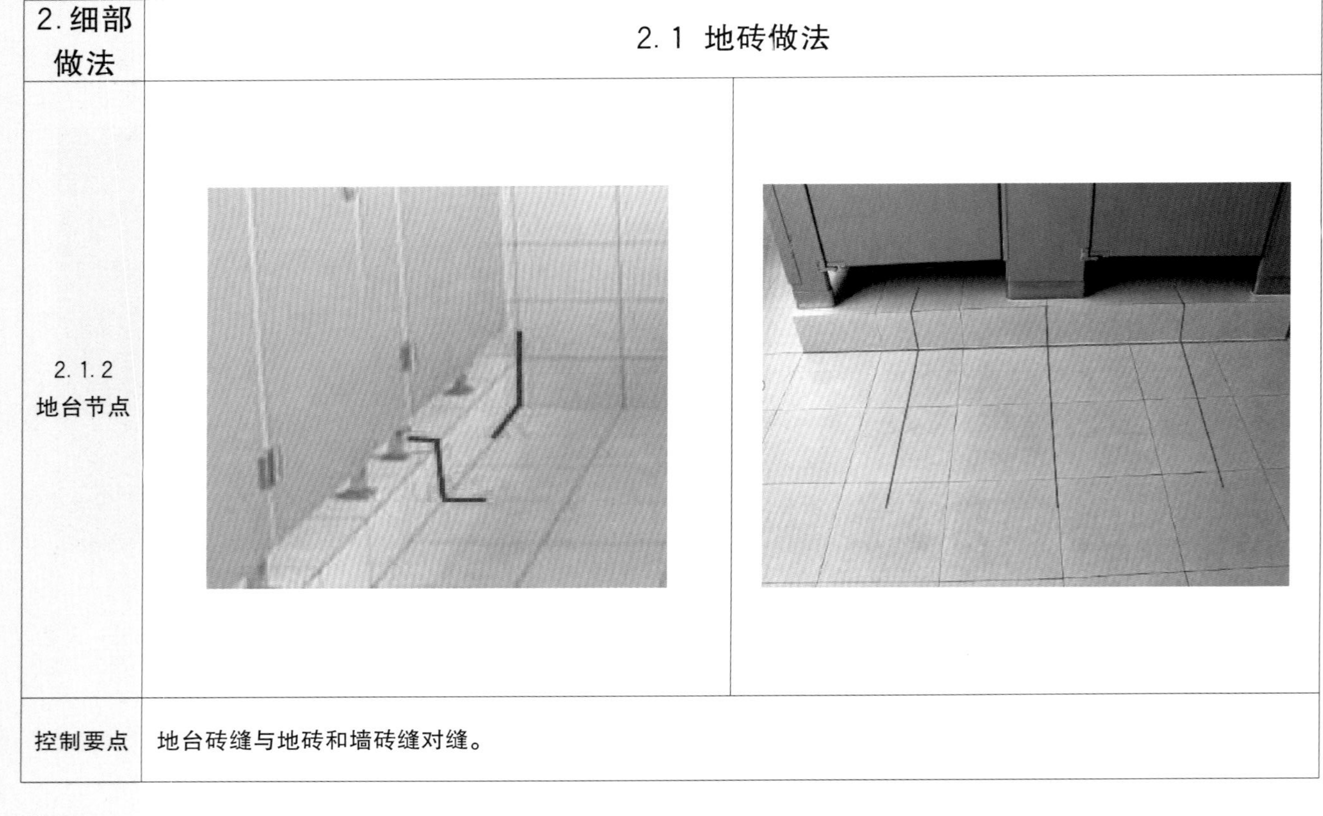
控制要点	地台砖缝与地砖和墙砖缝对缝。

<table>
<tr><td>2. 细部做法</td><td colspan="2">2. 1　地砖做法</td></tr>
<tr><td>2. 1. 3
地面转角节点</td><td colspan="2">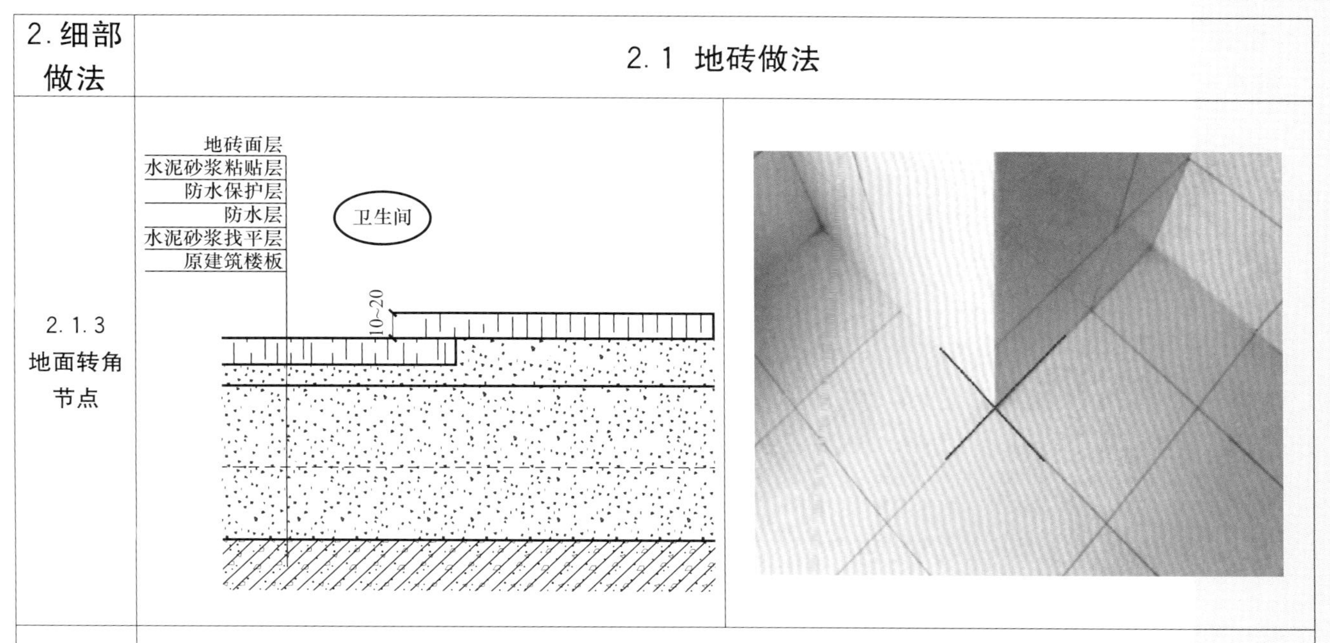
</td></tr>
<tr><td>控制要点</td><td colspan="2">1. 地面转角处地砖与墙砖应对缝。
2. 厕浴间地面与相邻地面的标高差应符合设计要求。当设计无要求时，应低于其他房间 10～20mm。严禁小于 5mm 的不明显错台。</td></tr>
</table>

2. 细部做法	2.1 地砖做法
2.1.4 地面洁具节点	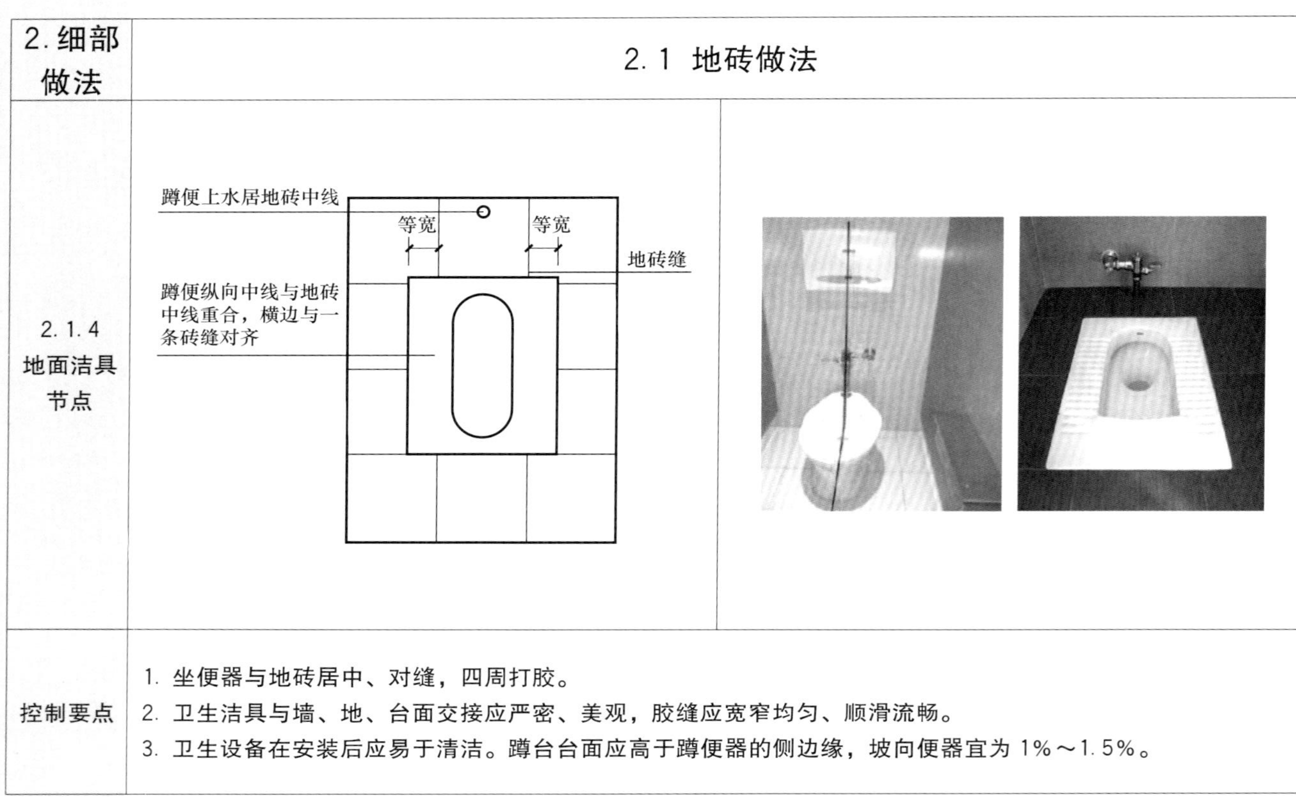
控制要点	1. 坐便器与地砖居中、对缝，四周打胶。 2. 卫生洁具与墙、地、台面交接应严密、美观，胶缝应宽窄均匀、顺滑流畅。 3. 卫生设备在安装后应易于清洁。蹲台台面应高于蹲便器的侧边缘，坡向便器宜为 1%～1.5%。

2. 细部做法	2.1 地砖做法	
2.1.5 地漏节点	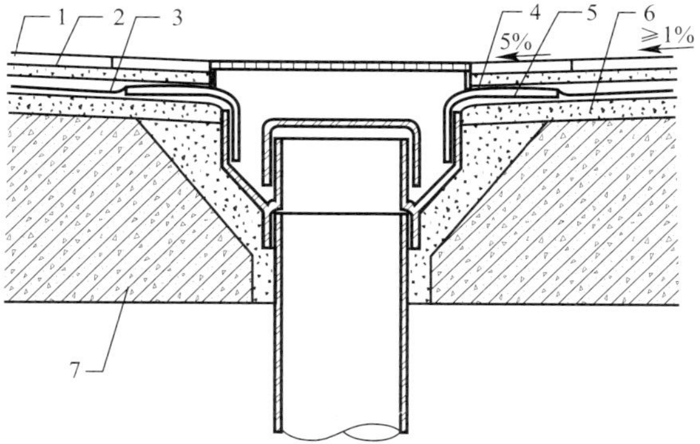 1—2—3 4—5—6 5% ≥1% 7 1. 楼、地面面层；2. 粘贴层；3. 防水层；4. 密封胶；5. 加强层；6. 找坡、找平层；7. 钢筋混凝土楼板	 
控制要点	1. 地漏居中、同色地砖，排水找坡、流水通畅。 2. 地面向地漏处排水坡度应为 1%，从地漏边缘向外 80mm 内排水坡度为 5%，做到不倒坡、不积水。 3. 地漏应安装在楼地面最低处，箅子顶应低于地面 2mm。 4. 地面砖与地漏交接处套割应严密吻合，地漏水封高度不低于 50mm。	

2. 细部做法	2.2 墙砖做法
2.2.1 墙面节点	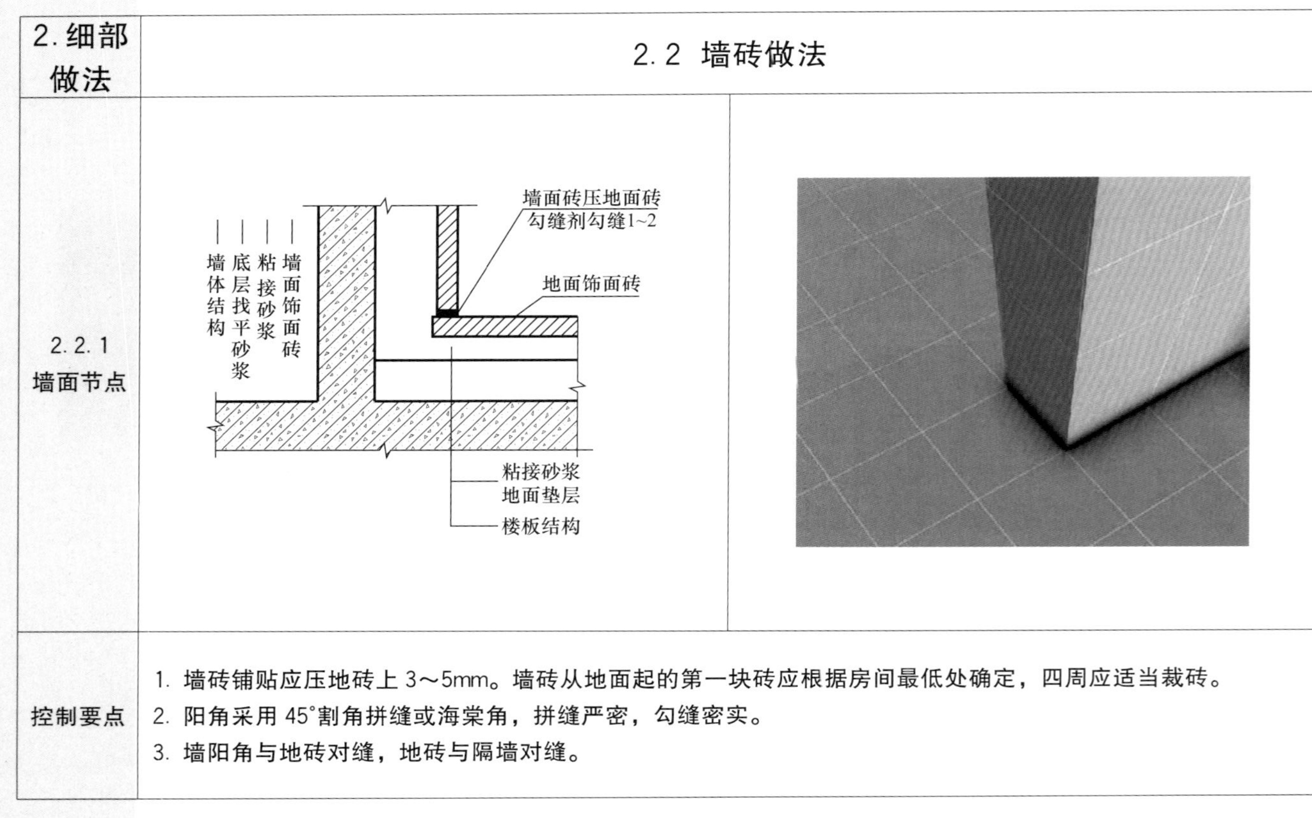
控制要点	1. 墙砖铺贴应压地砖上 3～5mm。墙砖从地面起的第一块砖应根据房间最低处确定，四周应适当裁砖。 2. 阳角采用 45°割角拼缝或海棠角，拼缝严密，勾缝密实。 3. 墙阳角与地砖对缝，地砖与隔墙对缝。

2. 细部做法	2.2 墙砖做法	
2.2.2 墙面洞口节点		
控制要点	墙砖与门窗对缝，整砖排布，不应有 L 形砖，两侧应对称。	

<table>
<tr><td>2. 细部做法</td><td colspan="2">2. 2 墙砖做法</td></tr>
<tr><td>2. 2. 3
墙面
检修门
节点</td><td> 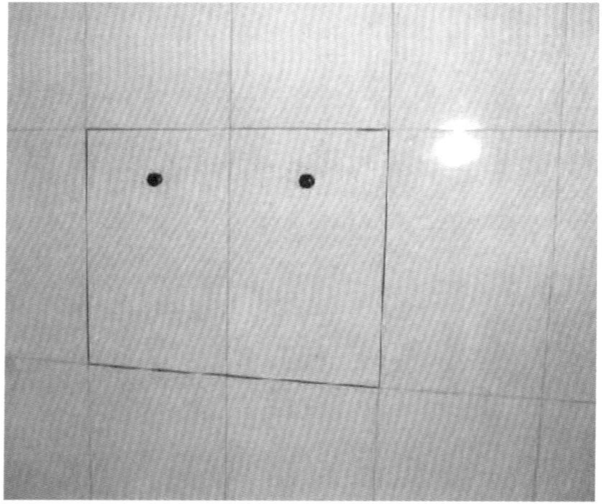</td><td> </td></tr>
<tr><td>控制要点</td><td colspan="2">1. 墙砖与检修门对缝。
2. 检修口（含浴缸检修口）留设位置应正确，便于开启。</td></tr>
</table>

2. 细部做法	2.2 墙砖做法	
2.2.4 开关面板节点	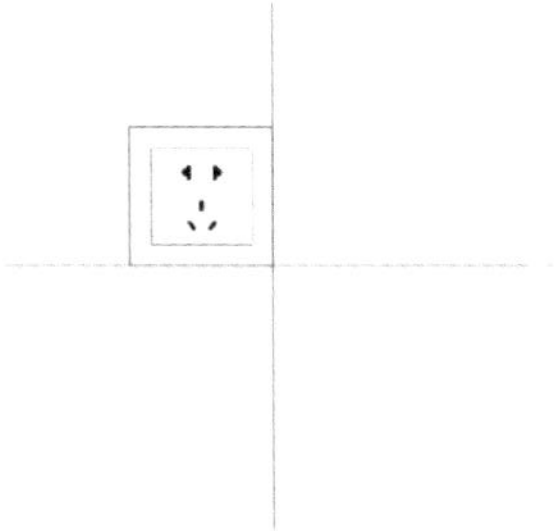	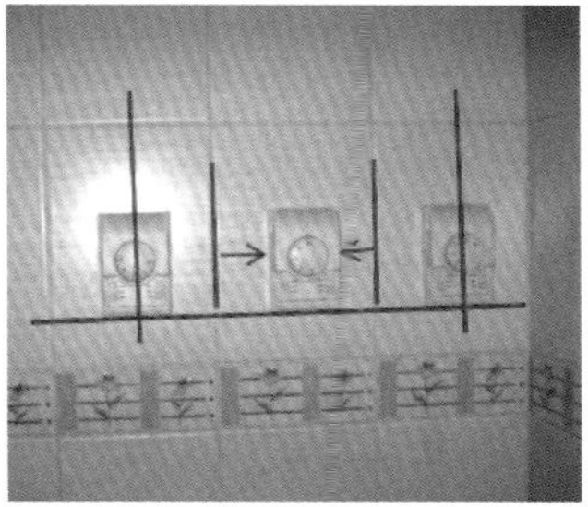 
控制要点	插座开关套割均与墙砖对中对缝。	

2. 细部做法	2.2 墙砖做法
2.2.5 洁具节点	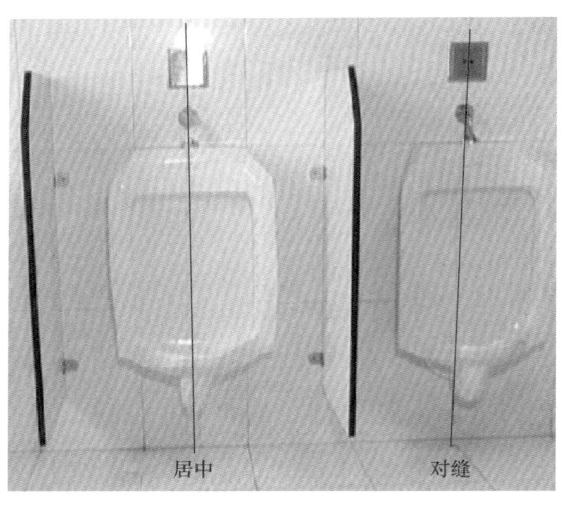
控制要点	1. 洁具对称安装，安装高度一致，尺寸正确，安装平整牢固，与墙面交接处打胶。感应器面板与砖缝、砖中对齐。 2. 排砖应与卫生洁具、隔板、设备等位置统一考虑，对称、美观，符合专业要求。

2. 细部做法	2.2 墙砖做法	
2.2.6 设施节点	 	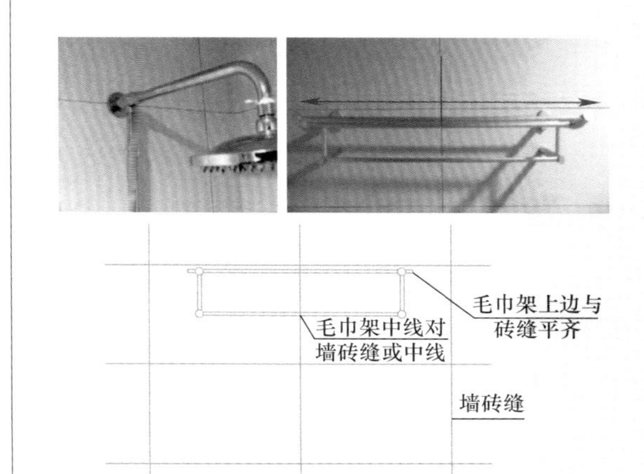
控制要点	1. 散热器安装位置与墙砖对缝或居中。 2. 毛巾架、喷淋支座安装上口与墙砖水平缝对齐或居中。 3. 毛巾架安装牢固。	

<table>
<tr><td>2. 细部做法</td><td colspan="2">2. 2 墙砖做法</td></tr>
<tr><td>2. 2. 7
设施节点</td><td></td><td></td></tr>
<tr><td>控制要点</td><td colspan="2">1. 盥洗台板上口与墙砖对缝，台板立面挡板与墙砖对缝。
2. 镜子上下水平缝、竖缝与墙砖对缝，两侧对称。</td></tr>
</table>

第八部分　车库及地下室

1. 总体要求	车库及地下室
	1. 车库应无渗漏、地面无空裂，地面强度、耐磨及防滑性能符合设计要求。 2. 车库管线综合排布：位置正确，接管顺畅，布局合理；间距恰当，便于安装、操作、检修；排列规范，同类设备宜集中成排布置，排列整齐；尽可能减少对外界和相互之间的干扰。 3. 车库地面分格缝应提前策划，连续设置，平直通顺，且能起到防止裂缝的作用。 4. 车库踢脚宜采用预制水泥踢脚，施工便捷，美观耐用。 5. 排水沟整齐平直，坡度合理，排水沟箅子与地面标高一致，承重型箅子满足使用要求。 6. 穿墙管道封堵严密、美观，满足消防要求。

<table>
<tr><td>2. 车库地面</td><td colspan="2">2.1 地面面层</td></tr>
<tr><td>2.1.1 混凝土地面</td><td></td><td></td></tr>
<tr><td>控制要点</td><td colspan="2">1. 车库地面混凝土强度等级不低于 C20 粗骨料最大粒径不大于混凝土厚度 1/3，坍落度不应大于 140mm；施工中纵缝宜采用跳仓法施工，在纵向伸缩缝处形成平头缝（贯通缝）。
2. 车库地面混凝土表面洁净、密实平整、色泽一致，标线清晰；耐磨地面应防滑耐磨。
3. 面层与基层结合牢固，不空鼓；无裂缝、脱皮、麻面、起砂等缺陷。</td></tr>
</table>

<table>
<tr><td>2. 车库地面</td><td colspan="2">2.1 地面面层</td></tr>
<tr><td>2.1.2
自流平
地面</td><td>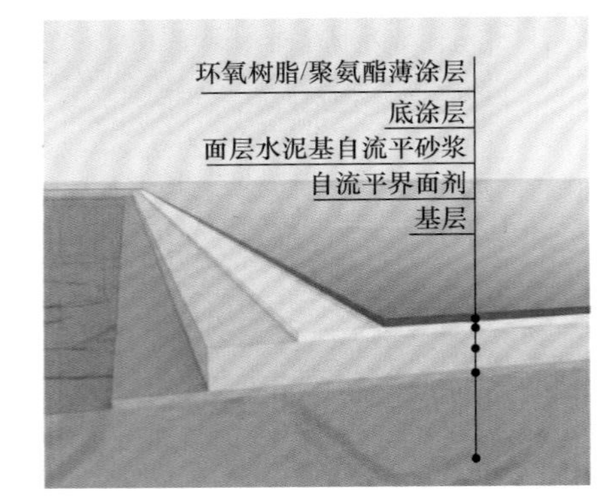
</td><td>
</td></tr>
<tr><td>控制要点</td><td colspan="2">1. 水泥基自流平砂浆性能应符合现行行业标准《地面用水泥基自流平砂浆》JC/T 985—2017 的规定；环氧树脂自流平材料和聚氨酯自流平材料性能应符合现行国家标准《地坪涂装材料》GB/T 22374—2018 的规定。
2. 自流平面层平整密实，面层厚度、强度符合设计及规范要求。
3. 面层应色泽均匀、分色清晰；无裂纹、色差、空鼓、气泡等缺陷。</td></tr>
</table>

<table>
<tr><td>2. 车库地面</td><td colspan="2">2.2 地面分格缝</td></tr>
<tr><td>2.2.1 分格缝分类</td><td colspan="2">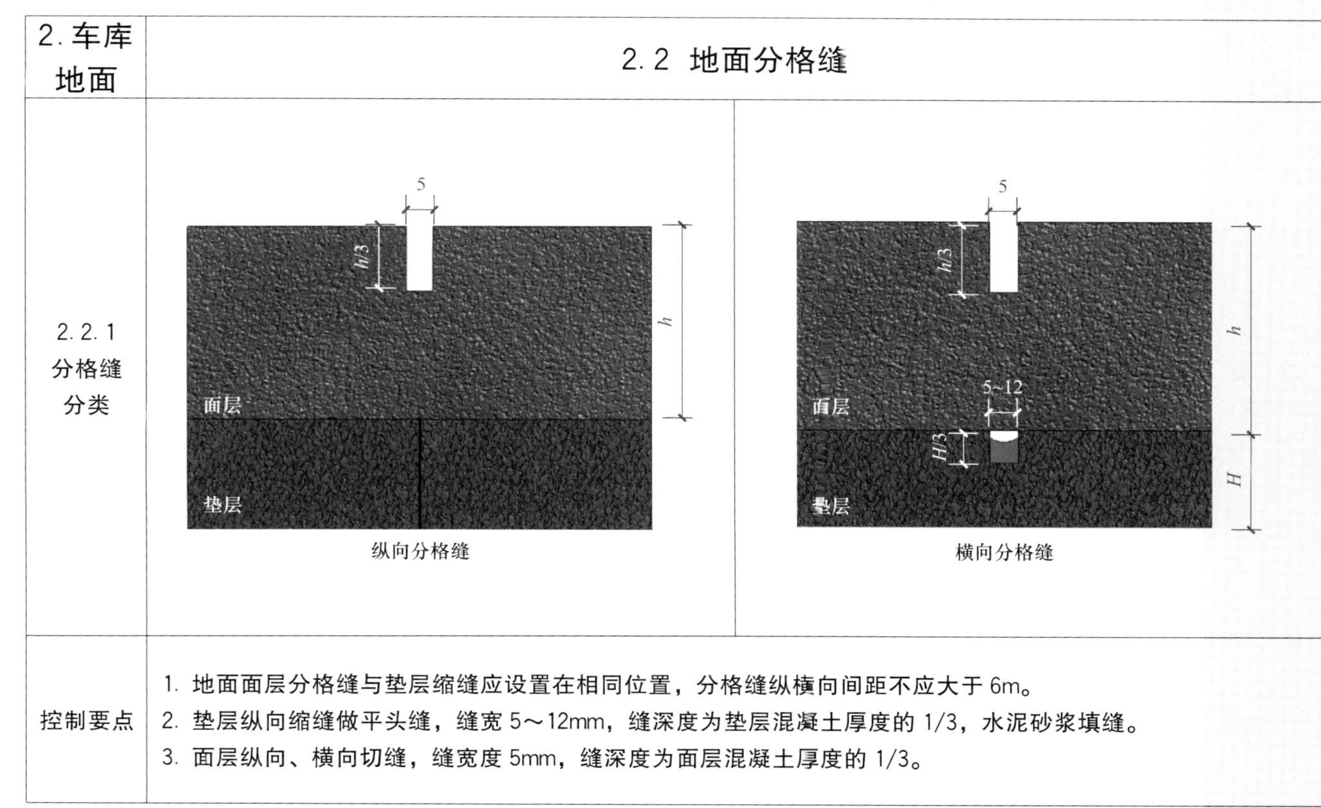
</td></tr>
<tr><td>控制要点</td><td colspan="2">1. 地面面层分格缝与垫层缩缝应设置在相同位置，分格缝纵横向间距不应大于 6m。
2. 垫层纵向缩缝做平头缝，缝宽 5～12mm，缝深度为垫层混凝土厚度的 1/3，水泥砂浆填缝。
3. 面层纵向、横向切缝，缝宽度 5mm，缝深度为面层混凝土厚度的 1/3。</td></tr>
</table>

2. 车库地面	2.2 地面分格缝	
2.2.2 分格缝设置	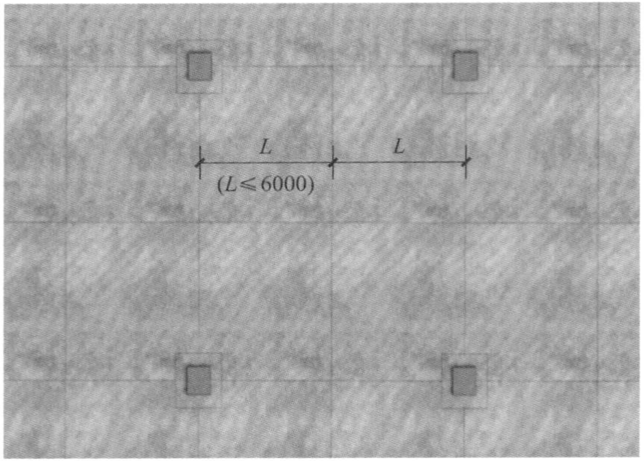 L L (L≤6000)	
控制要点	1. 沿墙边、柱边 300mm 设置连续分格缝。 2. 内部分格缝结合柱网设置，沿柱中心线纵横向设置分格缝，柱距大于 6m 时，应在柱间均匀增设分格缝，保证分格缝间距不大于 6m。	

2. 车库地面	2.2 地面分格缝	
2.2.3 分格缝做法	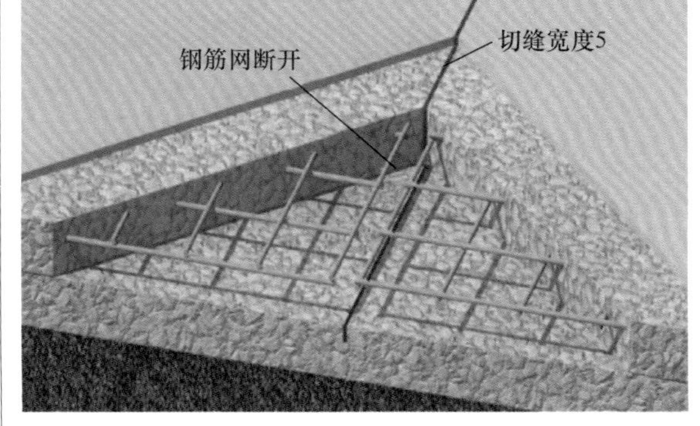	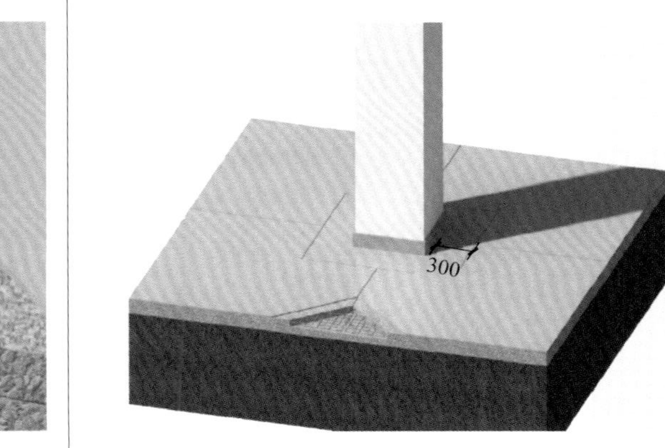
控制要点	1. 垫层纵向缩缝宜采用平头缝，缝间不设置隔离材料，浇筑时应相互紧贴；横向缩缝采用假缝，切缝宽度5～12mm，深度为混凝土厚度 1/3，水泥砂浆填缝。 2. 面层在垫层缩缝位置设置分格缝，钢筋网片在分格缝处断开。 3. 宜在混凝土浇筑完成，养护 2～3 天后开始切缝，在 5 天内完成；切缝宽度 5mm，切缝深度为混凝土厚度 1/3。	

2. 车库地面	2. 2 地面分格缝
2. 2. 4 柱边分格	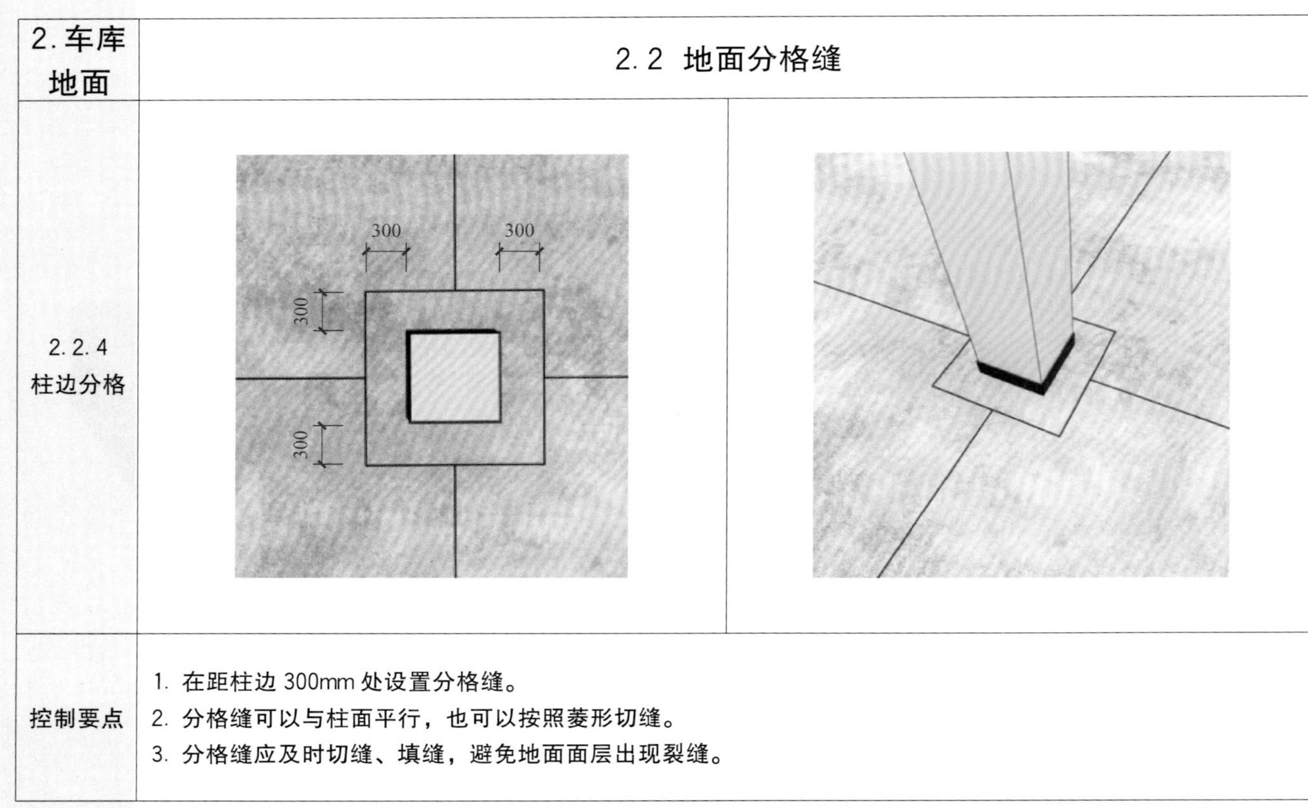
控制要点	1. 在距柱边 300mm 处设置分格缝。 2. 分格缝可以与柱面平行，也可以按照菱形切缝。 3. 分格缝应及时切缝、填缝，避免地面面层出现裂缝。

2. 车库地面	2.2 地面分格缝
2.2.5 上柱墩分格	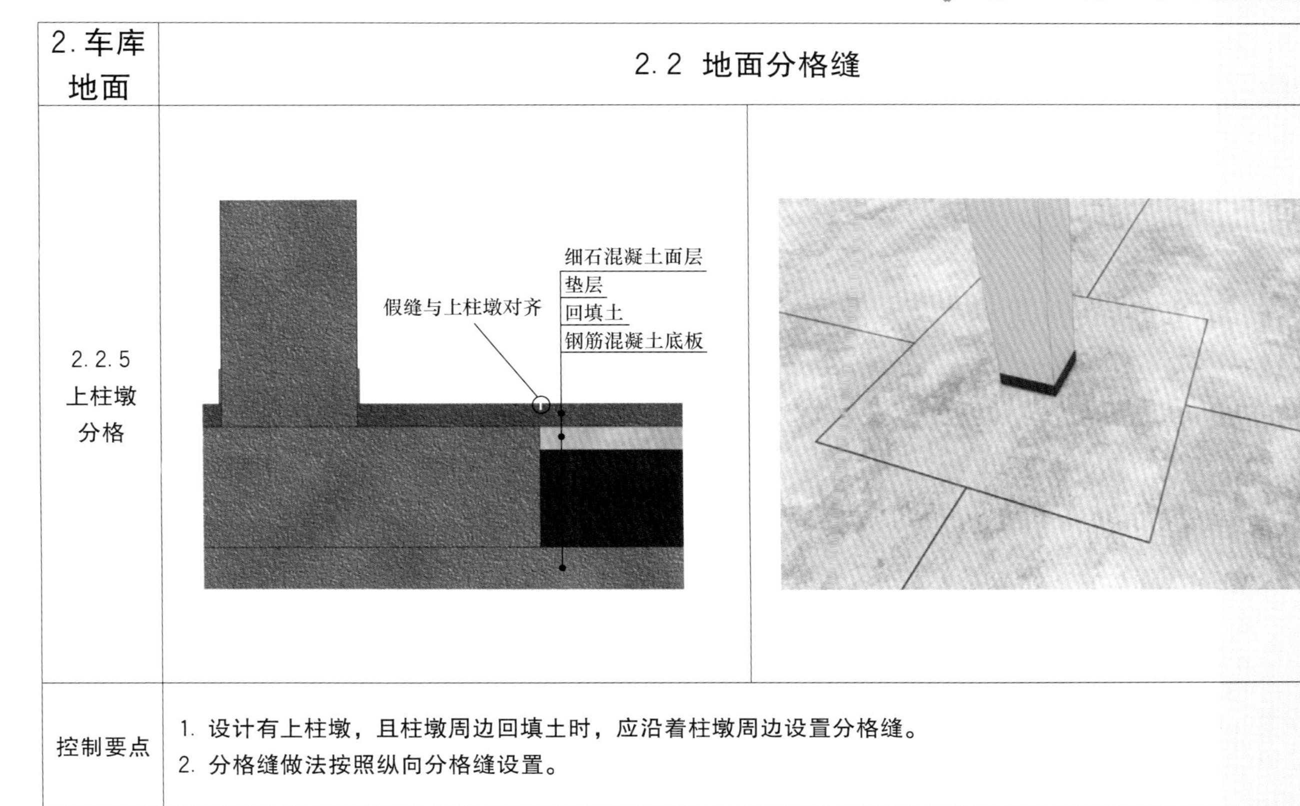
控制要点	1. 设计有上柱墩，且柱墩周边回填土时，应沿着柱墩周边设置分格缝。 2. 分格缝做法按照纵向分格缝设置。

2. 车库地面	2.2 地面分格缝
2.2.6 墙边分格	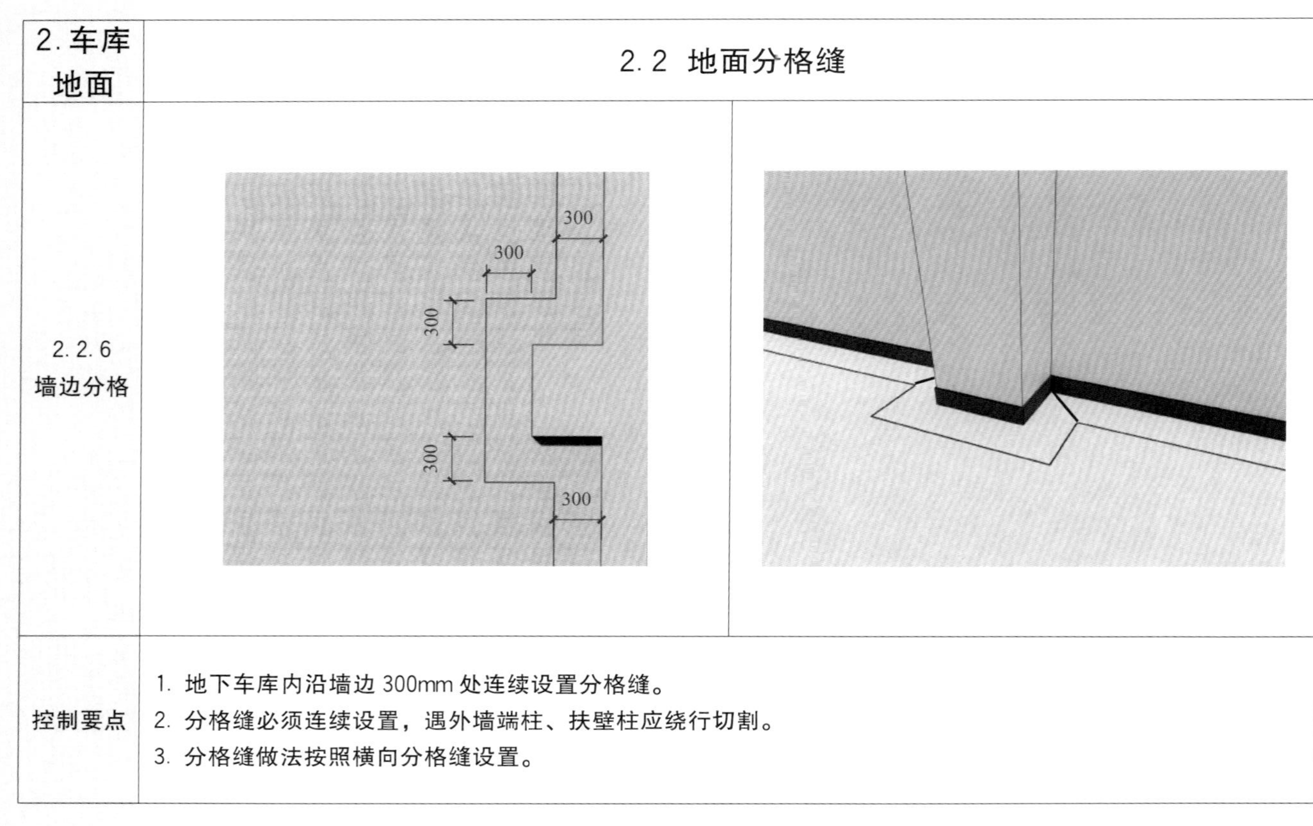
控制要点	1. 地下车库内沿墙边 300mm 处连续设置分格缝。 2. 分格缝必须连续设置，遇外墙端柱、扶壁柱应绕行切割。 3. 分格缝做法按照横向分格缝设置。

3. 车库坡道	3.1 一般规定
	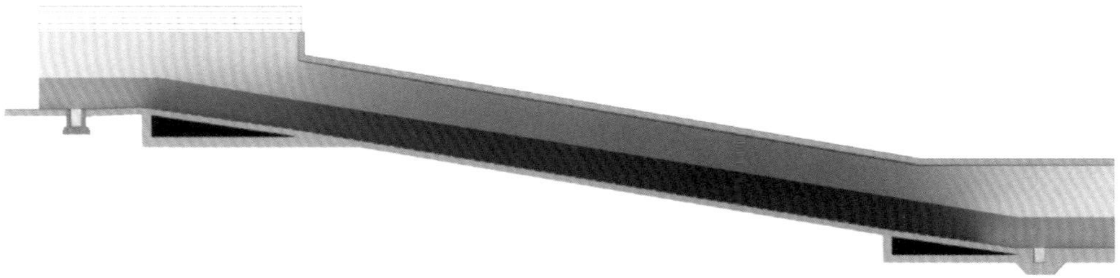
控制要点	1. 汽车坡道出入口处应设置排水沟，上部宜设置挡雨措施。 2. 坡道上口最高线标高应高于室外地坪不小于 150mm，且不宜大于 300mm；坡道向室外方向找坡坡度应符合相关规范要求，不大于 15%。 3. 坡道宽度、转弯半径及坡度符合设计及相关规范的规定。

<table>
<tr><td>3. 车库坡道</td><td>3.2 混凝土坡道</td></tr>
<tr><td></td><td>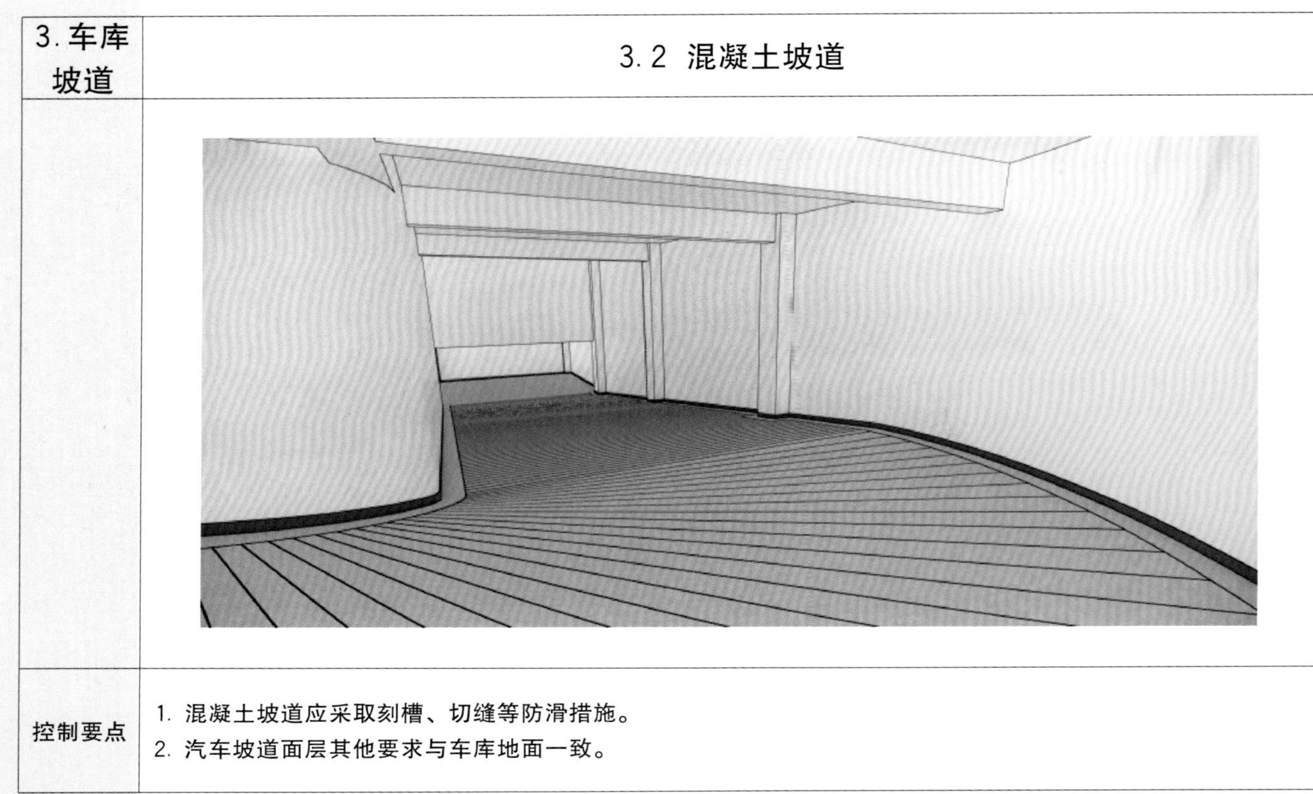</td></tr>
<tr><td>控制要点</td><td>1. 混凝土坡道应采取刻槽、切缝等防滑措施。
2. 汽车坡道面层其他要求与车库地面一致。</td></tr>
</table>

3. 车库坡道	3.3 自流平坡道

控制要点	1. 自流平面层设防滑带，防滑性能应满足设计要求。 2. 汽车坡道面层其他要求与车库地面一致。

<table>
<tr><td>3. 车库坡道</td><td colspan="2">3.4 排水沟</td></tr>
<tr><td></td><td>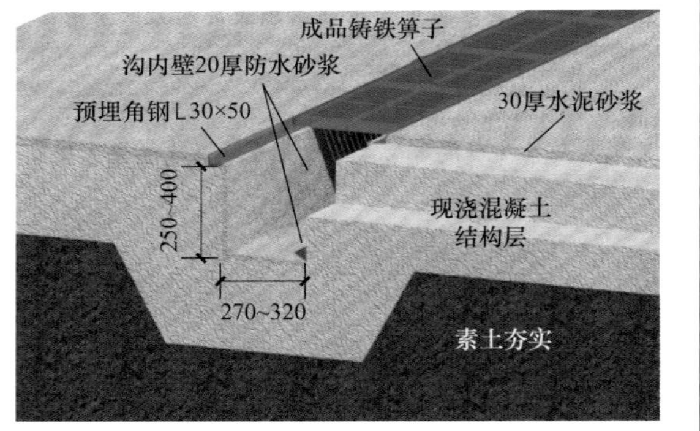
</td><td></td></tr>
<tr><td>控制要点</td><td colspan="2">1. 排水沟布置合理，沟底纵向坡度大于等于5%，沟内最浅处不得小于150mm。
2. 排水沟底面及内壁做好防水处理。
3. 排水沟顺直，两侧预埋角钢位置及标高准确，箅子严密、平稳。
4. 车库排水沟应选用承重型箅子，满足车辆正常通行要求。</td></tr>
</table>

4. 细部做法	4.1 踢脚
4.1.1 预制水泥踢脚	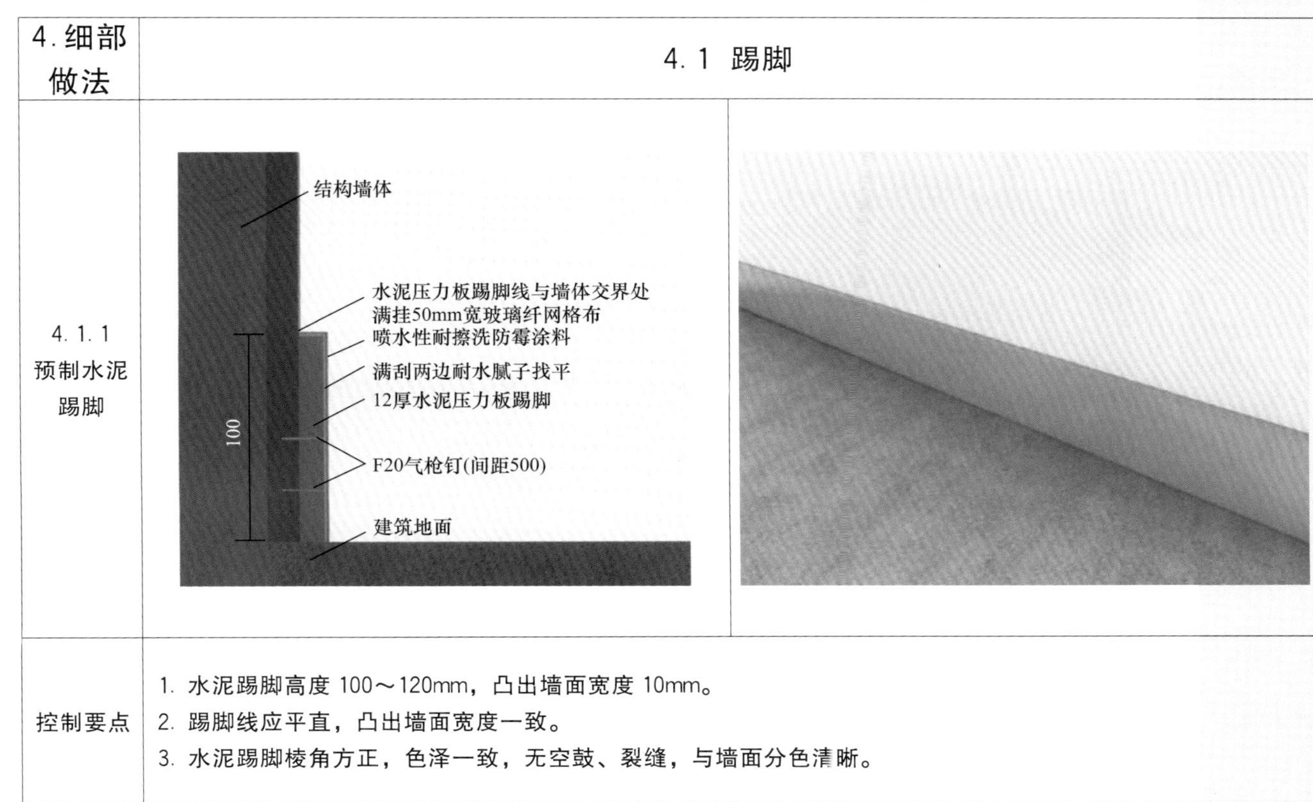
控制要点	1. 水泥踢脚高度 100～120mm，凸出墙面宽度 10mm。 2. 踢脚线应平直，凸出墙面宽度一致。 3. 水泥踢脚棱角方正，色泽一致，无空鼓、裂缝，与墙面分色清晰。

<table>
<tr><td>4. 细部做法</td><td colspan="2">4. 1 踢脚</td></tr>
<tr><td>4. 1. 2
现制水泥踢脚</td><td colspan="2">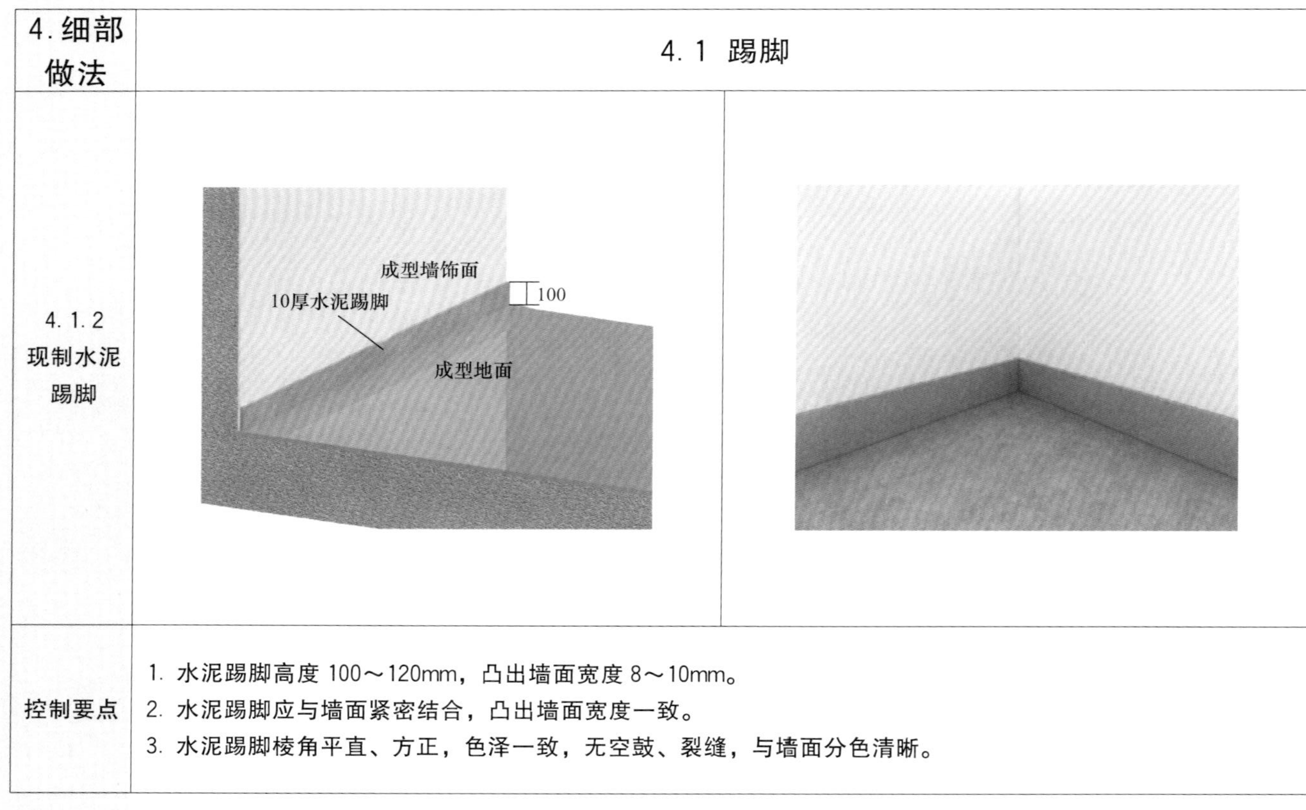
</td></tr>
<tr><td>控制要点</td><td colspan="2">1. 水泥踢脚高度 100～120mm，凸出墙面宽度 8～10mm。
2. 水泥踢脚应与墙面紧密结合，凸出墙面宽度一致。
3. 水泥踢脚棱角平直、方正，色泽一致，无空鼓、裂缝，与墙面分色清晰。</td></tr>
</table>

4. 细部做法	4.1 踢脚	
4.1.3 防霉涂料踢脚	 	
控制要点	1. 防霉涂料踢脚高度 100～120mm，顺直、平整、光滑，分色清晰。 2. 环氧自流平踢脚与地面颜色统一，应整体色泽一致，无透底、泛碱、咬色、流坠及刷纹。	

4. 细部做法	4.2 变形缝
4.2.1 楼地面变形缝	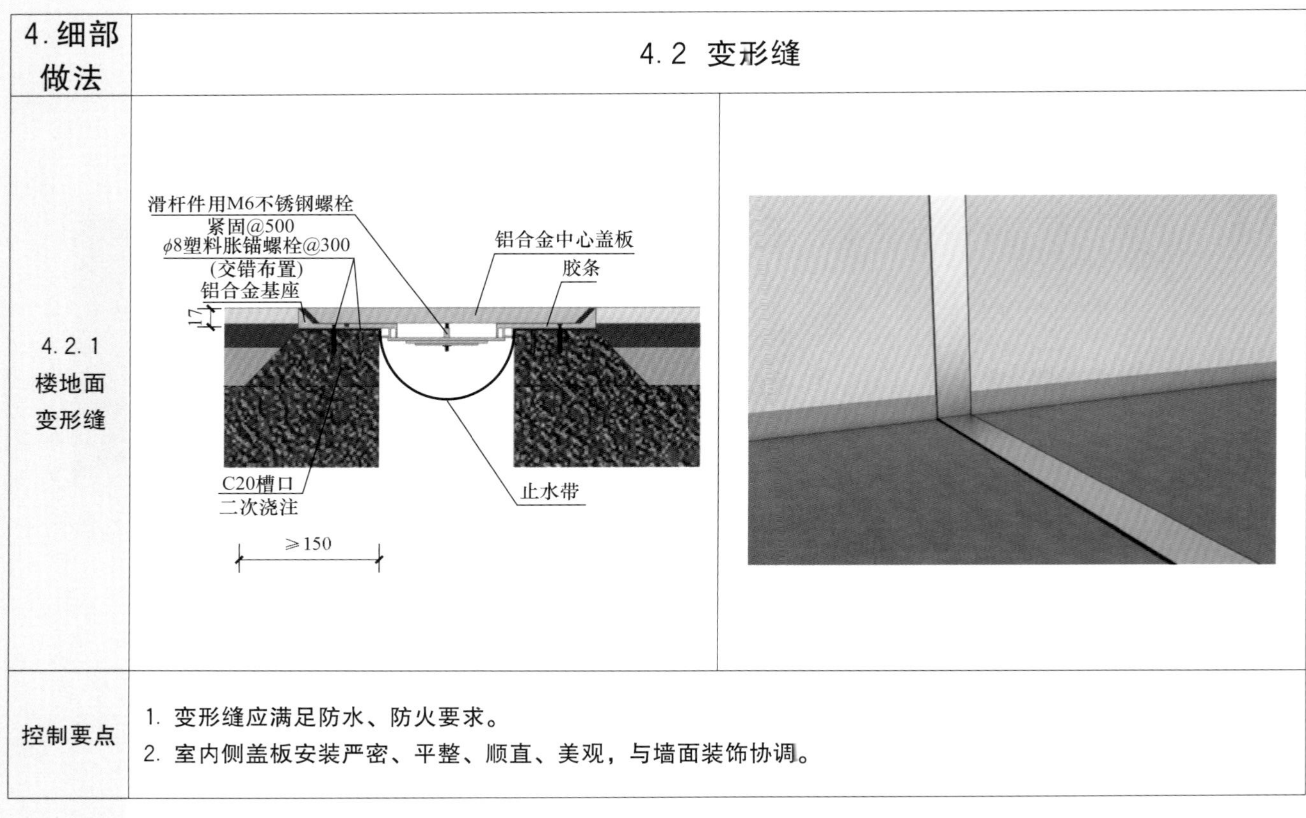
控制要点	1. 变形缝应满足防水、防火要求。 2. 室内侧盖板安装严密、平整、顺直、美观，与墙面装饰协调。

<table>
<tr><td>4. 细部做法</td><td colspan="2">4.2 变形缝</td></tr>
<tr><td>4.2.2
内墙顶棚
变形缝</td><td colspan="2">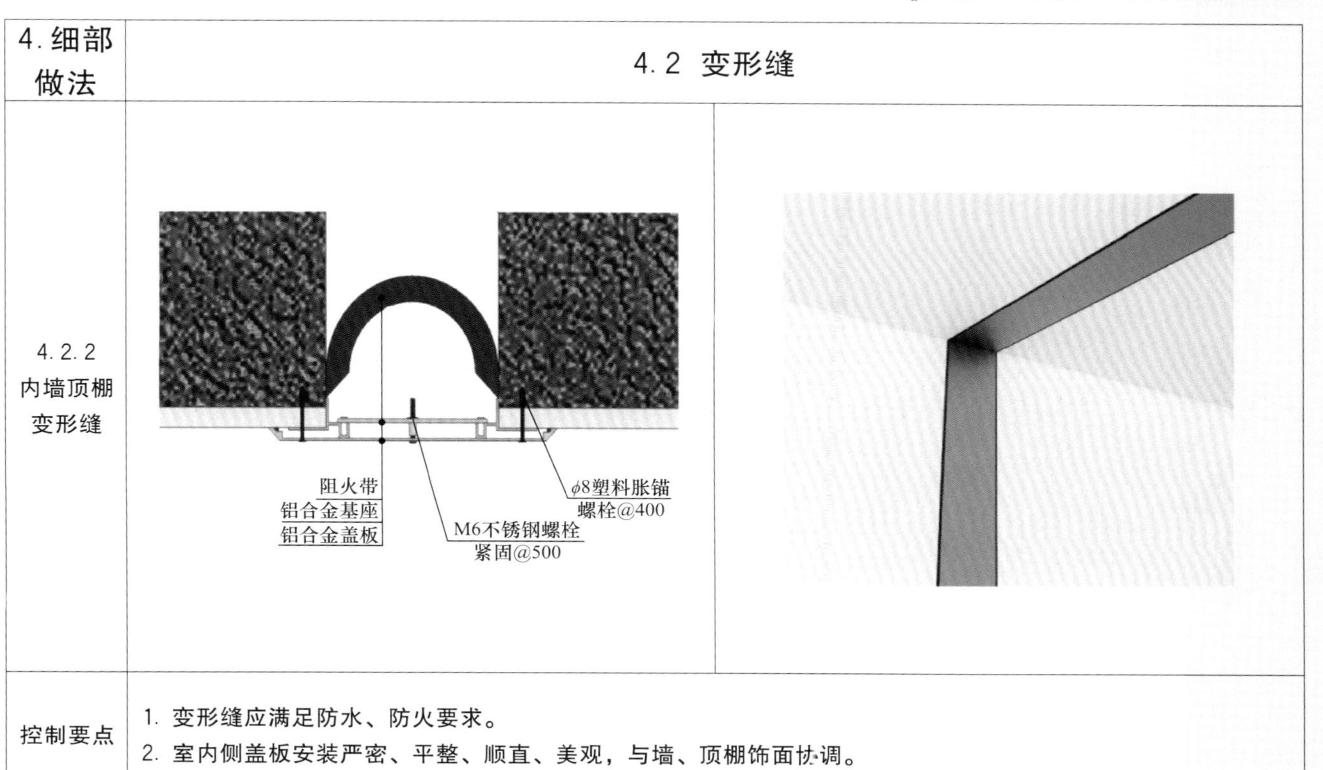
</td></tr>
<tr><td>控制要点</td><td colspan="2">1. 变形缝应满足防水、防火要求。
2. 室内侧盖板安装严密、平整、顺直、美观，与墙、顶棚饰面协调。</td></tr>
</table>

第九部分　设备用房

1. 总体要求	
	1. 施工前进行总体策划，根据设备用房尺寸，结合设备、管线分布情况优化合理排布。 2. 地面、墙面及顶棚大面平整、颜色均匀，阴阳角清晰、顺直。 3. 板块地面、墙面及顶棚提前策划，优化排版；板面应平整无错台，接缝横平竖直，宽窄一致；面板裁板应整齐无破损。 4. 地面应平整，光洁；踢脚线出墙厚度应一致，与墙面交接处应清晰、顺直。 5. 地面与墙面及支、吊架处分色清晰。 6. 设备应整齐排列；设备基础大小、位置应预先策划，成排成线。 7. 优先采用地砖地面，有水房间选用防滑地砖，地砖地面应无空鼓；水泥地面分格缝纵横间距不大于 4m，采用切缝方式。 8. 电气设备用房门口处应设结实、耐用的挡鼠板；电梯机房洞口应方正、尺寸准确，挡水台应顺直，机房内的标识应清晰。 9. 颜色要求：设备基础采用蓝色丙烯酸涂料饰面（哑光），顶部阳角处做黄色涂料分色处理；设备基础导流槽四周设置黄黑色警示带（50mm 宽）；设备原则上选用灰、红色；管道及风道支架防护墩采用蓝色涂料饰面，防护墩四周设置黄色分色带。 10. 设备用房地面低于室外地面标高，如高于室外地面标高，应在门口处加设门槛。

2. 细部节点	2.1 墙面
2.1.1 一般规定	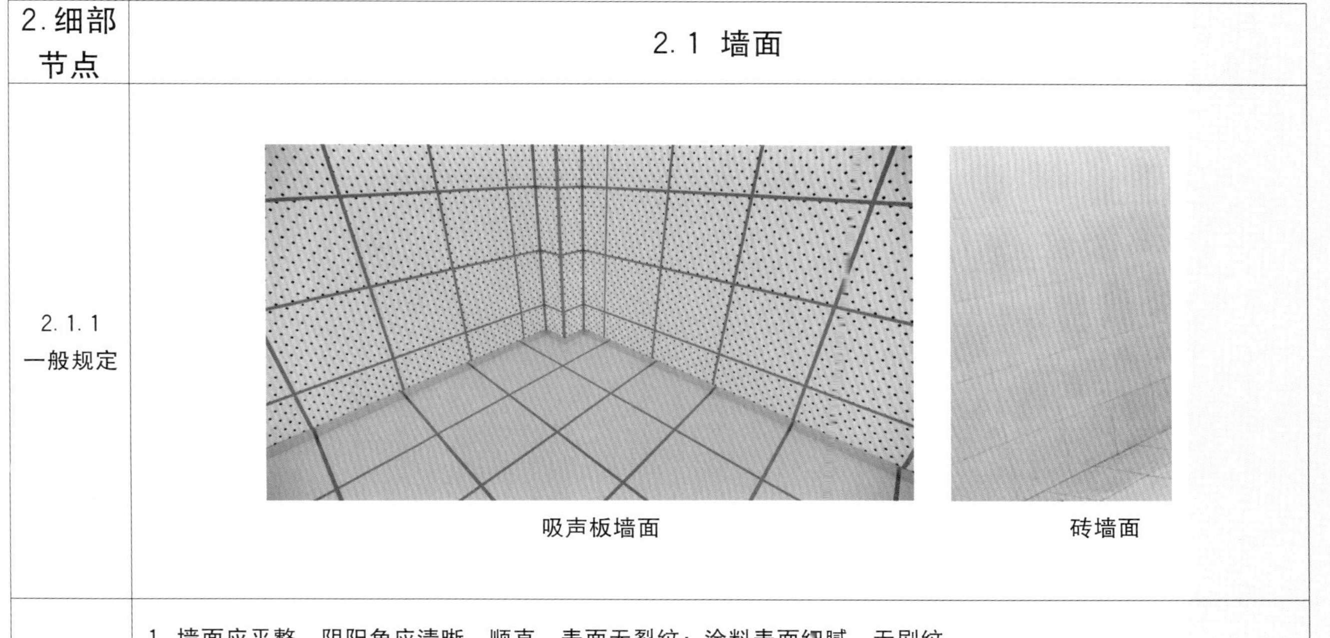 吸声板墙面　　砖墙面
控制要点	1. 墙面应平整，阴阳角应清晰、顺直，表面无裂纹；涂料表面细腻、无刷纹。 2. 吸声板、砖墙面，根据规格，墙、顶、地应对缝，无小于 1/3 板块，且非整板应在阴角处或不明显处。从地面向上施工排板，吸声墙面预留踢脚高度。 3. 面板应平整无错台，接缝横平竖直，宽窄一致。

2. 细部节点	2. 1 墙面
2. 1. 2 门洞口	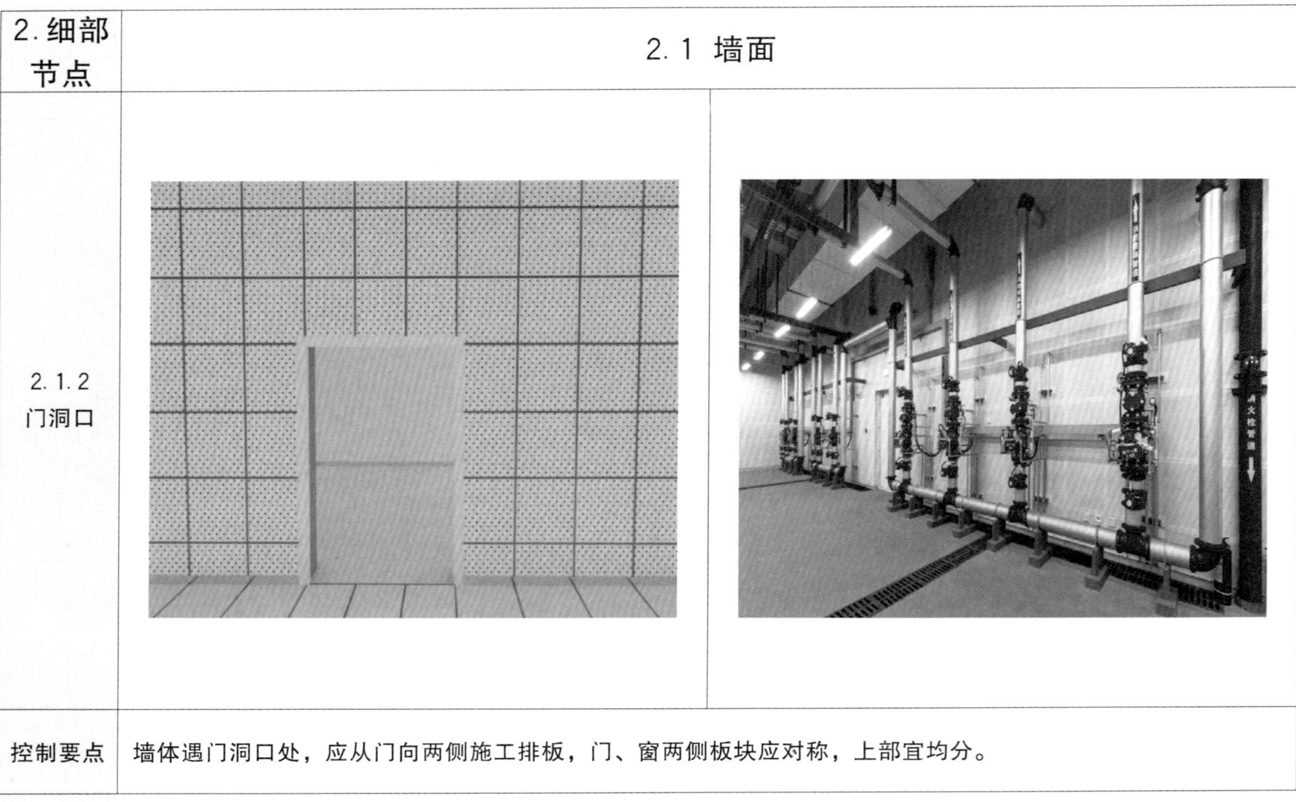
控制要点	墙体遇门洞口处，应从门向两侧施工排板，门、窗两侧板块应对称，上部宜均分。

2. 细部节点	2.1 墙面
2.1.3 踢脚	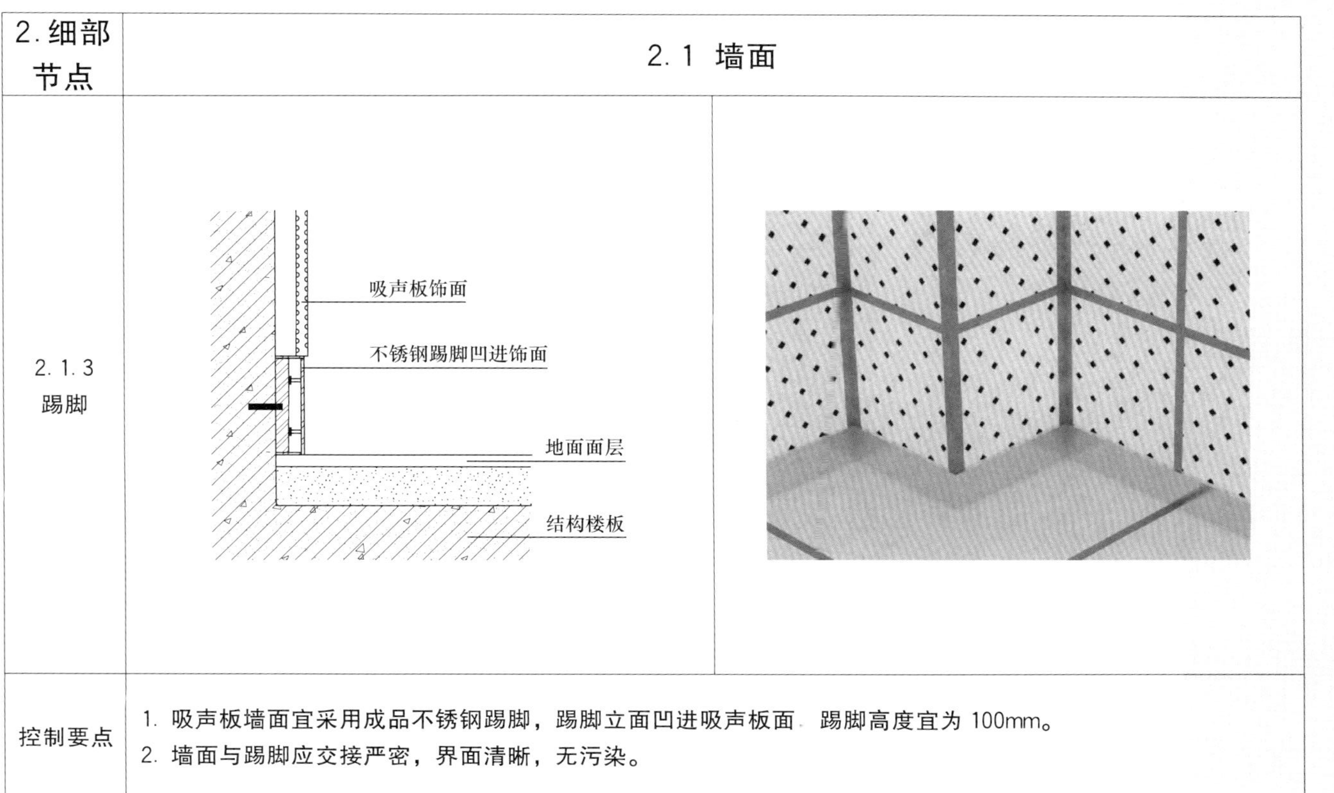
控制要点	1. 吸声板墙面宜采用成品不锈钢踢脚，踢脚立面凹进吸声板面，踢脚高度宜为 100mm。 2. 墙面与踢脚应交接严密，界面清晰，无污染。

<table>
<tr><td>2. 细部节点</td><td colspan="2">2.1 墙面</td></tr>
<tr><td>2.1.4
板缝
阴、阳角</td><td colspan="2">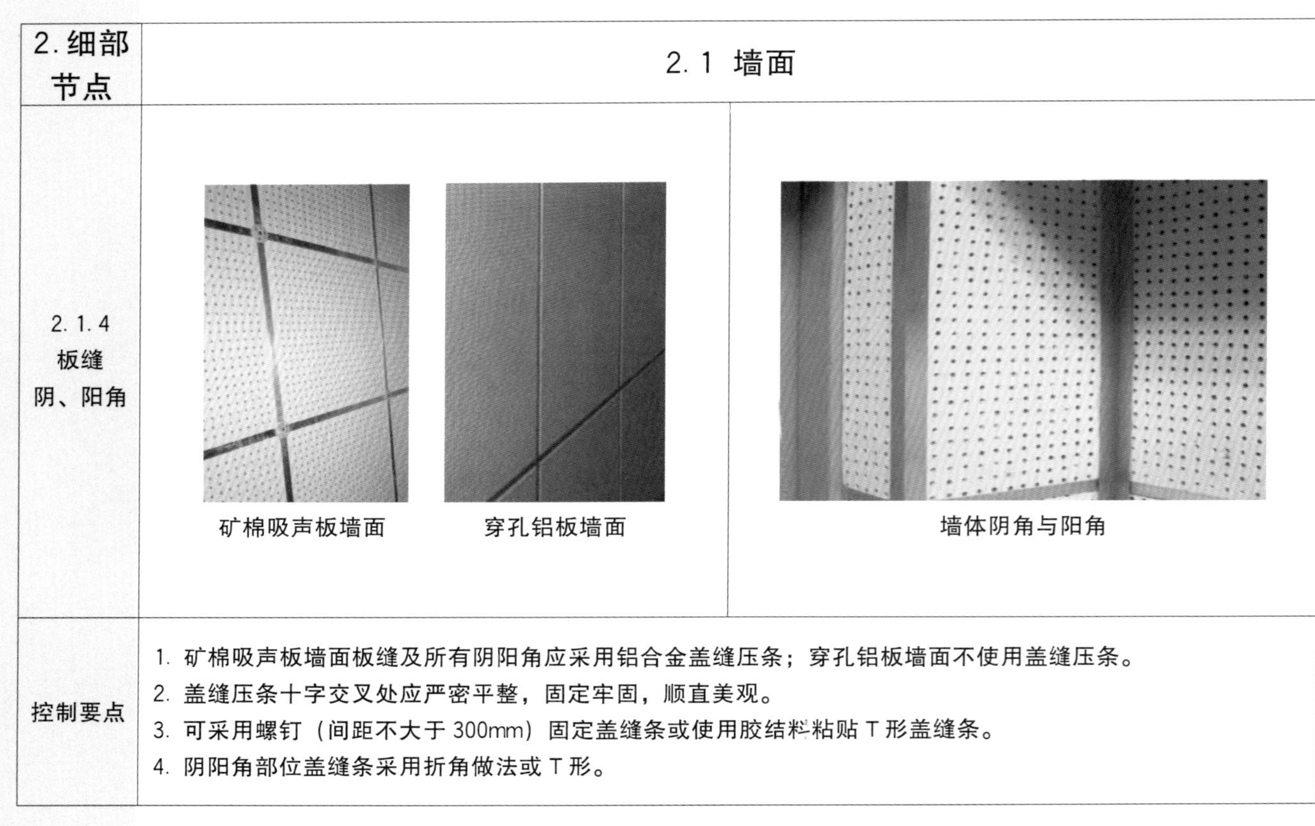
矿棉吸声板墙面　穿孔铝板墙面　墙体阴角与阳角</td></tr>
<tr><td>控制要点</td><td colspan="2">1. 矿棉吸声板墙面板缝及所有阴阳角应采用铝合金盖缝压条；穿孔铝板墙面不使用盖缝压条。
2. 盖缝压条十字交叉处应严密平整，固定牢固，顺直美观。
3. 可采用螺钉（间距不大于 300mm）固定盖缝条或使用胶结料粘贴 T 形盖缝条。
4. 阴阳角部位盖缝条采用折角做法或 T 形。</td></tr>
</table>

2. 细部节点	2.1 墙面
2.1.5 套割处理	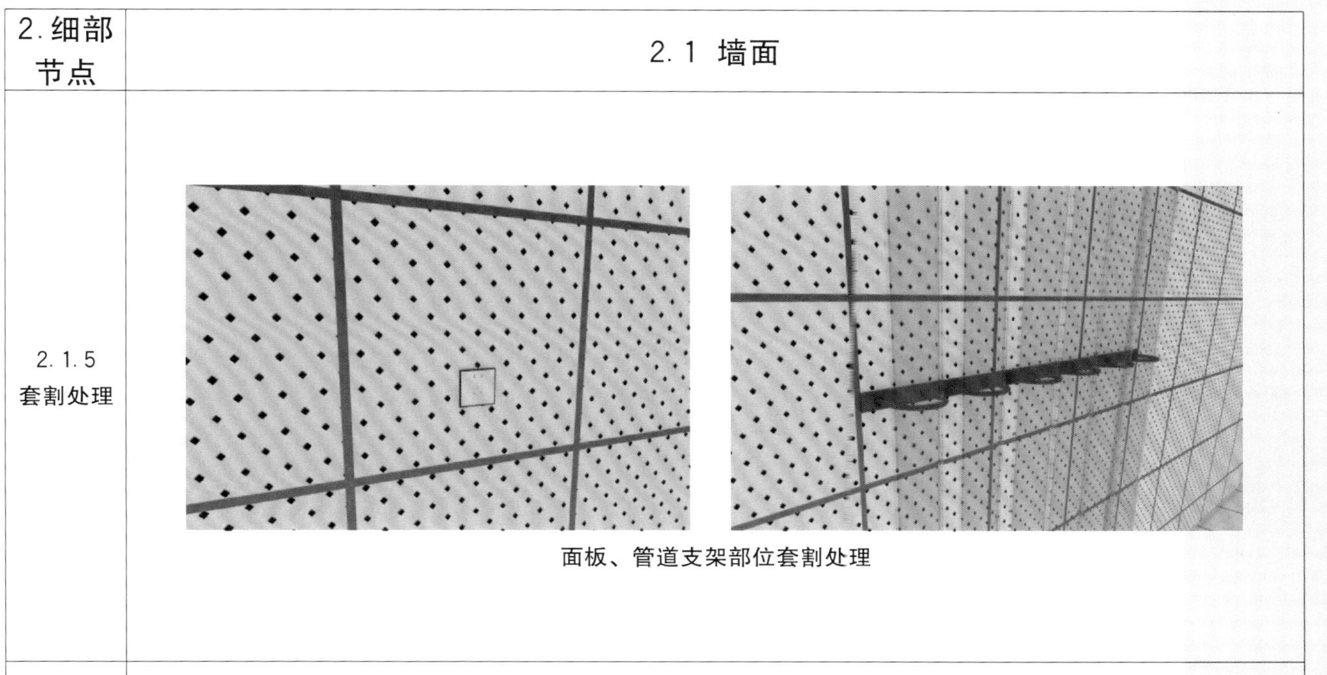 面板、管道支架部位套割处理
控制要点	1. 电盒应居于板块中间或骑缝，面板裁板应整齐无破损。 2. 支架、开关、插座等面板应套割吻合、居中；当支架不能套割时，裁板应整齐无破损。

2. 细部节点	2.1 墙面
2.1.6 箱柜安装	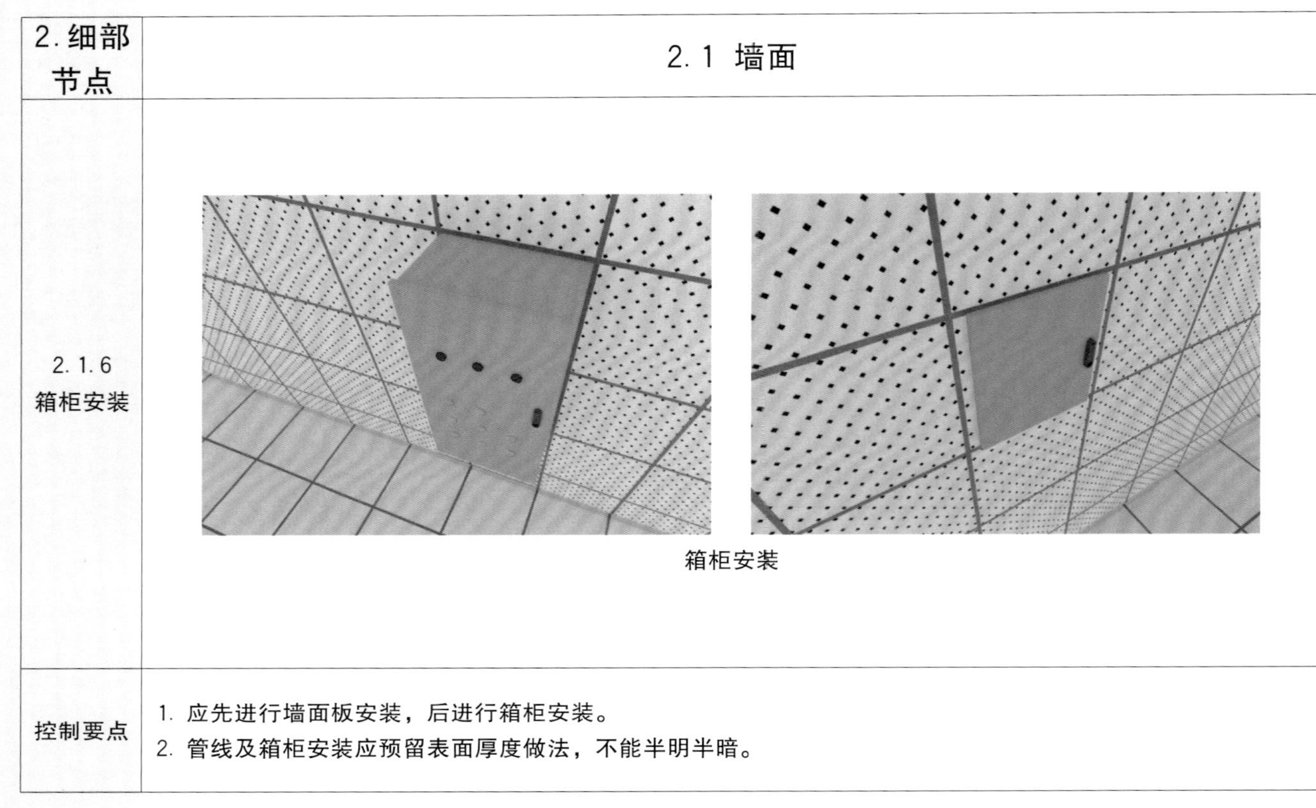 箱柜安装
控制要点	1. 应先进行墙面板安装，后进行箱柜安装。 2. 管线及箱柜安装应预留表面厚度做法，不能半明半暗。

2. 细部节点	2.2 顶棚
2.2.1 吸声板顶棚	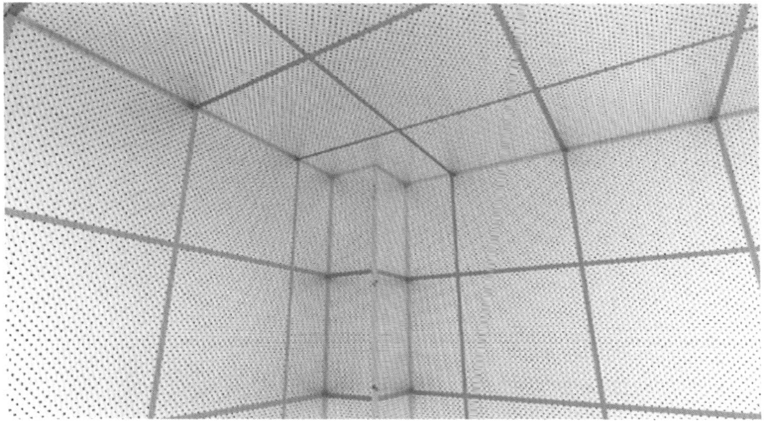
控制要点	1. 吸声板顶棚，根据规格，墙、顶应对缝，无小于 1/3 板块，且非整板应在阴角处或不明显处。面板裁板应整齐无破损。 2. 面板应平整无错台，接缝横平竖直，宽窄一致。

2. 细部节点	2.2 顶棚
2.2.1 吸声板顶棚	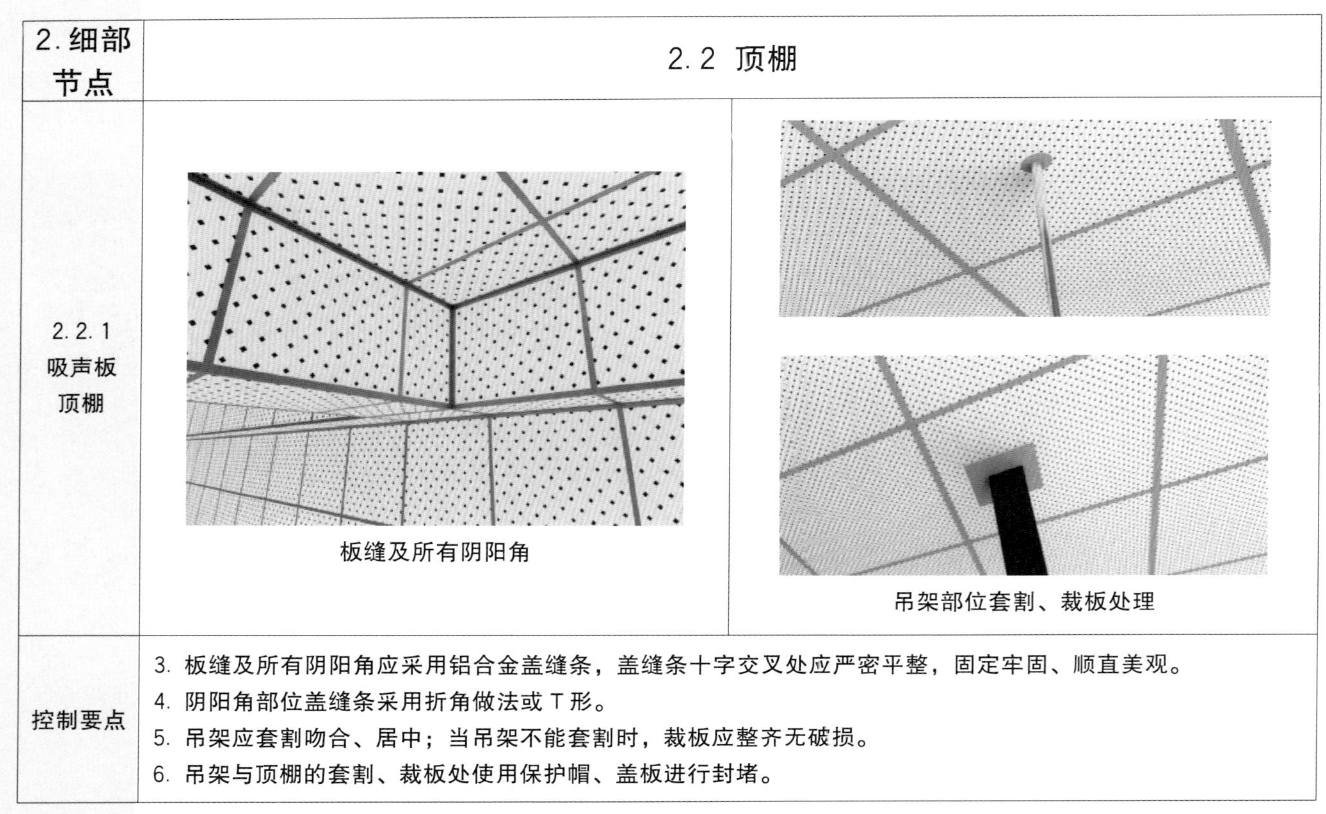 板缝及所有阴阳角　　吊架部位套割、裁板处理
控制要点	3. 板缝及所有阴阳角应采用铝合金盖缝条，盖缝条十字交叉处应严密平整，固定牢固、顺直美观。 4. 阴阳角部位盖缝条采用折角做法或 T 形。 5. 吊架应套割吻合、居中；当吊架不能套割时，裁板应整齐无破损。 6. 吊架与顶棚的套割、裁板处使用保护帽、盖板进行封堵。

2. 细部节点	2. 2 顶棚	
2. 2. 2 涂料顶棚		
控制要点	1. 涂料顶棚应平整，阴阳角应清晰、顺直，表面无裂纹，涂料表面细腻、无刷纹。 2. 分色统一向吊架返 20mm 宽。	

2. 细部节点	2.3 地面
2.3.1 地砖地面	
控制要点	1. 门两侧对称，考虑排水沟、设备基础的位置，适当调整优化设备基础大小，优化排版，四周应无小于 1/3 面砖。 2. 地砖宜选用 600mm×600mm 以上尺寸。 3. 面砖踢脚高度宜为 120mm，出墙厚度 8～10mm，块材踢脚线与地面块材应对缝，出墙厚度应均匀一致，上口应磨光，分色清晰一致。

<table>
<tr><td>2. 细部节点</td><td colspan="2">2.3 地面</td></tr>
<tr><td>2.3.2
防静电
活动地板</td><td>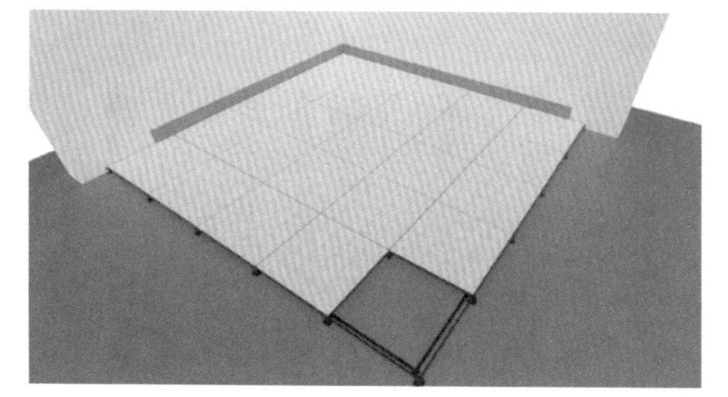</td><td>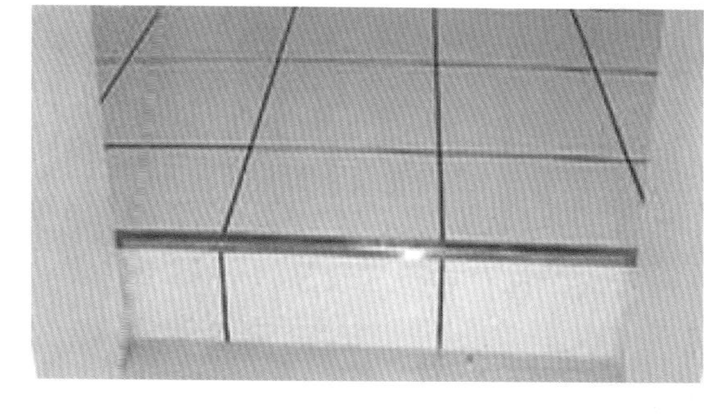</td></tr>
<tr><td>控制要点</td><td colspan="2">1. 板块布置应进行排板设计，四周应无小于 1/3 块材，确定支架高度、暗敷线槽尺寸及位置，设备基础位置，地插应居板块中心位置。
2. 活动地板安装应牢固、平稳，行走无响动。
3. 系统电阻应符合要求。</td></tr>
</table>

<table>
<tr><td>2. 细部节点</td><td colspan="2">2.3 地面</td></tr>
<tr><td>2.3.3 自流平地面</td><td> 电气设备用房</td><td> 水暖设备用房</td></tr>
<tr><td>控制要点</td><td colspan="2">1. 地面、墙根、柱根、设备基础根部、管根应打磨平整并涂刷后方可进行大面积涂刷。
2. 自流平及涂饰面层应平整、光洁、无刷纹。
3. 墙根、柱根、踢脚线上口等交接清爽、顺直清晰；踢脚高度宜为 100～120mm。</td></tr>
</table>

2. 细部节点	2.3 地面
2.3.4 水泥面层	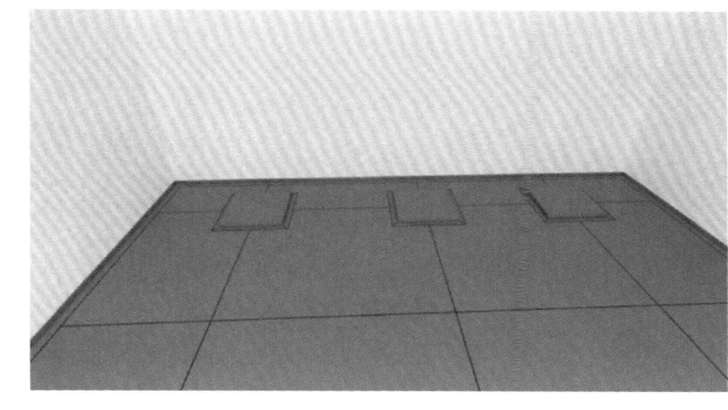
控制要点	1. 水泥地面应平整光滑，颜色均匀一致，无空裂、起砂现象；水泥地面应设置分格缝，间距不大于 2m；水泥踢脚分格缝对应地面分格缝。 2. 有基础时，应按中心线分格，分格尺寸合理，对缝；设备基础四周及墙根应设置分格缝。 3. 水泥踢脚：抹压密实光洁，无空鼓、无色差，出墙厚度一致，表面及上口棱角压光，无缺棱掉角，交接清晰顺直；踢脚高度宜为 100～120mm，出墙厚度 8～10mm。

<table>
<tr><td>2. 细部节点</td><td colspan="2">2.4 导流槽</td></tr>
<tr><td></td><td> 水泥地面</td><td> 地砖地面</td></tr>
<tr><td>控制要点</td><td colspan="2">1. 有泄水、冷凝水排放要求的设备房间应设导流槽。
2. 面砖地面设备基础导流槽四周做分色波打砖。
3. 相邻设备基础可考虑共用，成排设备基础周边导流槽中心距设备基础的距离、形式、坡度应一致。
4. 导流槽固定牢固，边缘清晰、顺直。</td></tr>
</table>

2. 细部节点	2.4 导流槽

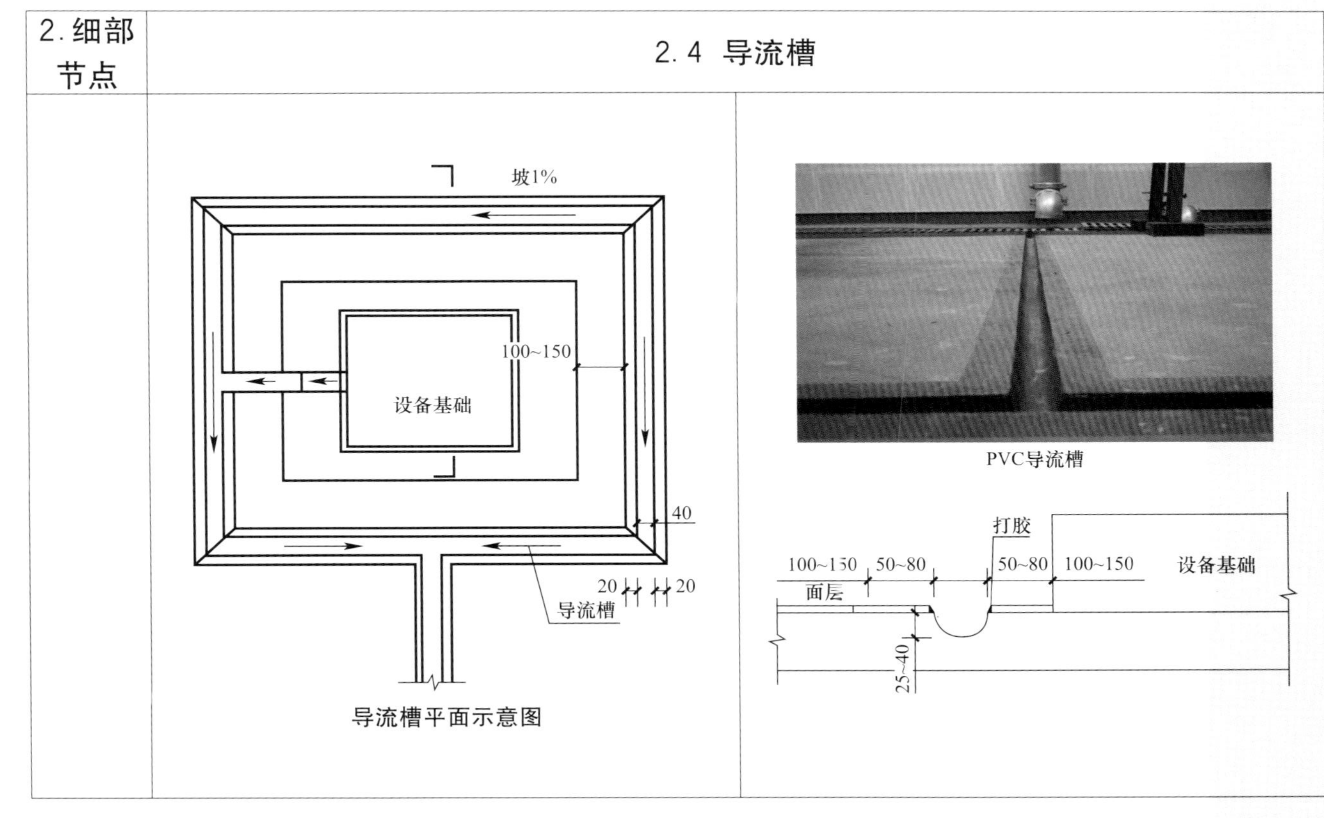
坡1%
100~150
设备基础
40
20
20
导流槽
导流槽平面示意图
PVC导流槽
打胶
100~150
50~80
50~80
100~150
设备基础
面层
25~40

2. 细部节点	2.4 导流槽

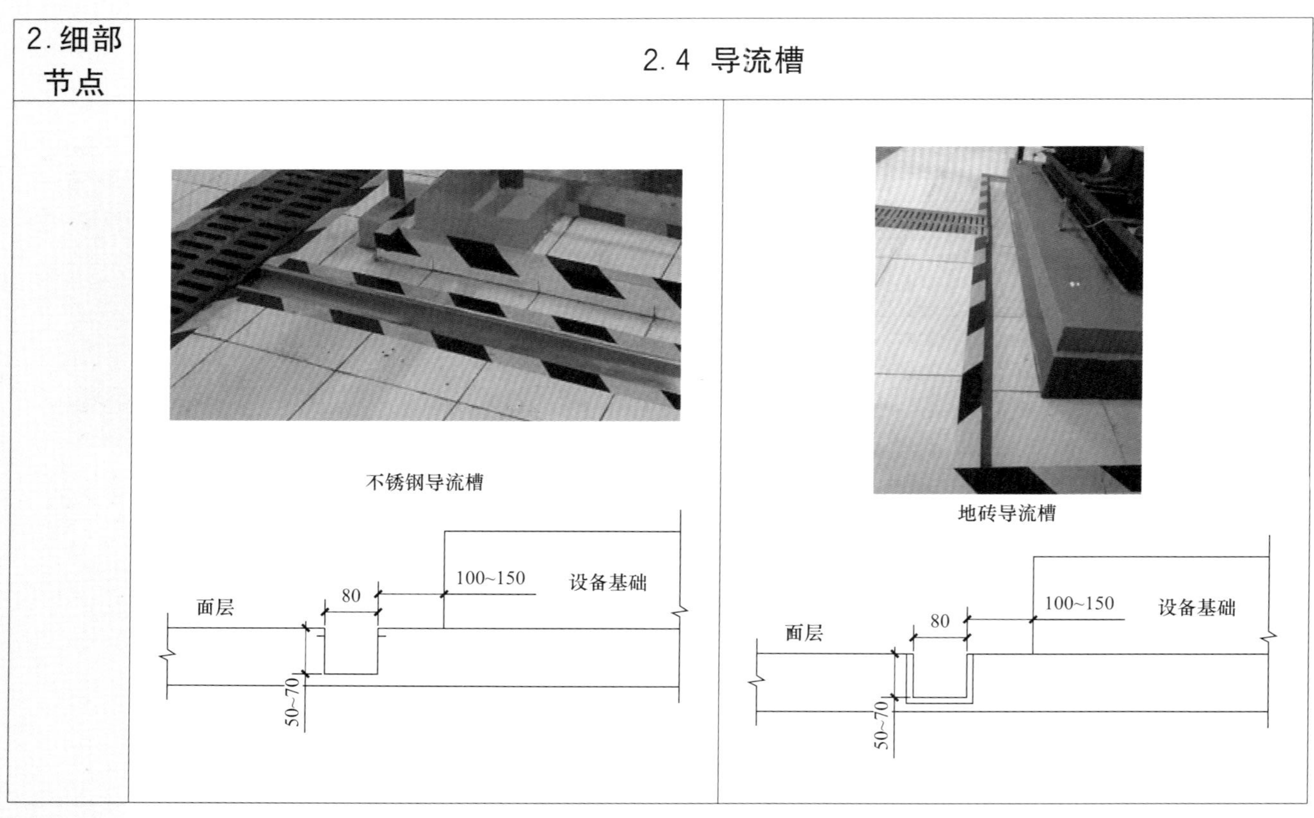

2. 细部节点

2.4 导流槽

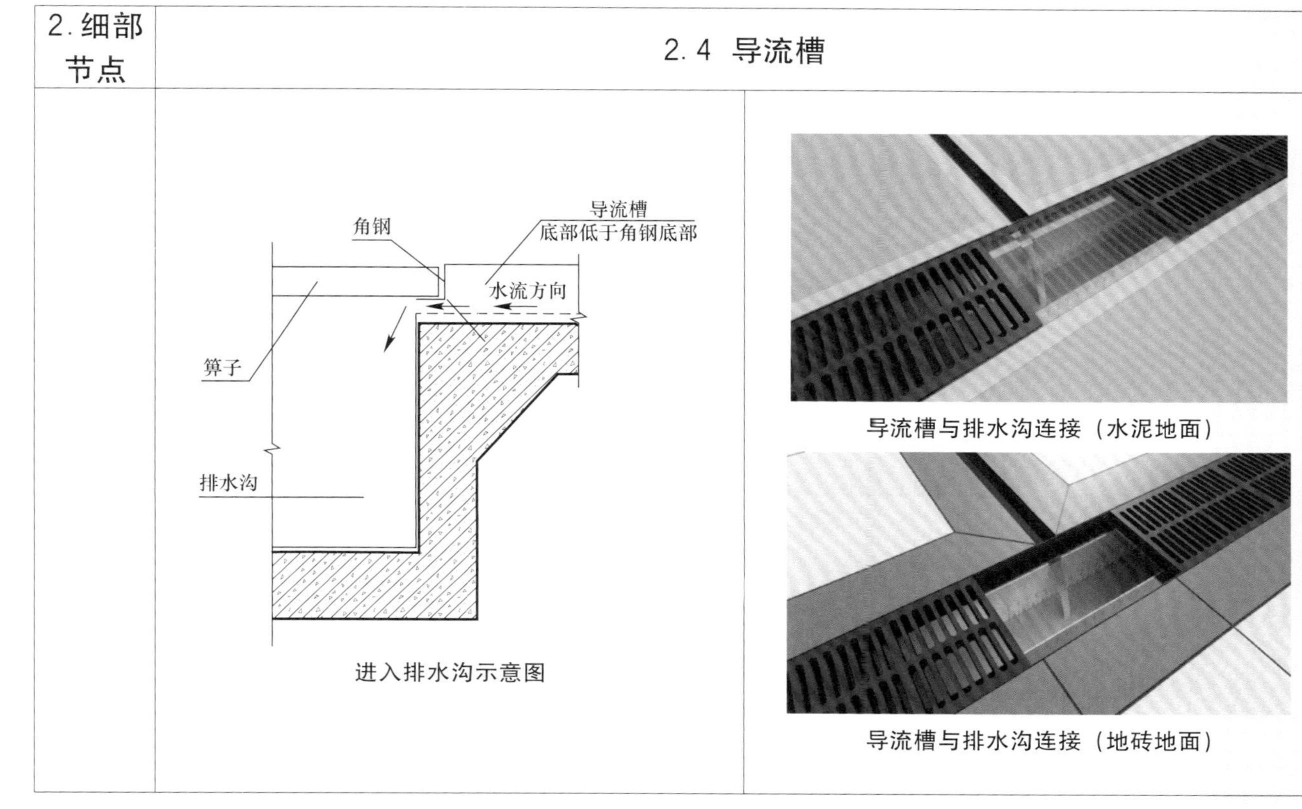

进入排水沟示意图

导流槽与排水沟连接（水泥地面）

导流槽与排水沟连接（地砖地面）

<table>
<tr><td>2. 细部节点</td><td colspan="2">2.5 排水沟</td></tr>
<tr><td></td><td colspan="2">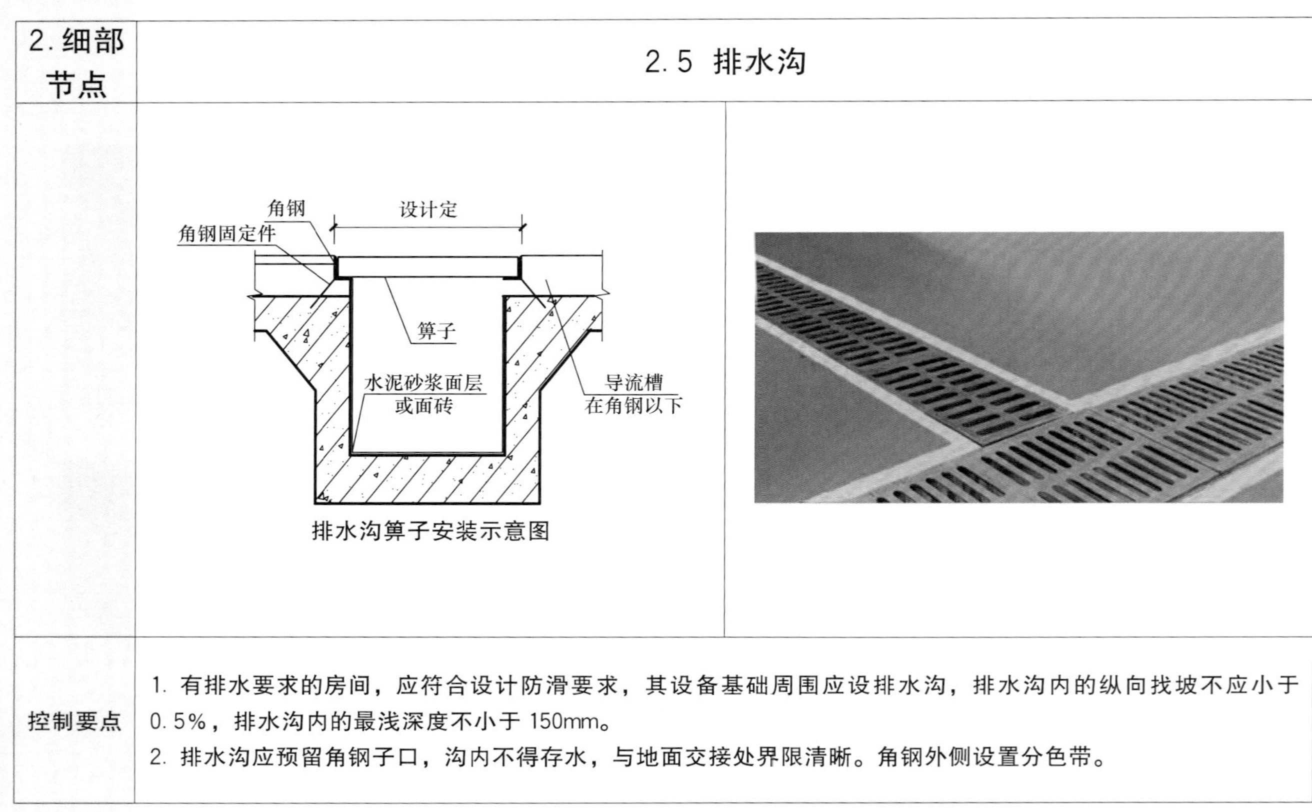

排水沟箅子安装示意图</td></tr>
<tr><td>控制要点</td><td colspan="2">1. 有排水要求的房间，应符合设计防滑要求，其设备基础周围应设排水沟，排水沟内的纵向找坡不应小于0.5%，排水沟内的最浅深度不小于 150mm。
2. 排水沟应预留角钢子口，沟内不得存水，与地面交接处界限清晰。角钢外侧设置分色带。</td></tr>
</table>

2. 细部节点	2.6 设备基础	
	 设备基础（水泥地面）	 设备基础（地砖地面）
控制要点	1. 设备基础顶面找坡，先进行饰面（或清水效果）施工后再安装设备。 2. 设备基础阳角处分别向顶面和立面返宽 50mm。 3. 有排水要求的设备下部不能积水，要有组织排水。	

2. 细部节点	2.7 管道及风道支架墩
	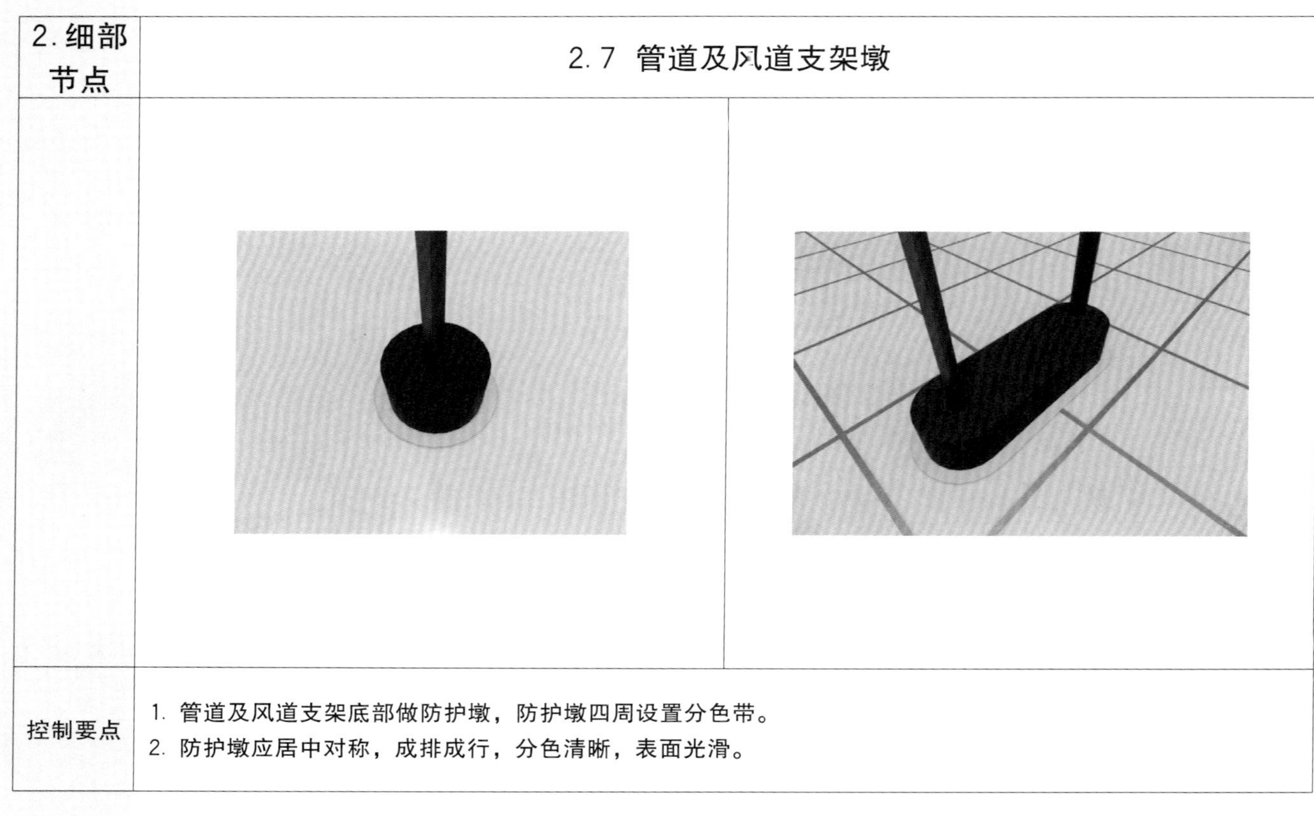
控制要点	1. 管道及风道支架底部做防护墩，防护墩四周设置分色带。 2. 防护墩应居中对称，成排成行，分色清晰，表面光滑。

2. 细部节点	2.7 管道及风道支架墩

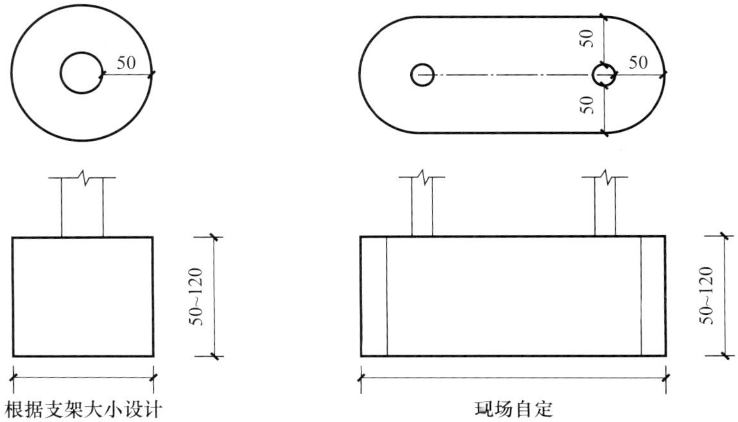

50

50

50

50

50~120

50~120

根据支架大小设计

现场自定

管道及风道支架墩尺寸

<table>
<tr><td>2. 细部节点</td><td colspan="2">2.8 穿墙、楼板管道防火封堵</td></tr>
<tr><td></td><td>
(吸声板墙面)橡胶护口</td><td>
风管穿防火墙封堵</td></tr>
<tr><td>控制要点</td><td colspan="2">1. 墙体、楼板孔洞内按要求进行封堵(有套管的收到套管外侧，无套管的收到机电专业要求的洞口尺寸；当建筑缝隙或环形间隙的宽度大于或等于 50mm 时，防火封堵的填塞深度不应小于 25mm)，缝隙的封堵由机电专业完成。
2. 穿过吊顶的管道、烟风道、线槽或其他设施，应做到周边封闭严密、边缘整齐。
3. 与穿墙管交接部位，可用塑料管、橡胶圈或不锈钢做装饰圈，装饰圈洁净、美观、牢固，与饰面接触严密、无缝隙。
4. 套管与主管应同心，装饰圈与墙面间隙均匀、平齐。</td></tr>
</table>

2. 细部节点	2.8 穿墙、楼板管道防火封堵	
	 线槽穿涂料墙面防火板封堵	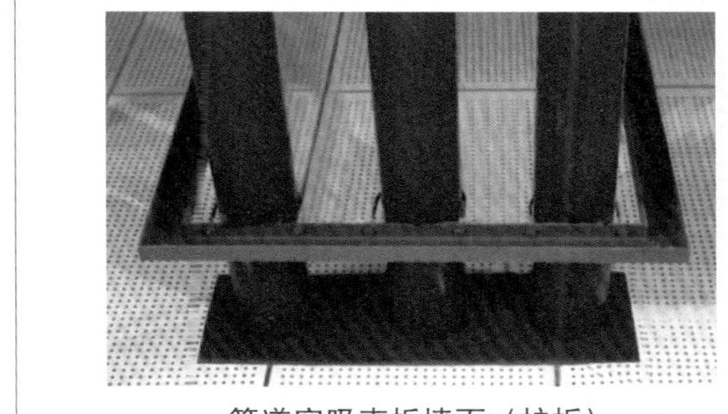 管道穿吸声板墙面（护板）
	 线槽穿楼板防火板封堵	 风管穿吸声板封堵

第十部分　管道井

1. 总体要求	
	1. 管道井内墙面及顶棚应平整，与门的收口线条清晰，阴阳角顺直，涂料表面细腻无刷纹。 2. 管道井门口处应设挡水台；水管井内宜设地漏。 3. 水泥地面控制标高，表面光洁、平整；踢脚线高度与门坎及护墩同高，与地面分色清晰。 4. 管道井应先进行饰面施工，后安装管道及线槽；管道及线槽的顶部和底部封堵应严密、居中，且高度一致。

2. 细部节点	2.1 墙面
	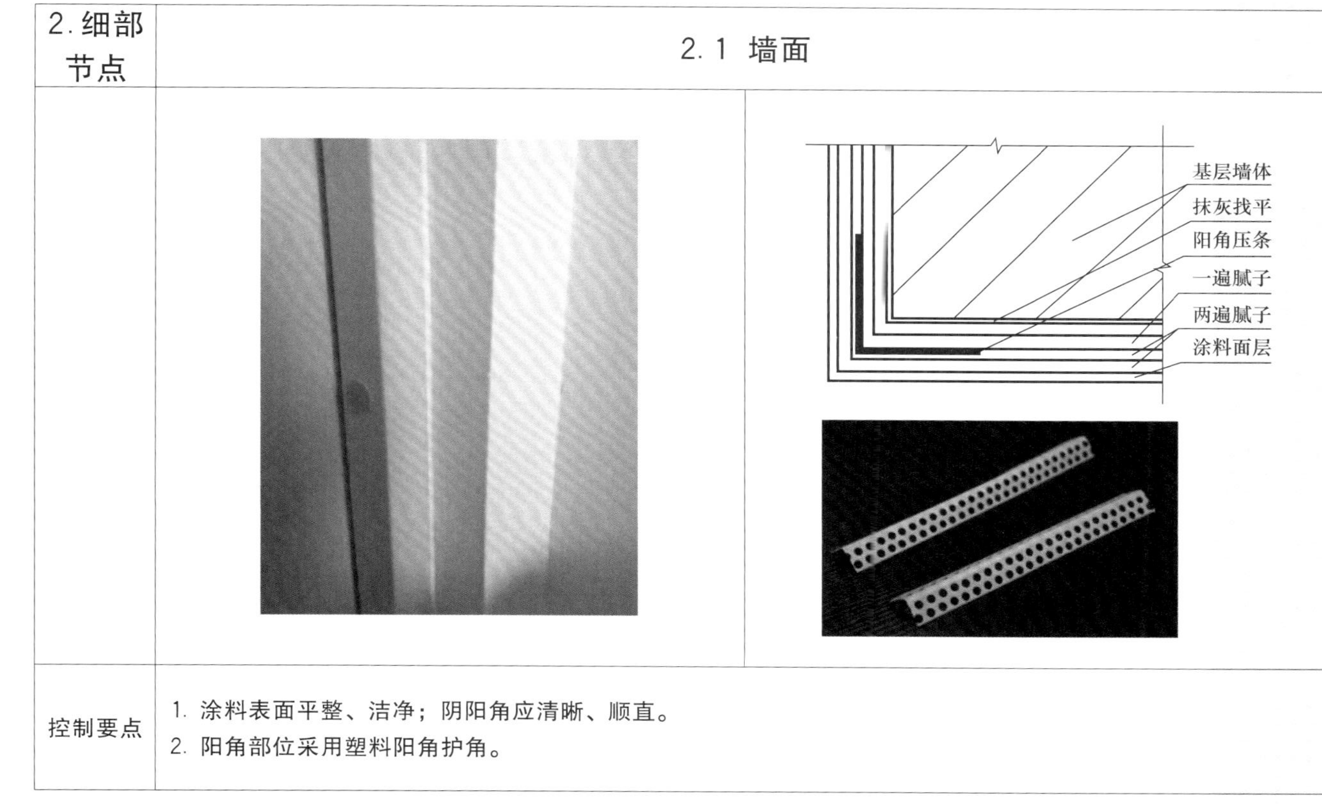
控制要点	1. 涂料表面平整、洁净；阴阳角应清晰、顺直。 2. 阳角部位采用塑料阳角护角。

2. 细部节点	2.2 管道根部护墩、线槽底部挡水台
2.2.1 水管井	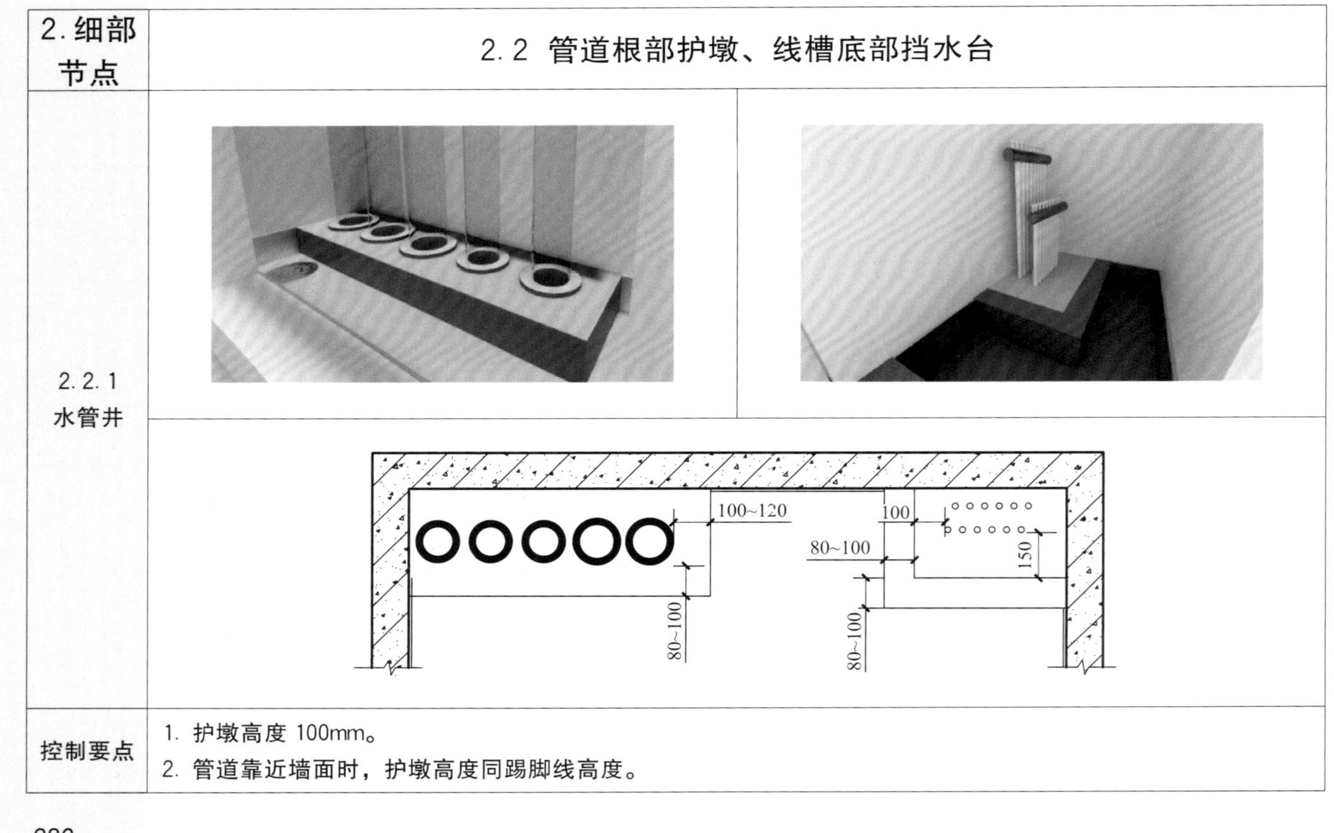
控制要点	1. 护墩高度 100mm。 2. 管道靠近墙面时，护墩高度同踢脚线高度。

2. 细部节点	2.2 管道根部护墩、底部挡水台	
2.2.1 水管井	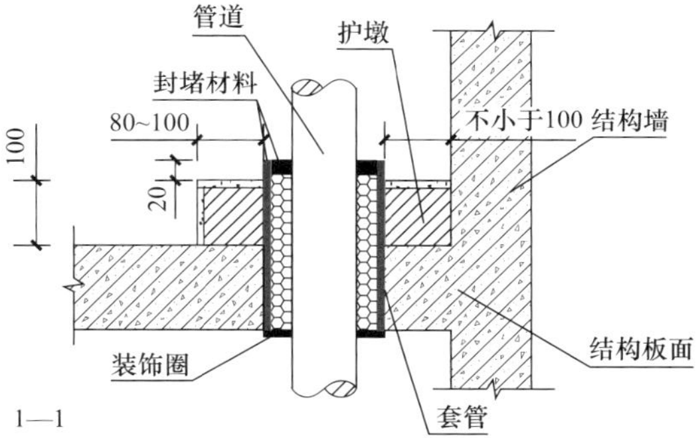 管道 护墩 封堵材料 80~100 不小于100 结构墙 100 20 结构板面 装饰圈 套管 1—1	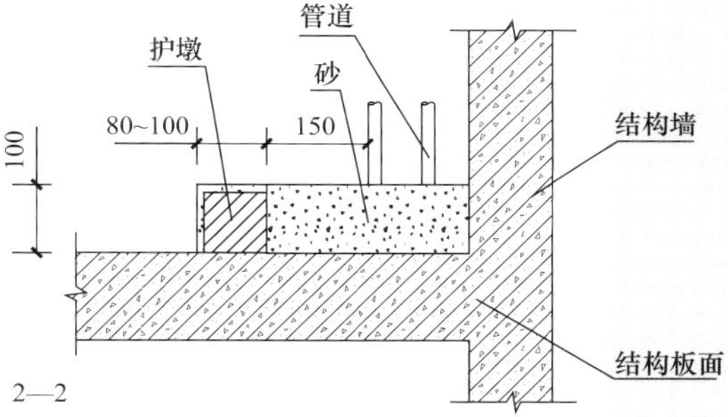 管道 护墩 砂 80~100 150 结构墙 100 结构板面 2—2 管道根部护墩内填砂
	 相邻管道净距小于 300mm 时，整体设置	 相邻管道净距大于 300mm 时，单独设置

2. 细部节点	2.2 管道根部护墩、底部挡水台	
2.2.2 电管井		
控制要点	挡水台高度 100mm。	

<table>
<tr><td>2. 细部节点</td><td colspan="2">2.2 管道根部护墩、线槽底部挡水台</td></tr>
<tr><td>2.2.2
电管井</td><td> 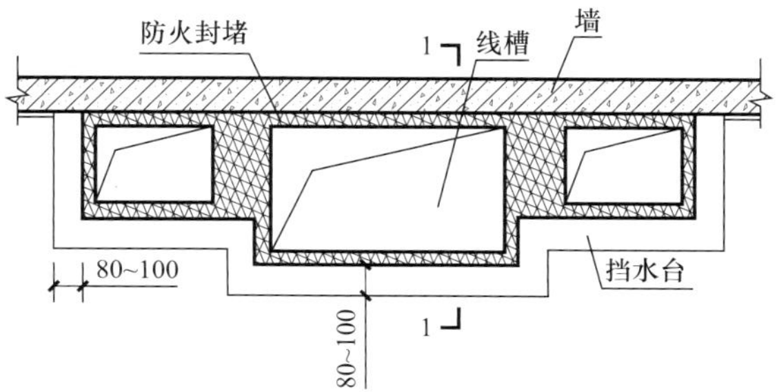防火封堵
1
线槽
墙
80~100
挡水台
80~100
1</td><td> 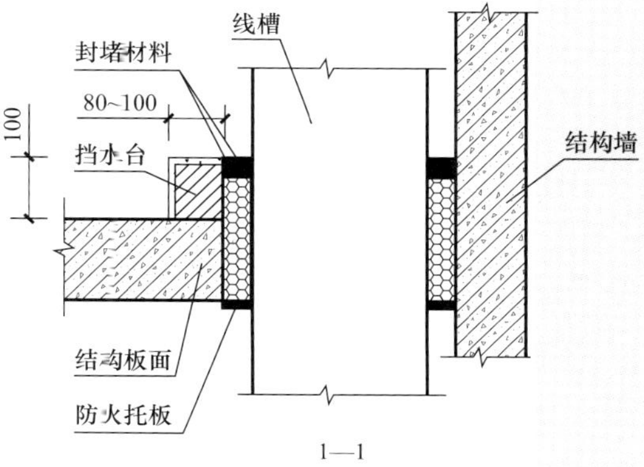线槽
封堵材料
80~100
100
挡水台
结构墙
结构板面
防火托板
1—1</td></tr>
</table>

<table>
<tr><td>2. 细部节点</td><td colspan="2">2.3 顶部封堵</td></tr>
<tr><td></td><td> 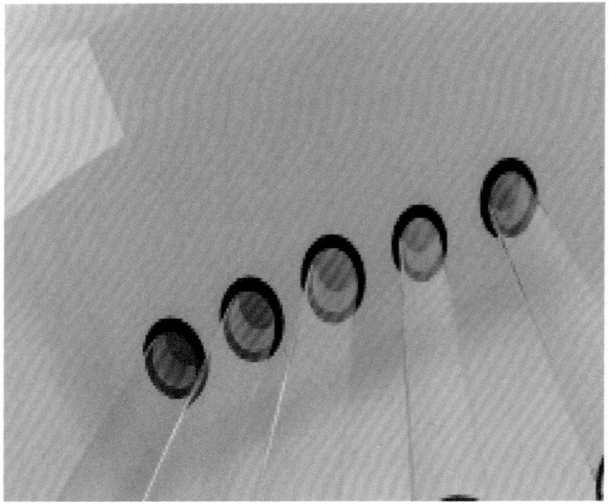管道顶部采用装饰圈封堵</td><td> 线槽顶部采用防火托板封堵</td></tr>
</table>

<table>
<tr><td>2. 细部节点</td><td colspan="2">2.4 管道支架分色处理</td></tr>
<tr><td></td><td></td><td>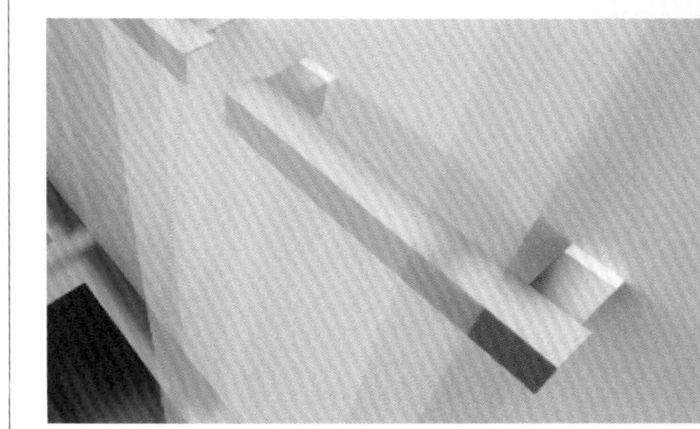
由墙面向管道支架返 10mm</td></tr>
<tr><td>控制要点</td><td colspan="2">分色统一向支架返 10mm 宽。</td></tr>
</table>

第十一部分　无障碍设施

1. 总体要求	无障碍设施
	1. 从设计、选型、验收、调试和运行维护等环节保障无障碍通行设施、无障碍服务设施和无障碍信息交流设施的安全、功能和性能。 2. 保证安全性和便利性，兼顾经济、绿色和美观。 3. 保证系统性及无障碍设施之间有效衔接。

2. 无障碍设施	2.1 一般规定
	1. 城市开敞空间、建筑场地、建筑内部及其之间应提供连贯的无障碍通行流线。 2. 无障碍通行流线上的标识物、垃圾桶、座椅、灯柱、隔离墩、地灯和地面布线（线槽）等设施均不应妨碍行动障碍者的独立通行。固定在无障碍通道、轮椅坡道、楼梯的墙或柱面上的物体，突出部分大于 100mm 且底面距地面高度小于 2.00m 时，其底面距地面高度不应大于 600mm，且应保证有效通行净宽。 3. 无障碍通行流线在临近地形险要地段处应设置安全防护设施，必要时应同时设置安全警示线。 4. 无障碍通行设施的地面应坚固、平整、防滑、不积水。 5. 无障碍通道上有地面高差时，应设置轮椅坡道或缘石坡道。 6. 满足无障碍要求的门应可以被清晰辨认，并应保证方便开关和安全通过。

<table>
<tr><td>2. 无障碍设施</td><td colspan="2">2.2 无障碍通道</td></tr>
<tr><td>2.2.1
通行净宽要求</td><td>
</td><td>
</td></tr>
<tr><td>控制要点</td><td colspan="2">1. 无障碍通道的通行净宽不应小于 1.20m，人员密集的公共场所的通行净宽不应小于 1.80m。
2. 无障碍通道上的门洞口应满足轮椅通行，各类检票口、结算口等应设轮椅通道，通行净宽不应小于 0.9m。</td></tr>
</table>

2. 无障碍设施	2.2 无障碍通道	
2.2.2 井盖、箅子要求		
控制要点	无障碍通道上有井盖、箅子时，井盖、箅子孔洞的宽度或直径不应大于 13mm，条状孔洞应垂直于通行方向。	

2. 无障碍设施	2.3 轮椅坡道	
2.3.1 轮椅坡道的坡度、高度要求		
控制要点	1. 横向坡度不应大于 1：50，纵向坡度不应大于 1：12，当条件受限且坡段起止点的高差不大于 150mm 时，纵向坡度不应大于 1：10。 2. 每段坡道的提升高度不应大于 750mm。	

2. 无障碍设施	2.3 轮椅坡道
2.3.2 净宽要求	
控制要点	1. 轮椅坡道的通行净宽不应小于 1.20m。 2. 轮椅坡道的起点、终点和休息平台的通行净宽不应小于坡道的通行净宽，水平长度不应小于 1.50m，门扇开启和物体不应占用此范围空间。

2. 无障碍设施	2.3 轮椅坡道	
2.3.3 扶手要求		
控制要点	1. 轮椅坡道的高度大于 300mm 且纵向坡度大于 1：20 时，应在两侧设置扶手，坡道与休息平台的扶手应保持连贯。 2. 设置扶手的轮椅坡道的临空侧应采取安全阻挡措施。	

2. 无障碍设施	2.4 无障碍出入口
平台及雨篷要求	
控制要点	除平坡出入口外，无障碍出入口的门前应设置平台；在门完全开启的状态下，平台的净深度不应小于 1.50m，无障碍出入口的上方应设置雨篷。

2.无障碍设施	2.5 楼梯和台阶
起止点的设置要求	
控制要点	距踏步起点和终点 250～300mm 处应设置提示盲道，提示盲道的长度应与梯段的宽度相对应。

2. 无障碍设施	2.6 扶手
2.6.1 扶手设置要求	
控制要点	行动障碍者和视觉障碍者主要使用的三级及三级以上的台阶和楼梯应在两侧设置扶手。

2. 无障碍设施	2.6 扶手	
2.6.2 扶手的高度要求		
控制要点	1. 满足无障碍要求的单层扶手的高度应为 850～900mm；设置双层扶手时，上层扶手高度应为 850～900mm，下层扶手高度应为 650～700mm。 2. 行动障碍者和视觉障碍者主要使用的楼梯、台阶和轮椅坡道的扶手应在全长范围内保持连贯。 3. 行动障碍者和视觉障碍者主要使用的楼梯和台阶、轮椅坡道的扶手起点和终点处应水平延伸，延伸长度不应小于 300mm；扶手末端应向墙面或向下延伸，延伸长度不应小于 100mm。	

2. 无障碍设施	2.7 门	
2.7.1 一般规定		
控制要点	1. 满足无障碍要求的门应可以被清晰辨认，并应保证方便开关和安全通过。 2. 在无障碍通道上不应使用旋转门。 3. 满足无障碍要求的门不应设挡块和门槛，门口有高差时，高度不应大于 15mm，并应以斜面过渡，斜面的纵向坡度不应大于 1：10。 4. 满足无障碍要求的安装有闭门器的门，从闭门器最大受控角度到完全关闭前 10°的闭门时间不应小于 3s。	

<table>
<tr><td>2. 无障碍设施</td><td colspan="2">2.7 门</td></tr>
<tr><td>2.7.2
手动门的
设置要求</td><td>
</td><td>
</td></tr>
<tr><td>控制要点</td><td colspan="2">1. 新建和扩建建筑的门开启后的通行净宽不应小于 900mm，既有建筑改造或改建的门开启后的通行净宽不应小于 800mm。
2. 平开门的门扇外侧和里侧均应设置扶手，扶手应保证单手握拳操作，操作部分距地面高度应为 0.85～1.00m。
3. 除防火门外，门开启所需的力度不应大于 25N。</td></tr>
</table>

2. 无障碍设施	2.7 门
2.7.3 自动门的设置要求	
控制要点	1. 开启后的通行净宽不应小于 1.00m。 2. 当设置手动启闭装置时，可操作部件的中心距地面高度应为 0.85～1.00m。

2. 无障碍设施	2.7 门
2.7.4 全玻璃门的设置要求	
控制要点	1. 应选用安全玻璃或采取防护措施，并应采取醒目的防撞提示措施。 2. 开启扇左右两侧为玻璃隔断时，门应与玻璃隔断在视觉上显著区分开，玻璃隔断并应采取醒目的防撞提示措施。

<table>
<tr><td>2. 无障碍设施</td><td colspan="2">2.8 无障碍卫生间</td></tr>
<tr><td>2.8.1 无障碍洗手盆空间</td><td>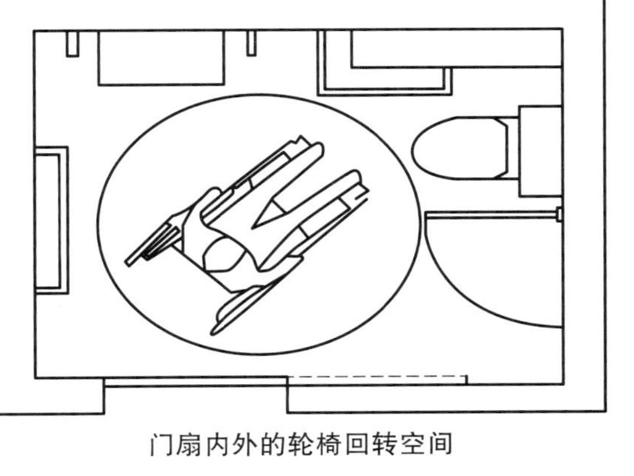
门扇内外的轮椅回转空间</td><td></td></tr>
<tr><td>控制要点</td><td colspan="2">1. 无障碍洗手盆的水嘴中心距侧墙应大于 550mm，其底部应留出宽 750mm、高 650mm、深 450mm 供乘轮椅者膝部和足尖部的移动空间，并在洗手盆上方安装镜子，出水水嘴宜采用杠杆式水嘴或感应式自动出水方式。
2. 在门扇内外应留有不小于 1.5m 的轮椅回转空间。</td></tr>
</table>

2. 无障碍设施	2.8 无障碍卫生间
2.8.2 无障碍小便器节点	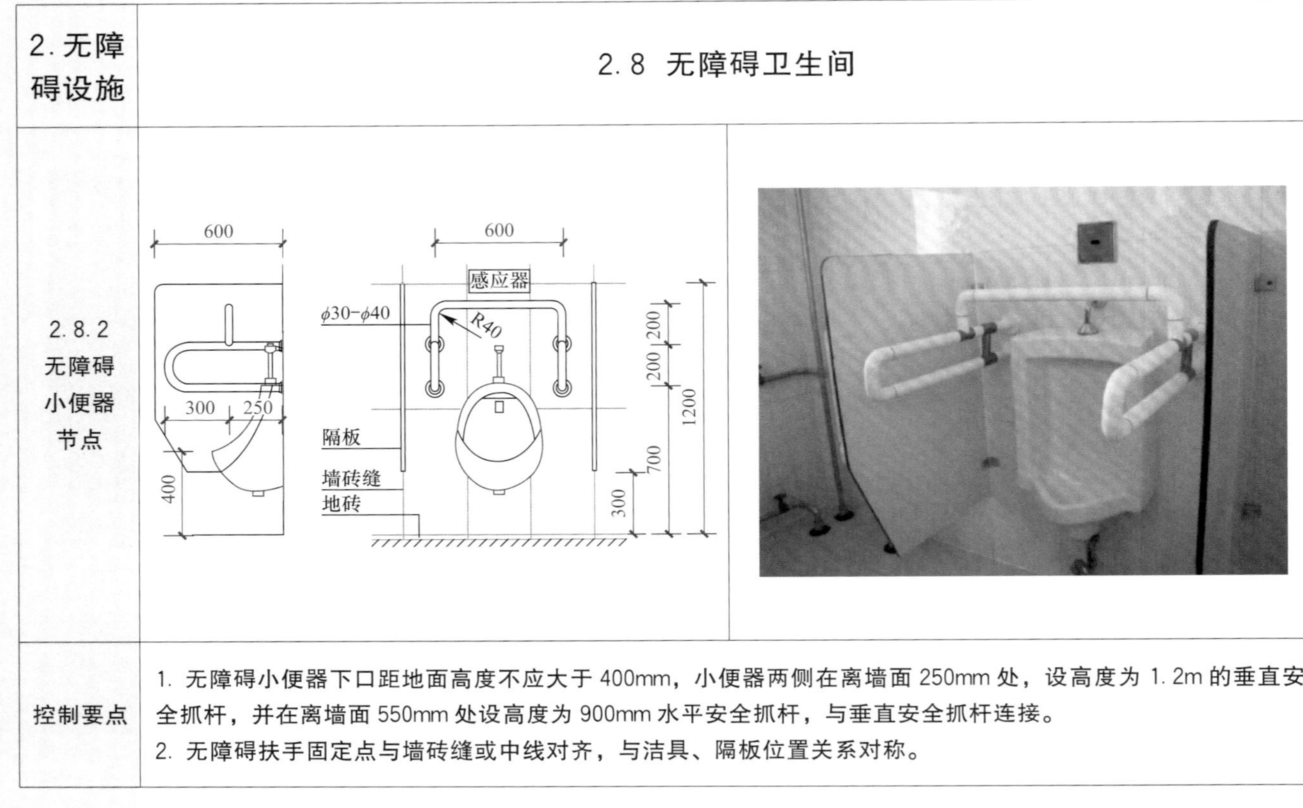
控制要点	1. 无障碍小便器下口距地面高度不应大于 400mm，小便器两侧在离墙面 250mm 处，设高度为 1.2m 的垂直安全抓杆，并在离墙面 550mm 处设高度为 900mm 水平安全抓杆，与垂直安全抓杆连接。 2. 无障碍扶手固定点与墙砖缝或中线对齐，与洁具、隔板位置关系对称。

2. 无障碍设施	2.8 无障碍卫生间
2.8.3 无障碍坐便器节点	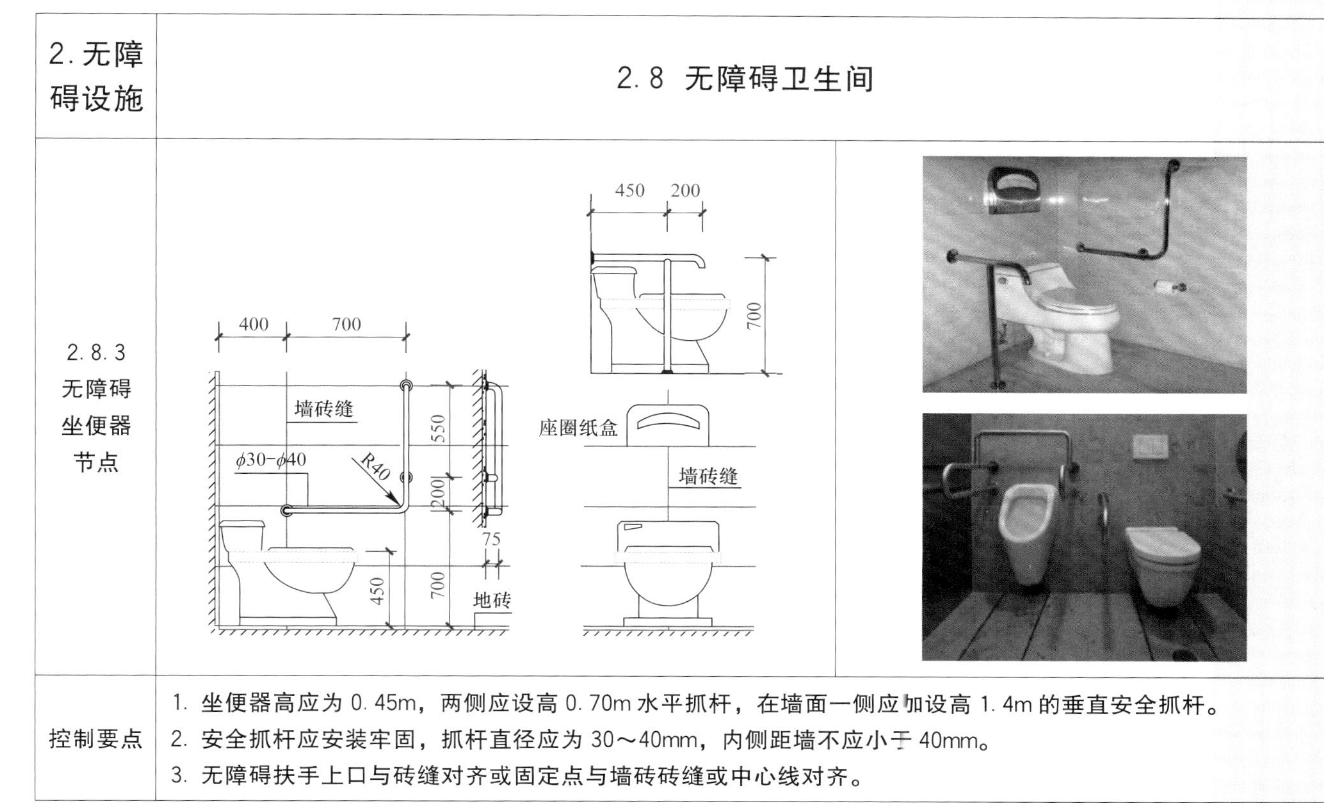
控制要点	1. 坐便器高应为 0.45m，两侧应设高 0.70m 水平抓杆，在墙面一侧应加设高 1.4m 的垂直安全抓杆。 2. 安全抓杆应安装牢固，抓杆直径应为 30～40mm，内侧距墙不应小于 40mm。 3. 无障碍扶手上口与砖缝对齐或固定点与墙砖砖缝或中心线对齐。

2. 无障碍设施	2.9 无障碍车位

控制要点	1. 应将通行方便、路线短的停车位设为无障碍机动车停车位。 2. 无障碍机动车停车位一侧，应设宽度不小于 1. 2m 的轮椅通道。轮椅通道与其所服务的停车位不应有高差，和人行通道有高差处应设置缘石坡道，且应与无障碍通道衔接。 3. 无障碍机动车停车位应停车线、轮椅通道线和无障碍标志，地面坡度不应大于 1 : 50。